普通高等院校“十四五”计算机类专业系列教材

网络安全等级保护测评体系指南

李世武　刘旭宁　冯　玖◎主编

中国铁道出版社有限公司
CHINA RAILWAY PUBLISHING HOUSE CO., LTD.

内容简介

本书面向高等院校网络安全、信息安全专业开设的网络安全等级测评课程而编写，在介绍网络安全法、网络安全等级保护条例和政策标准的基础上，系统论述了网络安全等级保护定级与备案、建设整改、等级测评、监督与检查等关键环节的相关内容，着重对网络安全等级保护基本要求、测评要求和测评过程进行了解读，最后结合工程实际，通过测评案例详解了网络安全实施方案的一般流程和测评方法。

本书旨在通过理论与案例讲解相结合的方式，帮助读者了解网络安全等级测评的主要内容与方法，通过专业学习成为信息化社会发展所需要的网络安全建设人员和管理人员。

本书不仅适用于普通高等学校信息安全及相关专业的教学，服务于普通高等院校信息安全、计算机和公安等专业学生，对从事信息安全和网络安全方面工作的管理人员、技术人员以及监管人员也有实际的参考价值。

图书在版编目（CIP）数据

网络安全等级保护测评体系指南 / 李世武，刘旭宁，冯玖主编．—北京：中国铁道出版社有限公司，2023.9

普通高等院校“十四五”计算机类专业系列教材

ISBN 978-7-113-30479-9

Ⅰ.①网… Ⅱ.①李…②刘…③冯… Ⅲ.①计算机网络－网络安全－评价－高等学校－教材 Ⅳ.① TP393.08

中国国家版本馆 CIP 数据核字（2023）第 154922 号

书　　名：网络安全等级保护测评体系指南
作　　者：李世武　刘旭宁　冯　玖

策　　划：魏　娜　　　　**编辑部电话：**（010）63549508
责任编辑：陆慧萍　许　璐
封面设计：穆　丽
封面制作：刘　颖
责任校对：刘　畅
责任印制：樊启鹏

出版发行：中国铁道出版社有限公司（100054，北京市西城区右安门西街 8 号）
网　　址：http://www.tdpress.com/51eds/
印　　刷：天津嘉恒印务有限公司
版　　次：2023 年 9 月第 1 版　2023 年 9 月第 1 次印刷
开　　本：787 mm×1 092 mm　1/16　**印张：**17.25　**字数：**428 千
书　　号：ISBN 978-7-113-30479-9
定　　价：48.00 元

前言

信息技术广泛应用和网络空间兴起发展，极大促进了经济社会繁荣进步，同时也带来了新的安全风险和挑战。网络空间安全（以下称网络安全）事关人类共同利益，事关世界和平与发展，事关各国国家安全。党的二十大报告明确提出加快建设网络强国。自2017年6月1日起正式实施的《中华人民共和国网络安全法》（以下简称《网络安全法》）明确规定，国家实行网络安全等级保护制度。为落实《网络安全法》及其他相关法律法规和政策要求，国家各行业部门相继开展网络安全等级保护相关工作。自2019年以来，网络安全等级保护进入2.0时代，国家相继出台了《信息安全技术　网络安全等级保护基本要求》（GB/T 22239—2019）、《信息安全技术　网络安全等级保护测评要求》（GB/T 28448—2019）、《信息安全技术　网络安全等级保护测评过程指南》（GB/T 28449—2018）、《信息安全技术　网络安全等级保护安全设计技术要求》（GB/T 25070—2019）、《信息安全技术　网络安全等级保护定级指南》（GB/T 22240—2020）等标准。为了进一步推进网络安全等级保护制度的实施，特编写《网络安全等级保护测评体系指南》。

本书分为三部分，共八章。

第一部分（第一～三章）：法律法规和标准体系建设，介绍网络安全的形势、概念、属性、发展阶段，同时对《网络安全法》以及网络安全等级保护政策体系和标准进行引读。

第二部分（第四～七章）：网络安全等级测评，分别对网络安全等级保护的定级、备案、建设整改、等级测评、监督检查五个关键动作进行解读，进一步指导等级测评各阶段工作的开展。

第三部分（第八章）：案例解析，通过典型案例为网络运营使用单位、系统集成商、网络安全产品提供商和安全服务供应商等单位开展网络安全等级保护、安全建设整改提供思路和方法。

本书不仅适用于普通高等学校信息安全及相关专业的教学，服务于普通高等学校信息安全、计算机和公安等专业学生，也可用于指导网络运营使用单位、系统集成商、网络安全产品提供商和安全服务供应商以及测评机构开展网络安全等级保护工作。

本书由李世武、刘旭宁、冯玖主编，臧爱军、宋宇斐、李燕、李倩坤、陈英杰参与了部分章节的编写工作，任寅、沈鹏、李盼、何迎杰等参与了书稿的校订和修改。由于时间仓促，书中难免有疏漏和不妥之处，敬请读者批评指正。

编　者

2023年4月

目 录

第一章　绪论 1

第一节　网络安全形势 1

第二节　网络安全概述 2

一、网络安全的概念 2

二、信息安全属性 2

三、信息安全发展阶段 3

第二章　《中华人民共和国网络安全法》引读 5

第一节　立法定位与立法架构 5

一、立法定位 5

二、立法架构 6

第二节　法律亮点与总体框架 6

一、法律亮点 6

二、总体框架 7

第三节　主要内容 7

一、相关术语的含义 7

二、总则（第一～十四条） 8

三、网络安全支持与促进（第十五～二十条） 9

四、网络运行安全（第二十一～三十九条） 10

五、网络信息安全（第四十～五十条） 13

六、监测预警与应急处置（第五十一～五十八条） 14

七、法律责任（第五十九～七十五条） 15

八、适用范围 18

第三章　网络安全等级保护政策体系和标准体系 19

第一节　等级保护政策体系 19

一、总体政策文件 19

二、定级环节制度 22

三、备案环节制度 22

四、安全建设整改环节制度 22

五、等级测评环节制度 23

六、安全检查环节 23

第二节　等级保护系列标准 24

一、GB 17859—1999《计算机信息系统　安全保护等级划分准则》 24

二、GB/T 22240—2020《信息安全技术　网络安全等级保护定级指南》 24

三、GB/T 22239—2019《信息安全技术　网络安全等级保护基本要求》 25

四、GB/T 28448—2019《信息安全技术　网络安全等级保护测评要求》 26

五、GB/T 28449—2018《信息安全技术　网络安全等级保护测评过程指南》 26

六、GB/T 25070—2019《信息安全技术　网络安全等级保护安全设计技术要求》 27

第四章　网络安全等级保护的定级与备案 28

第一节　安全保护等级的划分与保护 28

一、定级工作原则 28

二、网络安全保护的等级 29

三、网络安全保护等级的定级要素 29

四、五级保护和监管 29

第二节 定级流程 30

一、确定定级对象 30

二、初步确定等级 31

三、专家评审 35

四、主管部门核准 35

五、备案审核 35

第三节 网络备案工作的内容和要求 ... 36

一、网络备案与受理 36

二、公安机关受理网络备案要求 37

三、对网络定级不准及不备案情况的处理 37

四、公安机关对网络定级备案工作的指导 38

第五章 网络安全等级保护建设整改 39

第一节 工作目标和工作内容 39

一、工作目标 39

二、工作范围和工作特点 39

三、工作内容 40

四、能力目标 40

五、主要内容 41

第二节 工作方法和工作流程 41

一、工作方法 41

二、工作流程 41

第三节 安全管理体系 42

一、网络安全责任制 42

二、网络安全管理现状分析 42

三、安全管理策略和制度 42

四、网络安全管理措施实施 43

第四节 安全技术措施 44

一、安全技术现状分析 44

二、安全技术方案设计 44

三、安全建设整改实施和管理 52

四、安全建设整改方案 52

第五节 信息安全产品选择 53

一、选择获得销售许可证的信息安全产品 53

二、产品分等级检测和使用 54

三、第三级以上网络使用信息安全产品的相关问题 54

第六章 等级测评 55

第一节 网络安全等级测评基本要求与实现要点（第三级）........ 55

一、安全物理环境 55

二、安全通信网络 56

三、安全区域边界 57

四、安全计算环境 58

五、安全管理中心 60

六、安全管理制度 61

七、安全管理机构 62

八、安全人员管理 62

九、安全建设管理 63

十、安全运维管理 64

十一、云计算安全扩展要求 67

十二、移动互联安全扩展要求 69

十三、物联网安全扩展要求 71

十四、工业控制安全扩展要求 72

第二节 网络安全等级测评要求与测评方法 74

一、测评对象选取 74

二、测评指标选择 77

三、测评方法 80

四、工具测评 81

五、测评内容与实施 83

六、风险分析方法 85

七、整体测评 215

第三节 网络安全等级测评过程指南 215

一、测评准备活动阶段 216

二、方案编制活动阶段 217

三、现场测评活动 218

四、报告编制活动 219

第七章 监督与检查 224

第一节 监督检查的意义 224

第二节 定期自查与督导检查 225

一、定期自查 225

二、行业主管部门的督导检查 228

第三节 公安机关的督导检查 228

一、检查的原则 228

二、具体检查内容及项目 229
三、检查方式与要求 230
四、整改工作要求 230
五、事件调查工作 231
第四节 网信部门的督导检查 231
第五节 对测评机构监督与检查 232
第八章 测评案例解析 233
第一节 医疗行业测评案例解析 233
一、医院信息系统概述 233
二、等保定级 235
三、解决方案 235
第二节 电力行业测评案例解析 239
一、新能源电站电力监控系统概述 239
二、等保定级 241
三、解决方案 242
第三节 电子政务行业测评案例解析 248
一、政务云平台概述 248
二、等保定级 250
三、解决方案 250
第四节 教育行业测评案例解析 254
一、校园一卡通系统概述 254
二、等保定级 256
三、解决方案 256
附录A 网络安全等级保护定级报告模板示例 261
附录B 网络安全等级保护定级专家评审意见模板 265
附录C 网络安全等级测评指标表格索引 267
参考文献 268

第一章

绪　论

本章结合当前国内外网络安全形势，提出了网络安全的必要性和紧迫性。详细描述信息系统安全、信息安全、网络安全之间的区别，强调信息安全的保密性、完整性、可用性及其他属性。同时对信息安全发展的几大阶段进行了描述。

第一节　网络安全形势

当今世界，由海量数据、异构网络、复杂应用共同组成的网络空间，已成为领土、领海、领空、太空之外的“第五空间”或人类“第二类生存空间”。当前，信息技术变革方兴未艾，科技进步日新月异，以网络安全为代表的非传统安全威胁持续蔓延，网络空间安全风险持续增加，威胁挑战日益严峻，安全形势不容乐观。

发展网络空间科技、维护国家网络空间主权，是一项长期性、战略性任务。随着网络技术的不断发展，网络攻击也越来越普遍和复杂化。从最早的病毒、木马、恶意软件，到现在新型的DDoS攻击、勒索软件、恶意加密、APT攻击等；从网络应用层，到深入影响网络底层固件；从面向普通用户，到面向重要政府机构、大型企业与国家重要基础设施，甚至一些有政府或军方背景的机构通过组织实施大规模网络攻击企图扰乱他国社会秩序。网络安全的隐蔽性、潜伏性、危害性越来越严重，在非传统安全领域中越来越占主要位置，世界各国纷纷将网络空间安全纳入国家战略，作为国家总体安全战略的重要组成部分。各国先后出台了多部网络安全法律法规，主动参与网络空间全球治理进程，积极提升影响力与话语权。2013年，日本政府发布《网络安全战略》。2011年5月，美国发布《网络空间国际战略》，明确了针对网络攻击的指导原则。

2014年2月27日，习近平总书记指出“没有网络安全就没有国家安全，没有信息化就没有现代化。”把网络安全上升到了国家安全的层面，为推动我国网络安全体系的建立，树立正确的网络安全观指明了方向。

2016年12月27日，我国发布了《国家网络空间安全战略》，提出“以总体国家安全观为指导，贯彻落实创新、协调、绿色、开放、共享的发展理念，增强风险意识和危机意识，统筹国内国际两个大局，统筹发展安全两件大事，积极防御、有效应对，推进网络空间和平、安全、开放、合作、有序，维护国家主权、安全、发展利益，实现建设网络强国的战略目标”。确立了构建共同维护网络空间和平与安全的“尊重维护网络空间主权、和平利用网络空间、依法治理网络空间、统筹网络安全与发展”四项原则。

根据中国国家互联网应急中心报告，2020年，共有位于境外的约5.2万个计算机恶意程序控制了中国境内约531万台主机，对中国国家安全、经济社会发展和人民正常生产生活造成了严重危害。2023年5月，全球范围内爆发的WannaCry勒索病毒攻击事件，影响了我国近3万个机构，波及多个省份。这样的攻击不仅造成经济损失，更会严重影响国家的安全、稳定和社会和谐。因此，进一步增强网络防御手段、优化装备建设、研发自主技术，已成为我国信息网络安全建设的重要任务之一。

第二节　网络安全概述

一、网络安全的概念

信息系统安全：是指为保护计算机信息系统的安全，不因偶然的或恶意的原因而遭受破坏、更改、泄露，以及系统连续正常运行所采取的一切措施。

网络安全：是指通过采取必要措施，防范对网络的攻击、侵入、干扰、破坏和非法使用以及意外事故，使网络处于稳定可靠运行的状态，以及保障网络数据的完整性、保密性、可用性的能力。

信息安全：亦可称网络安全或者信息网络安全。首先，信息安全是信息化进程的必然产物，没有信息化就没有信息安全问题。信息化发展涉及的领域愈广泛、愈深入，信息安全问题就愈多样、愈复杂。信息网络安全问题是一个关系到国家与社会的基础性、全局性、现实性和战略性的重大问题。其次，信息安全的主要威胁来自应用环节，如非法操作、黑客入侵、病毒攻击、网络窃密、网络战等，都体现在应用环节和过程之中。应用规则的严宽、监控力的强弱以及应急响应速度的快慢，决定了信息网络空间的风险防范和安全保障能力、程度与水平的高低。

二、信息安全属性

（一）保密性

信息保密性又称信息机密性，是指信息不泄露给非授权的个人和实体，或供其使用的特性。信息机密性针对信息被允许访问对象的多少而不同。所有人员都可以访问的信息为公用信息，需要限制访问的信息一般为敏感信息或秘密，秘密可以根据信息的重要性或保密要求分为不同的密级，如国家根据秘密泄露对国家经济、安全利益产生的影响（后果）不同，将国家秘密分为A（秘密级）、B（机密级）和C（绝密级）三个等级。秘密是不能泄露给非授权用户非法利用的，非授权用户就算得到信息也无法知晓信息的内容。机密性通常通过访问控制阻止非授权用户获得机密信息，通过加密技术阻止非授权用户获知信息内容。

（二）完整性

完整性是指信息在存储、传输和提取的过程中保持不被修改延迟、不乱序和不丢失的特性。一般通过访问控制阻止篡改行为，通过信息摘要算法来检验信息是否被篡改。完整性是数据未经授权不能进行改变的特性，其目的是保证信息系统上的数据处于一种完整和未损的状态。

（三）可用性

信息可用性指的是信息可被合法用户访问并能按要求顺序使用的特性，即需要就可取用所需的信息。可用性是信息资源服务功能和性能可靠性的度量，是对信息系统总体可靠性的要求。目前要保证系统和网络能提供正常的服务，除了备份和冗余配置之外，没有特别有效的方法。

（四）其他信息安全属性

（1）真实性。能对信息的来源进行判断，能对伪造来源的信息予以鉴别。

（2）可问责性。问责是承认和承担行动、产品、决策和政策的责任，包括在角色或就业岗位范围内的行政、治理和实施以及报告、解释并对所造成的后果负责。

（3）不可否认性。证明要求保护的事件或动作及其发起实体的行为。在法律上，不可否认意味着交易的一方不能拒绝已经接收到的交易，另一方也不能拒绝已经发送的交易。

（4）可靠性。可靠性是信息系统能够在规定条件下、规定时间内完成规定功能的特性。

三、信息安全发展阶段

（一）通信安全：传输过程数据保护

时间：20世纪40年代至70年代。

特点：通过密码技术解决通信保密问题，保证数据的保密性与完整性。

标志：1949年《保密通信的信息理论》使密码学成为一门科学；1976年美国斯坦福大学的迪菲和赫尔曼首次提出公钥密码体制；美国国家标准协会在1977年公布了《国家数据加密标准》。

（二）计算机安全：数据处理和存储的保护

时间：20世纪80年代至90年代。

特点：确保计算机系统中的软、硬件及信息在处理、存储、传输中的保密性、完整性和可用性。

标志：美国国防部在1983年出版的《可信计算机系统评价准则》。

（三）信息系统安全：系统整体安全

时间：20世纪90年代。

特点：信息系统安全是通信安全和计算机安全的综合，信息安全需求已经全面覆盖了信息资产的生成、处理、传输和存储各阶段，确保信息系统的保密性、完整性、可用性。

标志：发布了《信息技术安全通用评估准则》，此准则即通常所说的通用准则（Common Criteria，CC），后转变为国际标准ISO/IEC 15408，我国等同采用此国际标准为国家标准GB/T 18336—2001（该标准目前已作废）。

（四）信息安全保障：积极防御，综合防范，技术与管理并重

时间：20世纪90年代后期至21世纪初。

特点：信息安全转化为从整体角度考虑其体系建设的信息保障（Information Assurance）阶段，也称为网络信息系统安全阶段。

标志：各个国家分别提出自己的信息安全保障体系。我国信息安全保障工作从2001年开始正式启动。2003年7月，国家信息化领导小组制定出台了《加强信息安全保障工作的

意见》（中办发第27号文）。文件明确了加强信息安全保障工作的总体要求，提出了加强信息安全保障工作的主要原则。

（五）网络空间安全：工业控制系统、云大物移智

时间：21世纪初至今。

特点：将防御、威慑和利用结合成三位一体的网络空间安全保障。

标志：2008年1月，美国政府发布了国家网络安全综合倡议（Comprehensive National Cybersecurity Initiative，CNCI），号称网络安全“曼哈顿项目”，提出威慑概念，其中包括爱因斯坦计划、情报对抗、供应链安全、超越未来（“Leap-Ahead”）技术战略。2016年12月，我国发布了《国家网络空间安全战略》，明确了网络空间是国家主权的新疆域，网络空间主权成为国家主权的重要组成部分。

第二章 《中华人民共和国网络安全法》引读

《中华人民共和国网络安全法》（以下简称《网络安全法》）由中华人民共和国第十二届全国人民代表大会常务委员会第二十四次会议于2016年11月7日通过，由中华人民共和国第五十三号主席令颁布，自2017年6月1日起施行，共七章七十九条。

第一节 立法定位与立法架构

一、立法定位

《网络安全法》的宗旨是“为了保障网络安全，维护网络空间主权和国家安全、社会公共利益，保护公民、法人和其他组织的合法权益，促进经济社会信息化健康发展”（第一条）。

《网络安全法》是网络安全管理的基础性“保障法”。该法是网络安全管理的法律；该法是基础性法律；该法是安全保障法，是我国网络空间法制建设的重要里程碑，是依法治网、化解网络风险的法律重器，是让互联网在法制轨道上健康运行的重要保障。《网络安全法》作为网络安全领域的首部基础性法律，已经预留了诸多配套制度的接口，有待相关配套法规的进一步细化方可落地。自颁布以来，中央网信办等部门已在积极推进相关配套法规的研究和制定工作，其中部分是已经向社会公布的相应的草案，有的则已经正式出台、生效。

《网络安全法》与《国家安全法》《反恐怖主义法》《刑法》《保密法》《治安管理处罚法》《关于加强网络信息保护的决定》《关于维护互联网安全的决定》《计算机信息系统安全保护条例》《互联网信息服务管理办法》等法律法规共同组成我国网络安全管理的法律体系。因此，需要做好网络安全法与不同法律之间的衔接，在网络安全管理之外的领域也应尽量减少立法交叉与重复。

基础性法律的功能更多注重的不是解决问题，而是为问题的解决提供具体指导思路，问题的解决要依靠相配套的法律法规，这样的定位决定了不可避免会出现法律表述上的原则性问题，相关主体只能判断出网络安全管理对相关问题的解决思路，具体的解决办法有待进一步观察。

面对网络空间安全的综合复杂性，特别是国家关键信息基础设施面临日益严重的传统安全与非传统安全的“极端”威胁，网络空间安全风险“不可逆”的特征进一步凸显。在开放、交互和跨界的网络环境中，实时性能力和态势感知能力成为新的网络安全核心内容。

二、立法架构

《网络安全法》集“防御、控制与惩治”三位于一体。为实现基础性法律的“保障”功能，网络安全法确立了“防御、控制与惩治”三位一体的立法架构，以“防御和控制”性的法律规范替代传统单纯“惩治”性的刑事法律规范，从多方主体参与综合治理的层面，明确各方主体在预警与监测、网络安全事件的应急与响应、控制与恢复等环节中的过程控制要求，防御、控制、合理分配安全风险，惩治网络空间违法犯罪和恐怖活动。法律界定了国家、企业、行业组织和个人等主体在网络安全保护方面的责任，设专章规定了国家网络安全监测预警、信息通报和应急制度，明确规定“国家采取措施，监测、防御、处置来源于中华人民共和国境内外的网络安全风险和威胁，保护关键信息基础设施免受攻击、入侵、干扰和破坏，依法惩治网络违法犯罪活动，维护网络空间安全和秩序”，已开始摆脱传统上将风险预防寄托于事后惩治的立法理念，构建兼具防御、控制与惩治功能的立法架构。

第二节　法律亮点与总体框架

一、法律亮点

（一）明确了网络空间主权的原则

网络主权是国家主权在网络空间的体现和延伸，网络主权原则是我国维护国家安全和利益，参与网络国际治理与合作所坚持的重要原则。

（二）明确了网络产品和服务提供者的安全义务

义务包括：不得设置恶意程序；发现产品、服务存在安全缺陷、漏洞等风险，应立即采取补救措施，并及时告知用户；应当为其产品、服务持续提供安全维护服务。

（三）明确了网络运营者的安全义务

将现行的网络安全等级保护制度上升为法律，要求网络运营者按照网络安全等级保护制度的要求，采取相应的管理措施和技术防范措施，履行相应的网络安全保护义务。

（四）进一步完善了个人信息保护规则

加强对公民个人信息的保护，防止公民个人信息数据被非法获取、泄露或者非法使用，明确了公民具有个人信息的删除权和更改权。

（五）建立了关键基础设施安全保护制度

要求网络运营者（关键基础设施运营者）采取数据分类、重要数据备份和加密等措施，防止网络数据被窃取或篡改；明确年度评估检测、应急预案和安全演练等相关要求。

（六）确立了重要数据跨境传输的规则

要求关键信息基础设施的运营者在境内存储公民个人信息等重要数据；确需在境外存储或者向境外提供的，应当按照规定进行安全评估。

二、总体框架

本法总体框架共七章七十九条，网上有全文，简短但内容很丰富，其中第三、四、五章是从事网络安全的人员应该重点掌握的。

总则部分：明确了立法的目的、适用的范围、基本原则和保障目标、明确了安全工作的管理架构、网络各相关主体（如政府部门、网络运营者、行业组织、公民法人等）安全保护的义务。

网络安全支持与促进部分：明确了国家应建立和完善网络安全标准体系、鼓励和加大网络安全产业项目投入、支持安全技术研究、人才培养、产品和服务创新、知识产权保护等。

网络运行安全部分：着重明确了网络安全等级保护制度和关键基础设施运行安全的要求，详细明确了网络运营者、关键基础设施运营者、安全防护产品和服务的提供者、网络安全管理部门所要履行的安全保护义务和职责，明确个人和组织所受法律框架的约束。

网络信息安全部分：重点关注用户信息保护，明确网络运营者在收集、使用、处置用户信息时所要遵循的要求，明确了个人具有个人信息的删除权和更改权、明确监管部门所要履行的保密义务。

监测预警与应急处置部分：明确国家及关键信息基础设施安全保护部门，应承担建立健全网络安全监测预警和通报制度、建立网络安全风险评估和应急工作机制，制定应急预案定期组织演练的职责；明确安全事件处置中网络运营者所要承担的义务，明确重大突发事件过程中政府可采取通信管制的权力。

法律责任部分：针对性明确了网络运营者、关键基础设施的运营者、安全产品和服务的提供者、电子信息发送服务提供者、应用软件下载服务提供者、政府相关部门、境内外组织或个人存在违反相应法律条款所应受到的惩罚。

附则部分：对网络安全、网络运营者、网络数据和个人信息等进行了明确的定义，明确本法适用中的注意事项。

第三节　主要内容

一、相关术语的含义

《网络安全法》在第七章附则中指出了相关用语的含义：

（一）网络，是指由计算机或者其他信息终端及相关设备组成的按照一定的规则和程序对信息进行收集、存储、传输、交换、处理的系统。

（二）网络安全，是指通过采取必要措施，防范对网络的攻击、侵入、干扰、破坏和非法使用以及意外事故，使网络处于稳定可靠运行的状态，以及保障网络数据的完整性、保密性、可用性的能力。

（三）网络运营者，是指网络的所有者、管理者和网络服务提供者。

（四）网络数据，是指通过网络收集、存储、传输、处理和产生的各种电子数据。

（五）个人信息，是指以电子或者其他方式记录的能够单独或者与其他信息结合识别自然人个人身份的各种信息，包括但不限于自然人的姓名、出生日期、身份证件号码、个人生物识别信息、住址、电话号码等。

二、总则（第一～十四条）

（一）指导思想

1．坚持网络安全与信息化发展并重

第三条　国家坚持网络安全与信息化发展并重，遵循**积极利用、科学发展、依法管理、确保安全**的方针，推进网络基础设施建设和互联互通，鼓励网络技术创新和应用，支持培养网络安全人才，建立健全网络安全保障体系，提高网络安全保护能力。**（十六字方针）**

2．坚决维护网络空间安全和秩序

第四条　国家制定并不断完善网络安全战略，明确保障网络安全的基本要求和主要目标，提出重点领域的网络安全政策、工作任务和措施。**（顶层设计）**

3．全社会共同参与促进网络安全

《网络安全法》坚持共同治理原则，要求采取措施鼓励全社会共同参与，政府部门、网络建设者、网络运营者、网络服务提供者、网络行业相关组织、社会公众等都应根据各自的角色参与网络安全治理工作。

第八条　国家网信部门负责统筹协调网络安全工作和相关监督管理工作。国务院电信主管部门、公安部门和其他有关机关依照本法和有关法律、行政法规的规定，在各自职责范围内负责网络安全保护和监督管理工作。

县级以上地方人民政府有关部门的网络安全保护和监督管理职责，按照国家有关规定确定。

第九条　网络运营者开展经营和服务活动，必须遵守法律、行政法规，尊重社会公德，遵守商业道德，诚实信用，履行网络安全保护义务，接受政府和社会的监督，承担社会责任。

4．构建和平、安全、开放、合作的网络空间

第七条　国家积极开展网络空间治理、网络技术研发和标准制定、打击网络违法犯罪等方面的**国际交流与合作**，推动构建**和平、安全、开放、合作**的网络空间，建立多边、民主、透明的网络治理体系。**（建设的四大目标和国际合作态度）**

（二）各主体的职责任务

第五条　国家采取措施，**监测、防御、处置**来源于中华人民共和国境内外的网络安全风险和威胁，保护关键信息基础设施免受攻击、侵入、干扰和破坏，**依法惩治**网络违法犯罪活动，维护网络空间安全和秩序。**（国家承担主要任务，解决行业自身力量不足问题）**

第六条　国家倡导**诚实守信、健康文明**的网络行为，推动传播社会主义核心价值观，采取措施提高全社会的网络安全意识和水平，形成全社会共同参与促进网络安全的良好环境。

第八条　国家网信部门负责**统筹协调**网络安全工作和相关监督管理工作。国务院电信主管部门、公安部门和其他有关机关依照本法和有关法律、行政法规的规定，在各自职责范围内负责网络安全保护和监督管理工作。

县级以上地方人民政府有关部门的网络安全保护和监督管理职责，按照国家有关规定确定。

第九条　网络运营者开展经营和服务活动，必须遵守法律、行政法规，尊重社会公德，遵守商业道德，诚实信用，履行网络安全保护义务，接受政府和社会的监督，承担社会责任。

第十条　建设、运营网络或者通过网络提供服务，应当依照法律、行政法规的规定和国家标准的**强制性要求**，采取技术措施和其他必要措施，保障网络安全、稳定运行，有效应对网络安全事件，防范网络违法犯罪活动，维护网络数据的**完整性、保密性和可用性**。

第十一条　网络相关行业组织按照章程，加强行业自律，制定网络安全行为规范，指导会员加强网络安全保护，提高网络安全保护水平，促进行业健康发展。

第十二条　国家**保护**公民、法人和其他组织依法使用网络的权利，促进网络接入普及，提升网络服务水平，为社会提供安全、便利的网络服务，保障网络信息依法有序自由流动。

任何个人和组织使用网络应当遵守宪法法律，遵守公共秩序，尊重社会公德，不得危害网络安全，不得利用网络从事危害国家安全、荣誉和利益，煽动颠覆国家政权、推翻社会主义制度，煽动分裂国家、破坏国家统一，宣扬恐怖主义、极端主义，宣扬民族仇恨、民族歧视，传播暴力、淫秽色情信息，编造、传播虚假信息扰乱经济秩序和社会秩序，以及侵害他人名誉、隐私、知识产权和其他合法权益等活动。

第十三条　国家支持研究开发有利于未成年人健康成长的网络产品和服务，依法惩治利用网络从事危害未成年人身心健康的活动，为未成年人提供安全、健康的网络环境。（未成年人保护）

第十四条　任何个人和组织有权对危害网络安全的行为向网信、电信、公安等部门举报。收到举报的部门应当及时依法作出处理；不属于本部门职责的，应当及时移送有权处理的部门。

有关部门应当对举报人的相关信息予以保密，保护举报人的合法权益。

三、网络安全支持与促进（第十五～二十条）

（一）网络安全体系标准

网络安全标准化是网络安全保障体系建设的重要组成部分，在构建安全的网络空间、推动网络治理体系变革方面发挥着基础性、规范性、引领性作用。

第十五条　国家建立和完善网络安全标准体系。国务院标准化行政主管部门和国务院其他有关部门根据各自的职责，组织制定并适时修订有关网络安全管理以及网络产品、服务和运行安全的国家标准、行业标准。

国家支持企业、研究机构、高等学校、网络相关行业组织参与网络安全**国家标准、行业标准**的制定。

按照《网络安全法》的规定，今后所有的网络产品、服务均应当符合相关国家标准的强制性要求。

第十六条　国务院和省、自治区、直辖市人民政府应当统筹规划，加大投入，扶持重点网络安全技术产业和项目，支持网络安全技术的研究开发和应用，推广安全可信的网络产品和服务，保护网络技术知识产权，支持企业、研究机构和高等学校等参与国家网络安全技术创新项目。

第十七条　国家推进网络安全社会化服务体系建设，鼓励有关企业、机构开展**网络安全认证、检测和风险评估**等安全服务。

（二）鼓励创新技术、加大宣传教育

第十八条　**国家鼓励开发网络数据安全保护和利用技术**，促进公共数据资源开放，推动技术创新和经济社会发展。

国家支持创新网络安全管理方式，运用网络新技术，提升网络安全保护水平。

第十九条　各级人民政府及其有关部门应当组织开展经常性的网络安全宣传教育，并指导、督促有关单位做好网络安全宣传教育工作。

大众传播媒介应当有针对性地面向社会进行网络安全宣传教育。

第二十条　国家支持企业和高等学校、职业学校等教育培训机构开展网络安全相关教育与培训，采取多种方式培养网络安全人才，促进网络安全人才交流。**（人才制度）**

四、网络运行安全（第二十一～三十九条）

（一）网络运营者的责任义务——一般规定（第二十一～三十条）

1．设定了网络运营者安全责任和义务

第二十一条　国家实行**网络安全等级保护制度**。网络运营者应当按照网络安全等级保护制度的要求，履行下列安全保护义务，保障网络免受干扰、破坏或者未经授权的访问，防止网络数据泄露或者被窃取、篡改：

（一）制定内部安全管理制度和操作规程，确定网络安全负责人，落实网络安全保护责任；

（二）采取防范计算机病毒和网络攻击、网络侵入等危害网络安全行为的技术措施；

（三）采取监测、记录网络运行状态、网络安全事件的技术措施，并按照规定留存相关的网络日志不少于六个月；

（四）采取数据分类、重要数据备份和加密等措施；

（五）法律、行政法规规定的其他义务。

（基本制度、基本国策，上升为法律）

第二十二条　**网络产品、服务**应当符合相关**国家标准的强制性要求**。网络产品、服务的提供者不得设置恶意程序；发现其网络产品、服务存在安全缺陷、漏洞等风险时，应当立即采取补救措施，按照规定及时告知用户并向有关主管部门报告。**（检测报告）**

网络产品、服务的提供者应当为其产品、服务持续提供安全维护；在规定或者当事人约定的期限内，不得终止提供安全维护。

网络产品、服务具有收集用户信息功能的，其提供者应当向用户**明示并取得同意**；涉及用户个人信息的，还应当遵守本法和有关法律、行政法规关于个人信息保护的规定。

第二十三条　**网络关键设备和网络安全专用产品**应当按照相关国家标准的强制性要求，由具备资格的机构**安全认证合格**或者**安全检测符合**要求后，方可销售或者提供。国家网信部门会同国务院有关部门制定、公布网络关键设备和网络安全专用产品目录，并推动安全认证和安全检测结果互认，避免重复认证、检测。

第二十四条　网络运营者为用户办理网络接入、域名注册服务，办理固定电话、移动电话等入网手续，或者为用户提供信息发布、即时通讯等服务，在与用户签订协议或者确认提供服务时，应当要求**用户提供真实身份信息**。用户不提供真实身份信息的，网络运营者不得为其提供相关服务。

国家实施网络可信身份战略，支持研究开发安全、方便的电子身份认证技术，推动不

同电子身份认证之间的互认。

第二十五条　网络运营者应当制定网络安全事件**应急预案**，及时处置系统漏洞、计算机病毒、网络攻击、网络侵入等安全风险；在发生危害网络安全的事件时，立即启动应急预案，采取相应的补救措施，并按照规定向**有关主管部门报告**。（应急预案、应急处置）

第二十六条　开展网络安全认证、检测、风险评估等活动，向社会发布系统漏洞、计算机病毒、网络攻击、网络侵入等网络安全信息，应当遵守国家有关规定。（第三方服务要守法）

第二十八条　网络运营者应当为**公安机关、国家安全机关**依法维护国家安全和侦查犯罪的活动提供技术支持和协助。（支持协助义务）

第二十九条　国家支持网络运营者之间在网络安全信息收集、分析、通报和应急处置等方面进行**合作**，提高网络运营者的安全保障能力。

有关**行业组织**建立健全本行业的网络安全保护规范和协作机制，加强对网络安全风险的分析评估，定期向会员进行风险警示，支持、协助会员应对网络安全风险。

2. 强化了网络运营者提供安全的网络产品和服务的义务

第二十二条　网络产品、服务应当符合相关国家标准的强制性要求。网络产品、服务的提供者**不得设置恶意程序**；发现其网络产品、服务存在安全缺陷、漏洞等风险时，应当立即采取补救措施，按照规定及时告知用户并向**有关主管部门报告**。

网络产品、服务的提供者应当为其产品、服务持续提供安全维护；在规定或者当事人约定的期限内，不得终止提供安全维护。

网络产品、服务具有收集用户信息功能的，其提供者应当向用户明示并取得同意；涉及用户个人信息的，还应当遵守本法和有关法律、行政法规关于个人信息保护的规定。

第二十三条　**网络关键设备和网络安全专用产品应当按照相关国家标准的强制性要求**，由具备资格的机构安全认证合格或者安全检测符合要求后，方可销售或者提供。国家网信部门会同国务院有关部门制定、公布网络关键设备和网络安全专用产品目录，并推动安全认证和安全检测结果互认，避免重复认证、检测。（产品销售许可证制度的实施）

第二十四条　**网络运营者**为用户办理网络接入、域名注册服务，办理固定电话、移动电话等入网手续，或者为用户提供信息发布、即时通讯等服务，在与用户签订协议或者确认提供服务时，应当要求用户提供**真实身份信息**。用户不提供真实身份信息的，网络运营者不得为其提供相关服务。（实名制要求）

国家实施**网络可信身份战略**，支持研究开发安全、方便的电子身份认证技术，推动不同电子身份认证之间的互认。（网络身份认证）

第二十七条　任何个人和组织不得从事**非法侵入**他人网络、干扰他人网络正常功能、**窃取网络数据**等危害网络安全的活动；不得**提供**专门用于从事侵入网络、干扰网络正常功能及防护措施、窃取网络数据等危害网络安全活动的程**程序、工具**；明知他人从事危害网络安全的活动的，不得为其提供技术支持、广告推广、支付结算等帮助。（禁止网络犯罪和支持协助犯罪）

（二）关键信息基础设施的运行安全（第三十一～三十九条）

关键信息基础设施：是指那些一旦遭到破坏、丧失功能或者数据泄露，可能严重危害国家安全、国计民生、公共利益的系统和设施。

《网络安全法》强调在网络安全等级保护制度的基础上，对关键信息基础设施实行**重点保护**，明确关键信息基础设施的运营者负有更多的安全保护义务，并配以国家安全审查、重要数据强制本地存储等法律措施，确保关键信息基础设施的运行安全。

第三十一条　国家对公共通信和信息服务、能源、交通、水利、金融、公共服务、电子政务等重要行业和领域，以及其他一旦遭到破坏、丧失功能或者数据泄露，可能严重危害国家安全、国计民生、公共利益的关键信息基础设施，**在网络安全等级保护制度的基础上，实行重点保护**。关键信息基础设施的具体范围和安全保护办法由国务院制定。（**必须落实国家等级保护制度**）

国家鼓励关键信息基础设施以外的网络运营者自愿参与关键信息基础设施保护体系。

《网络安全法》从国家和关键信息基础设施运营者两大层面，明确了对关键信息基础设施安全保护的法律义务与责任。

1. 国家

第三十二条　按照国务院规定的职责分工，负责关键信息基础设施安全保护工作的部门分别编制并组织实施本行业、本领域的关键信息基础设施安全规划，指导和监督关键信息基础设施运行安全保护工作。（**制定规划**）

第三十三条　建设关键信息基础设施应当确保其具有支持业务稳定、持续运行的性能，并保证安全技术措施**同步规划、同步建设、同步使用**。（**三同步原则**）

2. 运营者

第二十一条、第三十四条专门设定了关键信息基础设施的运营者应当履行的四大安全保护义务和一项兜底条款。

第三十四条　除本法第二十一条的规定外，关键信息基础设施的运营者还应当履行下列安全保护义务：（**重点措施**）

（一）设置专门安全管理机构和安全管理负责人，并对该负责人和关键岗位的人员进行安全**背景审查**；

（二）定期对从业人员进行网络安全**教育**、技术**培训**和技能**考核**；

（三）对重要系统和数据库进行**容灾备份**；

（四）制定网络安全事件**应急预案**，并定期进行**演练**；

（五）法律、行政法规规定的其他义务。

第三十五条　关键信息基础设施的运营者采购网络产品和服务，可能影响国家安全的，应当通过国家网信部门会同国务院有关部门组织的国家安全审查。（**非常态的网络产品和服务的国家安全审查**）

第三十六条　关键信息基础设施的运营者采购网络产品和服务，应当按照规定与提供者签订安全保密协议，明确安全和保密义务与责任。（**外包服务安全**）

第三十七条　关键信息基础设施的运营者在中华人民共和国境内运营中收集和产生的个人信息和重要数据应当在**境内存储**。因业务需要，确需向境外提供的，应当按照国家网信部门会同国务院有关部门制定的办法进行安全评估；法律、行政法规另有规定的，依照其规定。

第三十八条　关键信息基础设施的运营者应当自行或者委托网络安全服务机构对其网络的安全性和可能存在的风险每年至少进行一次**检测评估**，并将检测评估情况和改进措施报送相关负责关键信息基础设施安全保护工作的部门。

五、网络信息安全（第四十～五十条）

完善个人信息保护主要有四大亮点：

（1）网络运营者收集、使用个人信息必须符合**合法、正当、必要**原则。

（2）规定网络运营商收集、使用公民个人信息的**目的明确**原则和**知情同意**原则。

（3）明确公民个人信息的**删除权和更正权**。

（4）规定了网络安全监督管理机构及其工作人员对公民个人信息、隐私和商业秘密的**保密制度**等。

最高人民法院、最高人民检察院发布的《关于办理侵犯公民个人信息刑事案件适用法律若干问题的解释》规定非法出售公民信息获利5 000元以上最高可判3年。

（一）保护用户权益并确立边界

第四十条　网络运营者应当对其收集的用户信息严格保密，并建立健全**用户信息保护制度**。

第四十一条　网络运营者收集、使用个人信息，应当遵循**合法、正当、必要**的原则，公开收集、使用规则，明示收集、使用信息的目的、方式和范围，并经被收集者同意。

网络运营者**不得收集**与其提供的服务无关的个人信息，不得违反法律、行政法规的规定和双方的约定收集、使用个人信息，并应当依照法律、行政法规的规定和与用户的约定，处理其保存的个人信息。（强化个人信息保护）

（二）网络运营者、组织和个人处置违法信息的义务

第四十二条　网络运营者不得**泄露、篡改、毁损**其收集的个人信息；未经被收集者同意，不得向他人提供个人信息。但是，经过处理**无法识别特定个人且不能复原**的除外。

网络运营者应当采取技术措施和其他必要措施，**确保其收集的个人信息安全**，防止信息**泄露、毁损、丢失**。在发生或者可能发生个人信息泄露、毁损、丢失的情况时，应当立即采取补救措施，按照规定及时**告知用户**并**向有关主管部门报告**。（网络运营者对个人信息保护责任）

第四十四条　任何个人和组织不得**窃取**或者以其他**非法方式获取**个人信息，不得**非法出售或者非法向他人提供**个人信息。

第四十六条　任何个人和组织应当对其使用网络的行为负责，**不得设立**用于**实施诈骗，传授犯罪方法**，制作或者销售违禁物品、管制物品等违法犯罪活动的**网站、通讯群组**，不得利用网络发布涉及实施诈骗，制作或者销售违禁物品、管制物品以及其他违法犯罪活动的信息。

第四十七条　网络运营者应当加强对其用户发布的信息的管理，发现法律、行政法规禁止发布或者传输的信息的，应当立即停止传输该信息，采取消除等处置措施，防止信息扩散，保存有关记录，并向有关主管部门报告。（违法信息传播的阻断义务）

网络运营者对网信部门和有关部门依法实施的监督检查，应当予以配合。（配合义务）

第四十八条　任何个人和组织发送的电子信息、提供的应用软件，不得设置恶意程序，不得含有法律、行政法规禁止发布或者传输的信息。（禁止传播违法信息）

电子信息发送服务提供者和应用软件下载服务提供者，应当履行安全管理义务，知道其用户有前款规定行为的，应当停止提供服务，采取消除等处置措施，保存有关记录，并向有关主管部门报告。（违法信息传播的阻断义务）

第四十九条　网络运营者应当建立**网络信息安全投诉、举报制度，公布投诉、举报方式**等信息，及时受理并处理有关网络信息安全的投诉和举报。

（三）对网络诈骗溯源追责：重罚甚至吊销执照

第四十三条　个人发现网络运营者违反法律、行政法规的规定或者双方的约定收集、使用其个人信息的，有权要求网络运营者删除其个人信息；发现网络运营者收集、存储的其个人信息有错误的，有权要求网络运营者予以更正。网络运营者应当采取措施予以**删除或者更正**。

第六十四条　网络运营者、网络产品或者服务的提供者违反本法第二十二条第三款、第四十一条至第四十三条规定，侵害个人信息依法得到保护的权利的，由有关主管部门责令改正，可以根据情节单处或者并处警告、没收违法所得、处违法所得一倍以上十倍以下罚款，没有违法所得的，处**一百万元**以下罚款，对**直接负责的主管人员和其他直接责任人员处一万元以上十万元**以下罚款；情节严重的，并可以责令暂停相关业务、停业整顿、关闭网站、吊销相关业务许可证或者吊销营业执照。

违反本法第四十四条规定，窃取或者以其他非法方式获取、非法出售或者非法向他人提供个人信息，尚不构成犯罪的，由公安机关没收违法所得，并处违法所得一倍以上十倍以下罚款，没有违法所得的，处一百万元以下罚款。

（四）主管部门职责和监管人员责任

第四十五条　依法负有网络安全监督管理职责的部门及其工作人员，必须对在履行职责中知悉的个人信息、隐私和商业秘密**严格保密，不得泄露、出售**或者非法向他人提供。（监管人员责任）

第五十条　国家网信部门和有关部门依法履行**网络信息安全监督管理职责**，发现法律、行政法规禁止发布或者传输的信息的，应当要求网络运营者停止传输，采取消除等处置措施，保存有关记录；对来源于中华人民共和国境外的上述信息，应当通知有关机构**采取技术措施和其他必要措施阻断传播**。

六、监测预警与应急处置（第五十一～五十八条）

（一）建立统一的监测预警、信息通报和应急处置制度与体系

第五十一条　国家建立**网络安全监测预警和信息通报制度**。国家网信部门应当统筹协调有关部门加强网络安全信息收集、分析和通报工作，按照规定统一发布网络安全监测预警信息。（将信息通报制度上升为法律）

（二）建立各领域的网络安全监测预警、信息通报和应急处置制度与体系

第五十二条　负责关键信息基础设施安全保护工作的部门，应当建立健全**本行业、本领域的网络安全监测预警和信息通报制度**，并按照规定报送网络安全监测预警信息。（要求行业建立信息通报制度）

重要行业内部网络安全通报机制建设要求：

（1）要有组织结构：主管领导、负责部门、成员单位、专家力量、技术支持单位。

（2）要有通报制度：职责分工、人员力量、工作规范、考核标准。

（3）要有通报载体：通报刊物、通报平台。

（4）要达到的效果：组织协调有力、情况及时通报、应急处置快速、机制运转顺畅。

（三）建立健全网络安全风险评估和应急工作机制

第五十三条　国家网信部门协调有关部门建立健全**网络安全风险评估和应急工作机制**，制定网络安全事件应急预案，并定期组织演练。

负责关键信息基础设施安全保护工作的部门应当制定本行业、本领域的网络安全事件应急预案，并定期组织演练。

网络安全事件应急预案应当按照事件发生后的危害程度、影响范围等因素对网络安全事件进行分级，并规定相应的应急处置措施。

（四）网络安全信息的监测、分析和预警

第五十四条　网络安全事件发生的风险增大时，省级以上人民政府有关部门应当按照规定的权限和程序，并根据网络安全风险的特点和可能造成的危害，采取下列措施：

（一）要求有关部门、机构和人员及时收集、报告有关信息，加强对网络安全风险的监测；

（二）组织有关部门、机构和专业人员，对网络安全风险信息进行分析评估，预测事件发生的可能性、影响范围和危害程度；

（三）向社会发布网络安全风险预警，发布避免、减轻危害的措施。

（五）网络安全事件的应急处置

第五十五条　发生网络安全事件，应当立即启动网络安全事件应急预案，对网络安全事件进行调查和评估，要求网络运营者采取技术措施和其他必要措施，消除安全隐患，防止危害扩大，并及时向社会发布与公众有关的警示信息。**（事件应急处置）**

第五十六条：省级以上人民政府有关部门在履行网络安全监督管理职责中，发现网络存在较大安全风险或者发生安全事件的，可以按照规定的权限和程序对该网络的运营者的法定代表人或者主要负责人进行约谈。网络运营者应当按照要求采取措施，进行整改，消除隐患。**（约谈）**

第五十七条　因网络安全事件，发生突发事件或者生产安全事故的，应当依照《中华人民共和国突发事件应对法》、《中华人民共和国安全生产法》等有关法律、行政法规的规定处置。

（六）网络通信管制

第五十八条：因维护国家安全和社会公共秩序，处置重大突发社会安全事件的需要，经国务院决定或者批准，**可以在特定区域对网络通信采取限制等临时措施。（通信管制）**

七、法律责任（第五十九～七十五条）

第五十九条　网络运营者不履行本法第二十一条、第二十五条规定的网络安全保护义务的，由有关主管部门责令改正，给予**警告**；拒不改正或者导致危害网络安全等后果的，处一万元以上十万元以下**罚款**，对直接负责的主管人员处五千元以上五万元以下罚款。

关键信息基础设施的运营者不履行本法第三十三条、第三十四条、第三十六条、第三十八条规定的网络安全保护义务的，由有关主管部门责令改正，给予**警告**；拒不改正或者导致危害网络安全等后果的，处十万元以上一百万元以下罚款，对直接负责的主管人员处一万元以上十万元以下**罚款**。

第六十条　违反本法第二十二条第一款、第二款和第四十八条第一款规定，有下列行

为之一的，由有关主管部门责令改正，给予警告；拒不改正或者导致危害网络安全等后果的，处五万元以上五十万元以下罚款，对直接负责的主管人员处一万元以上十万元以下罚款：（网络产品、服务商）

（一）设置**恶意程序**的；

（二）对其产品、服务存在的安全缺陷、漏洞等风险**未立即采取补救措施**，或者未按照规定及时告知用户并向有关主管部门报告的；

（三）**擅自终止**为其产品、服务提供安全维护的。

第六十一条　网络运营者违反本法第二十四条第一款规定，未要求用户提供真实身份信息，或者对不提供真实身份信息的用户提供相关服务的，由有关主管部门责令改正；拒不改正或者情节严重的，处五万元以上五十万元以下罚款，并可以由有关主管部门责令暂停相关业务、停业整顿、关闭网站、吊销相关业务许可证或者吊销营业执照，对直接负责的主管人员和其他直接责任人员处一万元以上十万元以下罚款。

第六十二条　违反本法第二十六条规定，开展网络安全认证、检测、风险评估等活动，或者向社会发布系统漏洞、计算机病毒、网络攻击、网络侵入等网络安全信息的，由有关主管部门责令改正，给予警告；拒不改正或者情节严重的，处一万元以上十万元以下罚款，并可以由有关主管部门责令暂停相关业务、停业整顿、关闭网站、吊销相关业务许可证或者吊销营业执照，对直接负责的主管人员和其他直接责任人员处五千元以上五万元以下罚款。

第六十三条　违反本法第二十七条规定，从事危害网络安全的活动，**或者提供专门用于从事危害网络安全活动的程序、工具**，或者为他人从事危害网络安全的活动提供**技术支持**、广告推广、支付结算等帮助，尚不构成犯罪的，由公安机关没收违法所得，处五日以下拘留，可以并处五万元以上五十万元以下罚款；情节较重的，处五日以上十五日以下拘留，可以并处十万元以上一百万元以下罚款。（处罚违法或协助违法）

单位有前款行为的，由公安机关没收违法所得，处十万元以上一百万元以下罚款，并对直接负责的主管人员和其他直接责任人员依照前款规定处罚。

违反本法第二十七条规定，受到治安管理处罚的人员，五年内不得从事网络安全管理和网络运营关键岗位的工作；受到刑事处罚的人员，终身不得从事网络安全管理和网络运营关键岗位的工作。

第六十四条　网络运营者、网络产品或者服务的提供者违反本法第二十二条第三款、第四十一条至第四十三条规定，侵害个人信息依法得到保护的权利的，由有关主管部门责令改正，可以根据情节单处或者并处警告、没收违法所得、处违法所得一倍以上十倍以下罚款，没有违法所得的，处一百万元以下罚款，对直接负责的主管人员和其他直接责任人员处一万元以上十万元以下罚款；情节严重的，并可以责令暂停相关业务、停业整顿、关闭网站、吊销相关业务许可证或者吊销营业执照。

违反本法第四十四条规定，窃取或者以其他非法方式获取、非法出售或者非法向他人提供个人信息，尚不构成犯罪的，由公安机关没收违法所得，并处违法所得一倍以上十倍以下罚款，没有违法所得的，处一百万元以下罚款。

第六十五条　关键信息基础设施的运营者违反本法第三十五条规定，**使用未经安全审查或者安全审查未通过的网络产品或者服务的**，由有关主管部门责令停止使用，处采购金额一倍以上十倍以下罚款；对直接负责的主管人员和其他直接责任人员处一万元以上十万

元以下罚款。

第六十六条 关键信息基础设施的运营者违反本法第三十七条规定，**在境外存储网络数据，或者向境外提供网络数据的**，由有关主管部门责令改正，给予警告，没收违法所得，处五万元以上五十万元以下罚款，并可以责令暂停相关业务、停业整顿、关闭网站、吊销相关业务许可证或者吊销营业执照；对直接负责的主管人员和其他直接责任人员处一万元以上十万元以下罚款。（处罚数据境外存储、向境外提供）

第六十七条 违反本法第四十六条规定，**设立用于实施违法犯罪活动的网站、通讯群组**，或者利用网络发布涉及实施违法犯罪活动的信息，尚不构成犯罪的，由公安机关处五日以下拘留，可以并处一万元以上十万元以下罚款；情节较重的，处五日以上十五日以下拘留，可以并处五万元以上五十万元以下罚款。关闭用于实施违法犯罪活动的网站、通讯群组。

单位有前款行为的，由公安机关处十万元以上五十万元以下罚款，并对直接负责的主管人员和其他直接责任人员依照前款规定处罚。（对设立非法网站、通讯群组，发布违法信息进行处罚）

第六十八条 **网络运营者**违反本法第四十七条规定，对法律、行政法规禁止发布或者传输的信息**未停止传输、采取消除等处置措施、保存有关记录**的，由有关主管部门责令改正，给予警告，没收违法所得；拒不改正或者情节严重的，处十万元以上五十万元以下罚款，并可以责令**暂停相关业务、停业整顿、关闭网站、吊销相关业务许可证或者吊销营业执照**，对直接负责的主管人员和其他直接责任人员处一万元以上十万元以下罚款。

电子信息发送服务提供者、应用软件下载服务提供者，不履行本法第四十八条第二款规定的安全管理义务的，依照前款规定处罚。（未履行禁止义务的处罚）

第六十九条 **网络运营者**违反本法规定，有下列行为之一的，由有关主管部门责令改正；拒不改正或者情节严重的，处五万元以上五十万元以下罚款，对直接负责的主管人员和其他直接责任人员，处一万元以上十万元以下罚款：

（一）不按照有关部门的要求对法律、行政法规禁止发布或者传输的信息，**采取停止传输、消除等处置措施的；**

（二）**拒绝**、**阻碍**有关部门依法实施的**监督检查**的；

（三）拒不向公安机关、国家安全机关提供**技术支持和协助的**。（对网络运营者未履行职责、义务进行处罚）

第七十条 发布或者传输本法第十二条第二款和其他法律、行政法规禁止发布或者传输的信息的，依照有关法律、行政法规的规定处罚。

第七十一条 有本法规定的违法行为的，依照有关法律、行政法规的规定记入信用档案，并予以公示。

第七十二条 国家机关政务网络的运营者不履行本法规定的网络安全保护义务的，由其上级机关或者有关机关责令改正；对直接负责的主管人员和其他直接责任人员依法给予处分。

第七十三条 网信部门和有关部门违反本法第三十条规定，将在履行网络安全保护职责中获取的信息用于其他用途的，对直接负责的主管人员和其他直接责任人员依法给予处分。

网信部门和有关部门的工作人员玩忽职守、滥用职权、徇私舞弊，尚不构成犯罪的，

依法给予处分。

第七十四条　违反本法规定，给他人造成损害的，依法承担民事责任。

违反本法规定，构成违反治安管理行为的，依法给予治安管理处罚；构成犯罪的，依法追究刑事责任。

第七十五条　境外的机构、组织、个人从事攻击、侵入、干扰、破坏等危害中华人民共和国的关键信息基础设施的活动，造成严重后果的，依法追究法律责任；国务院公安部门和有关部门并可以决定对该机构、组织、个人采取冻结财产或者其他必要的制裁措施。

第五十九～七十五条对应第二十～四十九条应负法律责任。

八、适用范围

第二条　在中华人民共和国境内建设、运营、维护和使用网络，以及网络安全的监督管理，适用本法。

第七十七条　存储、处理涉及国家秘密信息的网络的运行安全保护，除应当遵守本法外，还应当遵守保密法律、行政法规的规定。

第七十八条　军事网络的安全保护，由中央军事委员会另行规定。

第三章 网络安全等级保护政策体系和标准体系

《网络安全法》要求网络运营者依照法律法规、行政法规和标准，采取技术措施和其他必要措施，保障网络安全、稳定运行，有效应对网络安全事件，维护网络数据的完整性、保密性和可用性。本章在《网络安全法》的基础上，对网络安全等级保护工作开展以来的系列等级保护政策体系和等级保护系列标准进行了引读。

第一节 等级保护政策体系

一、总体政策文件

《国家信息化领导小组关于加强信息安全保障工作的意见》（中办发〔2003〕27号）、《关于信息安全等级保护工作的实施意见》（公通字〔2004〕66号）、《国务院关于大力信息化发展和切实保障信息安全的若干意见》（国发〔2012〕23号）以及2014年12月，中办、国办下发《关于加强社会治安防控体系建设的意见》、中央批准实施的《关于全面深化公安改革若干重大问题的框架意见》等纲领性、总体性文件，对网络安全等级保护工作的开展起到宏观指导作用，明晰了等级保护工作的基本内容、工作要求和实施计划，以及各部门工作职责分工等，为开展等级保护工作提供了规范保障。

（一）《中华人民共和国计算机信息系统安全保护条例》（国务院147号令）

为了进一步提高信息安全的保障能力和防护水平，维护国家安全、公共利益和社会稳定，保障和促进信息化建设的健康发展，1994年国务院颁布的《中华人民共和国计算机信息系统安全保护条例》规定，“计算机信息系统实行安全等级保护。安全等级的划分标准和安全等级保护的具体办法，由公安部会同有关部门制定”。

（二）国务院“三定”方案（2008年）

2008年国务院“三定”方案，赋予公安部“监督、检查、指导信息安全等级保护工作”法定职责。

（三）《国家信息化领导小组关于加强信息安全保障工作的意见》（中办发〔2003〕27号）

《国家信息化领导小组关于加强信息安全保障工作的意见》（中办发〔2003〕27号），

简称“27号文”，它的诞生标志着我国信息安全保障工作有了总体纲领，其中提出要在五年内建设中国信息安全保障体系。“27号文”明确指出，“实行信息安全等级保护。要重点保护基础信息网络和关系国家安全、经济命脉、社会稳定等方面的重要信息系统，抓紧建立信息安全等级保护制度，制定信息安全等级保护的管理办法和技术指南”，标志着等级保护从计算机信息系统安全保护的一项制度提升到国家信息安全保障工作的基本制度。同时，“27号文”明确了各级党委和政府在信息安全保障工作中的领导地位，以及“谁主管谁负责，谁运营谁负责”的信息安全保障责任制。

（四）《关于信息安全等级保护工作的实施意见》（公通字〔2004〕66号）

该文件是为贯彻落实《中华人民共和国计算机信息系统安全保护条例》（国务院147号令）和《国家信息化领导小组关于加强信息安全保障工作的意见》（中办发〔2003〕27号），由公安部、国家保密局、国家密码管理局、原国务院信息办等四部委共同会签印发，指出信息安全等级保护制度是国民经济和社会信息化的发展过程中，提高信息安全保障能力和水平，维护国家安全、社会稳定和公共利益，保障和促进信息化建设健康发展的一项基本制度。进一步明确公安机关负责全国信息安全等级保护工作的监督、检查和指导工作，并指出“要建立专门的等级保护监督检查机构和技术支撑体系，组织研制、开发科学、实用的检查、评估工具，充实力量，加强建设，切实承担信息安全等级保护监督、检查和指导的职责”。该文件是指导相关部门实施网络安全等级保护工作的纲领性文件，主要内容包括贯彻落实网络安全等级保护制度的基本原则，等级保护工作的基本内容、工作要求和实施计划，以及各部门工作职责分工等。

（五）《信息安全等级保护管理办法》（公通字〔2007〕43号）

该文件是在开展信息系统安全等级保护基础调查工作和信息安全等级保护试点工作的基础上，由公安部、国家保密局、国家密码管理局、国务院信息化工作办公室四部委共同会签印发的重要管理规范，主要内容包括网络安全等级保护制度的基本内容、流程及工作要求，信息系统定级、备案、安全建设整改、等级测评的实施与管理，以及信息安全产品和测评机构的选择等，为开展网络安全等级保护工作提供了规范保障。

（六）《关于加强国家电子政务工程建设项目信息安全风险评估工作的通知》（发改高技〔2008〕2071号）

2008年，国家发改委、公安部、国家保密局联合印发了《关于加强国家电子政务工程建设项目信息安全风险评估工作的通知》（发改高技〔2008〕2071号），要求国家电子政务项目中非涉及国家秘密的信息系统，按照国家信息安全等级保护制度要求开展等级测评和风险评估。

（七）《国家发展改革委关于进一步加强国家电子政务工程建设项目管理工作的通知》（发改高技〔2008〕2544号）

2008年，国家发改委印发了《国家发展改革委关于进一步加强国家电子政务工程建设项目管理工作的通知》（发改高技〔2008〕2544号），要求国家电子政务项目的信息安全工作，按照国家信息安全等级保护制度要求，项目建设部门在电子政务项目的需求分析报告和建设方案中应同步落实等级测评要求。

（八）《关于进一步推动中央企业信息安全等级保护工作的通知》（公通字〔2010〕70号）

2010年，公安部、国资委联合下发《关于进一步推动中央企业信息安全等级保护工作

的通知》(公通字〔2010〕70号),要求中央企业落实国家信息安全等级保护制度。

(九)《国务院关于大力推进信息化发展和切实保障信息安全的若干意见》(国发〔2012〕23号)

2012年,《国务院关于大力推进信息化发展和切实保障信息安全的若干意见》(国发〔2012〕23号)规定,“**落实信息安全等级保护制度,开展相应等级的安全建设和管理,做好信息系统定级备案、整改和监督检查**”。

(十)《关于进一步加强国家电子政务网络建设和应用工作的通知》(发改高技〔2012〕1986号)

2012年,国家发改委、公安部、财政部、国家保密局、国家电子政务内网建设和管理协调小组办公室联合印发了《关于进一步加强国家电子政务网络建设和应用工作的通知》(发改高技〔2012〕1986号),要求按照信息安全等级保护要求建设和管理国家电子政务外网。

(十一)《关于加强国家级重要信息系统安全保障工作有关事项的通知》(公信安〔2014〕2182号)

公安部、发改委和财政部联合印发的《关于加强国家级重要信息系统安全保障工作有关事项的通知》(公信安〔2014〕2182号)要求,加强对47个行业、276家单位、500个涉及国计民生的国家级重要信息系统的安全监管和保障。

(十二)《关于加强社会治安防控体系建设的意见》

2014年12月,中办、国办下发《关于加强社会治安防控体系建设的意见》,要求“完善国家网络安全监测预警和通报处置工作机制,**推进完善信息安全等级保护制度**”。

(十三)《关于全面深化公安改革若干重大问题的框架意见》

2014年12月,中央批准实施的《关于全面深化公安改革若干重大问题的框架意见》指出,“**推进健全信息安全等级保护制度**,完善网络安全风险监测预警、通报处置机制”。

(十四)《中央网络安全和信息化领导小组2015年工作要点》

2015年,中央下发《中央网络安全和信息化领导小组2015年工作要点》,要求“**落实国家信息安全等级保护制度**”。

(十五)《教育部、公安部关于全面推进教育行业信息安全等级保护工作的通知》(教技〔2015〕2号)

2015年7月,教育部、公安部联合下发《教育部、公安部关于全面推进教育行业信息安全等级保护工作的通知》(教技〔2015〕2号),组织全国教育管理部门、学校、教育机构深入推进信息安全等级保护工作。

(十六)《中华人民共和国网络安全法》

第二十一条　**国家实行网络安全等级保护制度。**

第三十一条　国家对公共通信和信息服务、能源、交通、水利、金融、公共服务、电子政务等重要行业和领域,以及其他一旦遭到破坏、丧失功能或者数据泄露,可能严重危害国家安全、国计民生、公共利益的关键信息基础设施,在**网络安全等级保护制度**的基础上,实行重点保护。

（十七）《公安机关互联网安全监督检查规定》（公安部令第151号）

为规范公安机关互联网安全监督检查工作，预防网络违法犯罪，维护网络安全，保护公民、法人和其他组织合法权益，公安部发布《公安机关互联网安全监督检查规定》，自2018年11月1日起施行。根据规定，公安机关应当根据网络安全防范需要和网络安全风险隐患的具体情况，对互联网服务提供者和联网使用单位开展监督检查。

（十八）《贯彻落实网络安全等级保护制度和关键信息基础设施保护制度的指导意见》（公安部〔2020〕1960号）

近年来，各单位、各部门按照中央网络安全政策要求和《网络安全法》等法律法规规定，全面加强网络安全工作，有力保障了国家关键信息基础设施、重要网络和数据安全。但随着信息技术飞速发展，网络安全工作仍面临一些新形势、新任务和新挑战。为深入贯彻落实网络安全等级保护制度和关键信息基础设施安全保护制度，健全完善国家网络安全综合防控体系，有效防范网络安全威胁，有力处置网络安全事件，严厉打击危害网络安全的违法犯罪活动，切实保障国家网络安全，特制定指导意见。主要包括：指导思想、基本原则和工作目标、深入贯彻实施国家网络安全等级保护制度、建立并实施关键信息基础设施安全保护制度、加强网络安全保护工作协作配合、加强网络安全工作各项保障。

二、定级环节制度

《关于开展全国重要信息系统安全等级保护定级工作的通知》（公通字〔2007〕861号，下称《定级工作通知》），由公安部、国家保密局、国家密码管理局、国务院原信息办四部委共同会签印发。2007年7月20日四部委在北京联合召开了全国重要信息系统安全等级保护定级工作电视电话会议，会议根据《定级工作通知》精神部署在全国范围内开展信息系统安全等级保护定级备案工作，标志着全国网络安全等级保护工作全面开展。

三、备案环节制度

《信息安全等级保护备案实施细则》（公信安〔2007〕1360号），规定了公安机关受理网络运营者信息系统备案工作的内容、流程、审核等内容，并附带有关法律文书，指导各级公安机关受理信息系统备案工作。该文件由公安部网络安全保卫局印发。

四、安全建设整改环节制度

（一）《关于开展信息系统等级保护安全建设整改工作的指导意见》（公信安〔2009〕1429号）

该文件明确了非涉及国家秘密信息系统开展安全建设整改工作的目标、内容、流程和要求等，文件附件包括《信息安全等级保护安全建设整改工作指南》和《信息安全等级保护主要标准简要说明》。该文件由公安部印发。

（二）《关于加强国家电子政务工程建设项目信息安全风险评估工作的通知》（发改高技〔2008〕2071号）

该文件要求非涉密国家电子政务项目开展等级测评和信息安全风险评估要按照《信息安全等级保护管理办法》进行，明确了项目验收条件：一是公安机关颁发的信息系统安全等级保护备案证明；二是等级测评报告和风险评估报告。该文件由国家国家发改委、公安

部、国家保密局共同会签印发。

（三）《国家发展改革委关于进一步加强国家电子政务工程建设项目管理工作的通知》（发改高技〔2008〕2544号）

该文件要求在国家电子政务项目的信息安全工作，应按照国家网络安全等级保护制度要求，项目建设部门在电子政务项目的需求分析报告和建设方案中，应同步落实等级测评要求。

（四）《关于进一步加强国家电子政务网络建设和应用工作的通知》（发改高技〔2012〕1986号）

该文件要求开展国家电子政务网络建设和应用工作中，按照网络安全等级保护要求建设和管理国家电子政务外网。该文件由国家发改委、公安部、财政部、国家保密局、国家电子政务内网建设和管理协调小组办公室联合印发。

五、等级测评环节制度

（一）《关于推动信息安全等级保护测评体系建设和开展等级测评工作的通知》（公信安〔2010〕303号）

为了规范等级测评活动，加强对测评机构及测评人员的管理，在等级测评体系建设试点工作的基础上，公安部网络安全保卫局出台了该文件。该文件确定了开展网络安全等级保护测评体系建设和等级测评工作的目标、内容、工作要求。

（二）《网络安全等级保护测评机构管理办法》（公信安〔2018〕765号）

该文件加强了对等级测评机构的管理，规范了等级测评行为，提高了测评技术能力和服务水平。自该文件实施之日起，《信息安全等级保护测评机构管理办法》《信息安全等级保护测评机构异地备案实施细则》及各地自行制定的与该文件规定不符的规范性文件作废。

（三）《信息安全等级保护测评报告模板（2015年版）**》**（公信安〔2014〕2866号）

该文件明确了等级测评活动的内容、方法和测评报告格式等内容，用以规范等级测评报告的主要内容。《信息安全等级保护测评报告模板（试行）》废止。该文件由公安部网络安全保卫局印发。

（四）《关于做好信息安全等级保护测评机构审核推荐工作的通知》（公信安〔2010〕559号）

该文件明确规定了等级测评机构审核推荐的方法、流程、要求，用于规范等级测评机构和测评师管理，附件包含《等级测评机构审核推荐工作流程和方法》。该文件由公安部网络安全保卫局印发。

六、安全检查环节

《公安机关信息安全等级保护检查工作规范（试行）》（公信安〔2008〕736号）：该文件规定了公安机关开展网络安全等级保护检查工作的内容、程序、方式及相关法律文书等，使检查工作规范化、制度化。该文件由公安部网络安全保卫局印发。

第二节　等级保护系列标准

一、GB 17859—1999《计算机信息系统　安全保护等级划分准则》

（一）主要用途

本标准将计算机信息系统的安全保护能力划分成五个等级，并明确了各个保护级别的技术保护措施要求。本标准是国家强制性技术规范，其主要用途包括：规范和指导计算机信息系统安全保护有关标准的制定；为安全产品的研究开发提供技术支持；为计算机信息系统安全法规的制定和执法部门的监督检查提供依据。

（二）主要内容

本标准界定了计算机信息系统的基本概念，即计算机信息系统是由计算机及其相关和配套的设备、设施（含网络）构成的，按照一定的应用目标和规则对信息进行采集、加工、存储、传输、检索等处理的人机系统。信息系统按照安全保护能力划分为五个等级，分别是第一级用户自主保护级、第二级系统审计保护级、第三级安全标记保护级、第四级结构化保护级、第五级访问验证保护级。从自主访问控制、强制访问控制、标记、身份鉴别、客体重用、审计、数据完整性、隐蔽信道分析、可信路径、可信恢复十个方面，采取逐级增强的方式提出了计算机信息系统的安全保护技术要求。

二、GB/T 22240—2020《信息安全技术　网络安全等级保护定级指南》

（一）主要用途

《信息安全技术　网络安全等级保护定级指南》（GB/T 22240—2020，以下简称《定级指南》）适应云计算、移动互联、物联网、工业控制和大数据等新技术、新应用情况下网络安全等级保护工作的开展，对非涉及国家秘密等级保护对象的定级方法和定级流程做出了规定，为后续安全建设整改、等级测评等工作奠定了良好的基础。

（二）主要内容

《定级指南》包括定级原理及流程、确定定级对象、确定安全保护等级及等级变更等内容。

1. 定级原理及流程

《定级指南》给出了网络安全五个安全保护等级的具体定义，将网络受到破坏时所侵害的客体和对客体造成侵害的程度两方面因素作为信息系统的定级要素，并给出了定级要素与网络安全保护等级的对应关系。第二级及以上等级保护对象定级流程新增专家评审环节，不再自主定级，需要聘请专家认定等级保护对象的级别。

2. 确定定级对象

（1）云计算平台/系统。《定级指南》明确表示，云上租户和云服务商的等级保护对象要分开定级，根据云上服务模式再分别定级。就是说，云服务商的平台对外提供SaaS、PaaS、IaaS三种服务模式，那么就分为三个对象来分别定级。对于大型云计算平台，除了服务模式之外还可能根据基础设施和辅助服务系统再次分别定级。

（2）物联网。通常是以系统为单位，将所有边缘设备和应用统一起来，作为一个整体

来定级。（比如某些智能家居系统，就要以整体平台作为定级对象，不能以不同家庭或不同区域作为定级对象）

（3）工业控制系统。不同于其他行业，《定级指南》要求对于工业控制系统，将现场、过程控制要素作为一个整体定级，而生产管理要素单独再作为一个定级对象。也就是一个工业控制系统，最终会分成两个对象定级备案。对于大型工控系统，类似大型云计算平台要求，根据功能、主体、控制对象和生产厂商等因素划分多个定级对象。这里《定级指南》并不是建议，而是要求，也就是说大型工控系统会进行拆分定级。

（4）采用移动互联技术的系统。《定级指南》为这类系统进行了简要描述，即包括移动终端（手机、平板、笔记本计算机）、移动应用和无线网络等特征要素的系统。将所有移动技术整合，作为一个整体来定级。

（5）通信网络设施。主要是通信和广电行业的核心网络，基本可以算得上关键信息基础设施了，也是国家重点关注的行业之一。《定级指南》建议可根据安全责任主体、服务类型或服务地域划分不同的定级对象。根据以往经验，基本都是采取责任主体或地域划分居多，也便于管理。而对于运营商网络（骨干网、接入网），多以地市为单位作为定级对象。《定级指南》建议跨省行业或单位专用通信网可作为一个整体对象定级。

（6）数据资源。数据资源可以独立定级。定级是基于大数据、大数据平台安全责任主体相同与否。举个例子，比如某些电商平台，数据分布在多个平台，每个平台都有独立法人，这种情况就应该属于安全责任主体不同，这时就要把数据资源单独作为定级对象，电商平台作为另一个定级对象。

3. 确定安全保护等级

网络安全包括业务信息安全和系统服务安全，与之相关的受侵害客体和对客体的侵害程度可能不同，因此，网络定级可以分别确定业务信息安全保护等级和系统服务安全保护等级，并取二者中的较高者为网络的安全保护等级。

4. 等级变更

网络的安全保护等级会随着网络所处理信息或业务状态的变化而变化，当网络发生变化时应重新定级并备案。

三、GB/T 22239—2019《信息安全技术　网络安全等级保护基本要求》

（一）主要用途

《信息安全技术　网络安全等级保护基本要求》（GB/T 22239—2019）规定了网络安全等级保护的第一级到第四级等级保护对象的安全通用要求和安全扩展要求。该标准适用于指导分等级的非涉密对象的安全建设和监督管理。

（二）主要内容

本标准规定了第一级到第四级等级保护对象的安全保护的基本要求，每个级别的基本要求均由安全通用要求和安全扩展要求构成。

安全要求细分为技术要求和管理要求。其中技术要求部分为“安全物理环境”“安全通信网络”“安全区域边界”“安全计算环境”“安全管理中心”；管理要求部分为“安全管理制度”“安全管理机构”“安全管理人员”“安全建设管理”“安全运维管理”，两者合计共分为十大类。

安全技术要求的分类体现了“从外部到内部”的纵深防御思想，对等级保护对象的安全防护应考虑从通信网络、区域边界和计算环境从外到内的整体防护，同时考虑其所处的物理环境的安全防护，对级别较高的还需要考虑对分布在整个系统中的安全功能或安全组件的集中技术管理手段。

安全管理要求的分类体现了“从要素到活动”的综合管理思想，安全管理需要的“机构”“制度”和“人员”三要素缺一不可，同时应对系统的建设整改过程和运行维护过程中重要活动实施控制和管理，对级别较高的需要构建完备的安全管理体系

《信息安全技术　网络安全等级保护基本要求》（GB/T 22239—2019）适用于指导分等级的非涉密对象的安全建设和监督管理。

四、GB/T 28448—2019《信息安全技术　网络安全等级保护测评要求》

（一）主要用途

《信息安全技术　网络安全等级保护测评要求》（GB/T 28448—2019）规定了不同级别的等级保护对象的安全测评通用要求和安全测评扩展要求。适用于安全测评服务机构、等级保护对象的运营使用单位及主管部门对等级保护对象的安全状况进行安全测评并提供指南，也适用于网络安全职能部门进行网络安全等级保护监督检查时参考使用。

（二）主要内容

本标准以《信息安全技术　网络安全等级保护基本要求》（GB/T 22239—2019）的要求项作为测评指标，规定了第一级到第四级等级保护对象的测评要求，用于规范和指导测评机构和测评人员的活动和行为。

该标准文本分为12章，3个附录。其中第6、7、8、9、11和12章为重点章节，分别描述了第一、二、三、四级测评要求，每级分别遵从《基本要求》的框架描述如何实施测评工作。每个级别包括安全测评通用要求、云计算安全测评扩展要求、移动互联安全测评扩展要求、物联网安全测评扩展要求和工业控制系统安全测评扩展要求等五个部分内容。其中技术方面分别从安全物理环境、安全通信网络、安全区域边界、安全计算环境和安全管理中心等五个方面展开；而管理方面则分别从安全管理制度、安全管理机构、安全管理人员、安全建设管理和安全系统运维管理等五个方面展开，与《基本要求》形成了一致对应的标准文本结构。第11章描述了系统整体测评方法，在单项测评的基础上，从系统整体的角度综合考虑如何进行系统性的测评。分别从安全控制点、安全控制点间及区域间测评三方面进行描述，分析了在进行系统整体测评时所需考虑的内容。第12章概要说明了测评结论的得出方法以及测评结论主要包括哪些方面的内容等。

五、GB/T 28449—2018《信息安全技术　网络安全等级保护测评过程指南》

（一）主要用途

根据《信息安全等级保护管理办法》的规定，网络建设完成后，网络运营者应当选择符合规定条件的测评机构，依据《信息安全技术　网络安全等级保护基本要求》《信息安全技术　网络安全等级保护测评要求》等技术标准，定期对网络的安全保护状况开展等级测评。《测评过程指南》就是为规范等级测评机构的测评活动，保证测评结论准确、公正，

《测评过程指南》明确了网络等级测评的测评过程，阐述了等级测评的工作任务、分析方法及工作结果等，为等级测评机构、网络运营者在等级测评工作中提供指导。

（二）主要内容

《测评过程指南》的主要内容以测评机构对第三级网络的首次等级测评活动过程为主要线索，定义等级测评的主要活动和任务，包括测评准备活动、方案编制活动、现场测评活动、分析与报告编制活动四项活动。四项活动又各对应若干项，每一项活动，有对应工作流程、主要的工作任务、输出文档、双方职责等。对各工作任务，描述了任务内容和输入/输出产品等。

测评准备活动包括项目启动、信息收集和分析、工具和表单准备三项任务。

方案编制活动包括测评对象确定、测评指标确定、测试工具接入点确定、测评内容确定、测评实施手册开发、测评方案编制六项任务。

现场测评活动包括现场测评准备、现场测评和结果记录、结果确认和资料归还三项任务。

分析与报告编制活动包括单项测评结果判定、单元测评结果判定、整体测评、风险分析、等级测评结论形成、测评报告编制六项任务。

六、GB/T 25070—2019《信息安全技术　网络安全等级保护安全设计技术要求》

（一）主要用途

《信息安全技术　网络安全等级保护安全设计技术要求》（GB/T 25070—2019）规定了网络安全等级保护第一级到第四级等级保护对象的安全设计技术要求。该标准适应于指导运营使用单位、网络安全企业、网络安全服务机构开展网络安全等级保护安全技术方案的设计和实施，也可作为网络安全职能部门进行监督、检查和指导的依据。

（二）主要内容

《信息安全技术　网络安全等级保护安全设计技术要求》（GB/T 25070—2019）规定了第一级到第四级等级保护对象的安全设计技术要求，每个级别的安全设计技术要求均由安全通用设计技术要求和安全扩展设计技术要求构成，安全扩展设计技术要求包括了云计算、移动互联、物联网、工业控制系统等方面。第一级到第三级的安全设计技术要求均包含安全计算环境、安全区域边界、安全通信网络、安全管理中心等四个方面。在第四级的安全设计技术要求增加了系统安全保护环境结构化设计技术要求方面。

安全计算环境设计技术要求针对等级保护对象的信息进行存储、处理及实施安全策略的相关部件提出；安全区域边界设计技术要求针对安全计算环境边界及在安全计算环境与安全通信网络之间实现连接并实施安全策略的相关部件提出；安全通信网络设计技术要求针对安全计算环境之间进行信息传输及实施安全策略的相关部件提出；安全管理中心设计技术要求是针对等级保护对象的安全策略及安全计算环境、安全区域边界和安全通信网络上的安全机制实施同一管理的平台提出。安全设计技术要求主要从用户身份鉴别、访问控制、安全审计、用户数据完整性和保密性保护、客体安全重用、可信验证、配置可信性检查、入侵检测和恶意代码防范等方面提出要求。

第四章 网络安全等级保护的定级与备案

在《网络安全法》和网络安全等级保护政策体系和标准体系的指导下，网络安全等级保护工作从1.0迈入了2.0，依据《信息安全技术　网络安全等级保护定级指南》(GB/T 22240—2020)，网络安全等级保护系统首先需要开展定级和备案工作。本章主要介绍了如何在网络安全等级保护工作中确定网络安全保护等级、定级过程和要求，并记录过程和要求。

第一节　安全保护等级的划分与保护

一、定级工作原则

网络的定级工作应按照"网络运营商制定网络安全保护级别、专家评价、主管部门批准、公安机关审核"的原则进行。定级工作的主要内容包括确定定级目标、制定网络安全保护级别、组织专家评审、主管部门批准、公安机关审查等。具体而言，可按照《关于开展国家重要信息系统安全等级保护定级工作的通知》(公通字〔2007〕861号)和《信息安全技术　网络安全等级保护定级指南》(GB/T 22240—2020)的要求执行。网络运营商是网络安全等级保护的责任主体，根据网络的重要性和遭破坏后的损害程度，科学合理地确定网络安全等级。同时，按照规定的等级，依照相应等级的管理规范和技术标准对网络安全级别保护的基本要求，建设网络安全保护设施，建立安全体系，落实安全责任，实现网络安全防护。

在网络安全防护工作中，网络运营商和主管部门按照"谁管理谁负责，谁运营谁负责"的工作原则，受网络安全监管。网络运营商和主管部门首先负责网络基础设施的安全，负主要责任，公安、保密、密码等部门对网络运营商和主管部门开展的等级保护工作进行监督、检查和指导，并负责对重要信息系统的安全进行监督和控制。重要网络和信息系统的安全运行不仅影响到行业和单位的生产和工作秩序，还影响到国家安全、社会稳定和公共利益。因此，国家网络安全职能部门应对重要网络和信息系统的安全进行监督。

二、网络安全保护的等级

网络安全保护的等级应当根据网络在国家安全、经济建设、社会生活中的重要程度，以及网络遭到破坏后对国家安全、社会秩序、公共利益及公民、法人和其他组织的合法权益的危害程度等因素确定。网络安全等级保护制度将网络划分为五个安全保护等级，从第一级到第五级逐级增高。

第一级，等级保护对象受到破坏后，会对相关公民、法人和其他组织的合法权益造成一般损害，但不危害国家安全、社会秩序和公共利益；

第二级，等级保护对象受到破坏后，会对相关公民、法人和其他组织的合法权益造成严重损害或特别严重损害，或者对社会秩序和公共利益造成危害，但不危害国家安全；

第三级，等级保护对象受到破坏后，会对社会秩序和公共利益造成严重危害，或者对国家安全造成危害；

第四级，等级保护对象受到破坏后，会对社会秩序和公共利益造成特别严重危害，或者对国家安全造成严重危害；

第五级，等级保护对象受到破坏后，会对国家安全造成特别严重危害。

三、网络安全保护等级的定级要素

网络安全保护等级的定级由两个要素决定，即受侵害的客体和对客体的侵害程度。

（一）受侵害的客体

等级保护对象受到侵害时，受侵害客体包括以下三个方面：

（1）公民、法人和其他组织的合法权益。

（2）社会秩序和公共利益。

（3）国家安全。

（二）客体的受侵害程度

客体受侵害的程度由客观方面的不同外部表现决定。侵害是通过对防护等级的破坏实现的，等级保护将客体遭受侵害的损害程度分为三种：

（1）一般损害。

（2）严重损害。

（3）特别严重损害。

四、五级保护和监管

网络运营商应当按照国家网络安全等级保护政策和相关技术标准对其网络进行保护，国家网络安全监管部门对其网络安全等级保护工作进行监督管理。表4-1列出了定级要素与网络安全保护等级的关系。

表 4-1　定级要素与网络安全保护等级的关系

受侵害的客体	对客体的侵害程度		
	一般损害	严重损害	特别严重损害
公民、法人和其他组织的合法权益	第一级	第二级	第二级
社会秩序、公共利益	第二级	第三级	第四级
国家安全	第三级	第四级	第五级

第二节 定级流程

安全保护等级初步确定为第一级的等级保护对象，其网络运营者可依据本标准自行确定最终安全保护等级，可不进行专家评审、主管部门核准和备案审核。安全保护等级初步确定为第二级及以上的等级保护对象，其网络运营者依据本标准组织进行专家评审、主管部门核准和备案审核，最终确定其安全保护等级。等级保护对象定级工作的一般流程如图4-1所示。

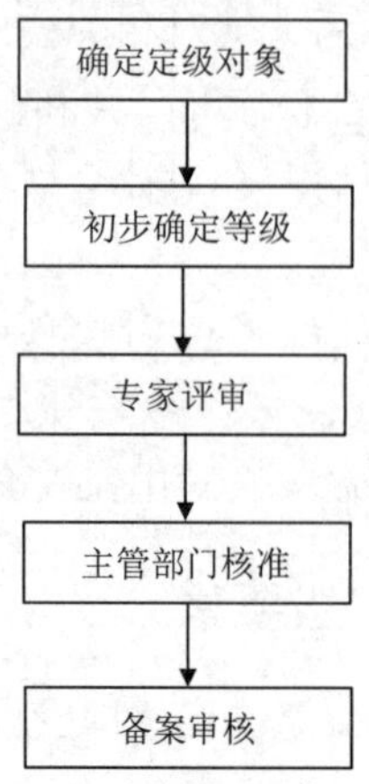

图 4-1 等级保护对象定级工作一般流程

一、确定定级对象

网络运营商在进行网络定级前，应明确网络支持的数据和信息的业务类型、应用或服务范围、网络结构、规模和重要性等基本信息，为合理的定级奠定良好的基础。需要指出：个人、家庭网络及其计算机不属于保护范围之列。

定级工作中，最重要的问题是如何科学合理地确定定级对象。定级对象应具有以下基本特征：

（1）具有明确的主要安全责任主体。

（2）承载相对独立的业务应用。

（3）包含相互关联的多个资源。

要明确的是：

（1）主要安全责任主体包括但不限于法人、机构和不具备法人资格的社会组织。

（2）相对独立并不意味着完全独立，可以有少量的涉及服务和应用的数据交换。

（3）多个资源可以包括但不限于网络资源、计算资源、存储资源等，应避免将单个系统组件（如终端、服务器或网络设备）作为定级对象。

网络运营商或主管部门可参考以下内容来确定定级对象：

第一，应以发挥支持和传输作用的信息网络（包括专用网络、内部网络、外部网络、网络管理系统）作为定级对象。但是，不应将整个信息网络作为定级对象，而是从安全管理和安全责任的角度，分为多个安全领域或单元进行定级。

第二，用于生产、调度、管理、运营、指挥、办公等目的的各种业务系统，应根据不同的业务类别分别确定为定级对象，不应以系统是否进行数据交换或拥有专用设备作为判

定条件。单一信息系统不能作为定级对象。

第三，各单位网站、邮件系统作为一个独立的定级对象。安全级别较高的网站后台数据库管理系统也作为独立的定级对象。在网站上运行的信息系统（例如为社会提供服务的报名考试系统）也应被视为一个独立的定级对象。

第四，对于大数据、工业控制系统、云平台、移动互联网、物联网、卫星系统等，应根据定级指南的要求合理确定定级对象。

第五，确认定级责任单位的主管责任。业务部门应该主导业务网络的定级，运维部门（如信息中心、托管方）可以根据业务部门的要求协助定级，并开展后续的安全防护工作。

第六，具备网络的基本要素。网络和信息系统作为一个定级对象，应该是一个具有明确的应用目标和规则，由相关和配套的设备和设施组成的有形实体。单个系统组件（如终端、服务器、网络设备等）不应用作定级对象。

相关解释说明如下：

首先，在云计算环境中，安全建设和管理职责可能不同，应将云服务侧的计算平台和云租户侧的等级保护对象视为不同的定级对象。对于大规模的云计算平台，云计算基础设施和相关的辅助服务系统应被划分为不同的定级对象。同一云计算平台上不同租户的定级保护对象也应视为不同的定级对象。

第二，工业控制系统一般包括现场采集、执行、现场控制、过程控制和生产管理等特征要素。其中，现场采集、执行、现场控制、过程控制等要素应作为一个整体的对象进行定级，各要素不单独定级。生产管理要素可以单独定级。对于大型工业控制系统，可根据系统功能、控制对象或制造商等因素分别定级。

第三，物联网应该作为一个整体进行定级，各特征要素（感知、网络传输、处理和应用等）不单独定级。

第四，采用移动互联网技术的网络系统（主要包括移动终端、移动应用、无线网络等特征要素）以整体定级。

第五，大数据单独定级。具有相同安全责任主体的大数据、大数据平台和应用可作为整体定级。

二、初步确定等级

网络安全保护级别的确定首先要明确网络运营商和行业相关部门的主体责任，然后围绕受侵害客体及其受侵害程度开展工作。

网络安全保护级别的确定应按照网络安全保护定级指南进行，不仅要防止片面追求绝对安全造成的过度定级，还要防止偏低定级，以此逃避监督。信息网络的安全级别可以通过参考在其上运行的信息系统的级别、网络的服务范围和其自身的安全要求来确定。它不以运行在它上面的信息系统的最高或最低等级为标准，即“不追高，不求低”。

（一）方法概述

定级对象的安全主要包括业务信息安全和系统服务安全，与之相关的受侵害客体和对客体的侵害程度可能不同，因此，安全保护等级由业务信息安全和系统服务安全两方面确定，从业务信息安全角度反映的定级对象安全保护等级称为业务信息安全保护等级：从系统服务安全角度反映的定级对象安全保护等级称为系统服务安全保护等级。

定级方法流程示意图如图4-2所示。

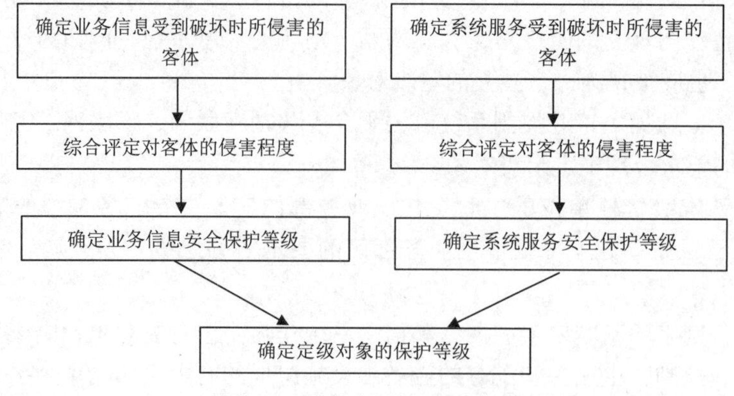

图4-2　定级方法流程示意图

具体流程如下：

（1）确定受到破坏时所侵害的客体。

① 确定业务信息受到破坏时所侵害的客体；

② 确定系统服务受到侵害时所侵害的客体。

（2）确定对客体的侵害程度。

① 根据不同的受侵害客体，分别评定业务信息安全被破坏对客体的侵害程度；

② 根据不同的受侵害客体，分别评定系统服务安全被破坏对客体的侵害程度。

（3）确定安全保护等级。

① 确定业务信息安全保护等级；

② 确定系统服务安全保护等级；

③ 将业务信息安全保护等级和系统服务安全保护等级的较高者确定为定级对象的安全保护等级。

（二）确定受侵害的客体

定级对象受到破坏时所侵害的客体包括国家安全、社会秩序、公众利益以及公民、法人和其他组织的合法权益。

（1）侵害国家安全的事项包括以下方面：

① 影响国家政权稳固和领土主权、海洋权益完整；

② 影响国家统一、民族团结和社会稳定；

③ 影响国家社会主义市场经济秩序和文化实力；

④ 其他影响国家安全的事项。

（2）侵害社会秩序的事项包括以下方面：

① 影响国家机关、企事业单位，社会团体的生产秩序、经营秩序、教学科研秩序、医疗卫生秩序；

② 影响公共场所的活动秩序、公共交通秩序；

③ 影响人民群众的生活秩序；

④ 其他影响社会秩序的事项。

（3）侵害公众利益的事项包括以下方面：

① 影响社会成员使用公共设施；

② 影响社会成员获取公开数据资源；

③ 影响社会成员接受公共服务等方面；

④ 其他影响公共利益的事项。

（4）侵害公民、法人和其他组织的合法权益是指受法律保护的公民、法人和其他组织所享有的社会权力和利益等受到损害。

确定受侵害的客体时，首先判断是否侵害国家安全，然后判断是否侵害社会秩序或公众利益，最后判断是否侵害公民、法人和其他组织的合法权益。

（三）确定对客体的侵害程度

1．侵害的客观方面

在客观方面，对客体的侵害外在表现为对定级对象的破坏，其侵害方式表现为对业务信息安全的破坏和对系统服务安全的破坏，其中，业务信息安全是指确保定级对象中信息的保密性、完整性和可用性等，系统服务安全是指确保定级对象可以及时、有效地提供服务，以完成预定的业务目标。由于业务信息安全和系统服务安全受到破坏所侵害的客体和对客体的侵害程度可能会有所不同，在定级过程中，需要分别处理这两种侵害方式。

业务信息安全和系统服务安全受到破坏后，可能产生以下侵害后果：

（1）影响行使工作职能；

（2）引起法律纠纷；

（3）导致财产损失；

（4）造成社会不良影响；

（5）对其他组织和个人造成损失；

（6）其他影响。

2．综合判定侵害程度

侵害程度是客观方面的不同外在表现的综合体现，因此，首先根据不同的受侵害客体、不同侵害后果分别确定其侵害程度。对不同侵害后果确定其侵害程度所采取的方法和所考虑的角度可能不同，例如，系统服务安全被破坏导致业务能力下降的程度可以从定级对象服务覆盖的区域范围、用户人数或业务量等不同方面确定，业务信息安全被破坏导致的财物损失可以从直接的资金损失大小、间接的信息恢复费用等方面进行确定。

在针对不同的受侵害客体进行侵害程度的判断时，参照以下不同的判别基准：

（1）如果受侵害客体是公民、法人或其他组织的合法权益，则以本人或本单位的总体利益作为判断侵害程度的基准；

（2）如果受侵害客体是社会秩序、公共利益或国家安全，则以整个行业或国家的总体利益作为判断侵害程度的基准。

不同侵害后果的三种侵害程度描述如下：

（1）一般损害：工作职能受到局部影响，业务能力有所降低但不影响主要功能的执行，出现较轻的法律问题，较低的财产损失，有限的社会不良影响，对其他组织和个人造成较低损害。

（2）严重损害：工作职能受到严重影响，业务能力显著下降且严重影响主要功能执行，出现较严重的法律问题，较高的财产损失，较大范围的社会不良影响，对其他组织和个人造成较高损害。

（3）特别严重损害：工作职能受到特别严重影响或丧失行使能力，业务能力严重下降且或功能无法执行，出现极其严重的法律问题，极高的财产损失，大范围的社会不良影响，对其他组织和个人造成非常高的损害。

对客体的侵害程度由对不同侵害结果的侵害程度进行综合评定得出，由于各行业定级对象所处理的信息种类和系统服务特点各不相同，业务信息安全和系统服务安全受到破坏后关注的侵害结果、侵害程度的计算方式均可能不同，各行业可根据本行业业务信息和系统服务特点制定侵害程度的综合评定方法，并给出一般损害、严重损害、特别严重损害的具体定义。

（四）等级划分

为了帮助网络运营商准确地确定网络安全保护级别，可以参考以下说明完成定级：

（1）一级网络，一般适用于小型民营企业和个体企业、中小学、乡镇所属的网络系统，以及县级单位中重要性较低的网络。

（2）二级网络，一般适用于县级部分单位的重要网络系统，以及市级以上国家机关、企事业单位的一般网络系统。例如，不涉及工作秘密、商业秘密或敏感信息的办公系统和管理系统。

（3）三级网络，一般适用于市国家机关、企事业单位内部重要网络系统，如涉及工作秘密、商业秘密、敏感信息的办公和管理系统，跨省或全国联网运行的生产、调度、管理、指挥、作业、控制重要信息系统和该系统的省、市、中央系统、省（自治区、市）门户网站和重要网站，跨省互联的网络系统、大型云平台、工业控制系统、物联网、移动网络，大数据等。

（4）四级网络，一般适用于国家重要领域和部门中特别重要的网络系统和核心系统。例如，生产、调度和指挥等重要部门，如电力、电信、广播电视、铁路、民航、银行、税收等核心系统涉及国家安全、国民经济和民生、超大型云平台、工业控制系统、物联网、移动网络、大数据等。

（5）五级网络，一般适用于国家重要领域和部门中极其重要的系统。

根据业务信息安全被破坏时所侵害的客体以及对相应客体的侵害程度，依据表4-2可得到业务信息安全保护等级。

表4-2　业务信息安全保护等级矩阵表

业务信息安全被破坏时所侵害的客体	对相应客体的侵害程度		
	一般损害	严重损害	特别严重损害
公民、法人和其他组织的合法权益	第一级	第二级	第二级
社会秩序、公共利益	第二级	第三级	第四级
国家安全	第三级	第四级	第五级

根据系统服务安全被破坏时侵害的客体以及对相应客体的侵害程度，依据表4-3可得到系统服务安全保护等级。

表4-3　系统服务安全保护等级矩阵表

系统服务安全被破坏时所侵害的客体	对相应客体的侵害程度		
	一般损害	严重损害	特别严重损害
公民、法人和其他组织的合法权益	第一级	第二级	第二级
社会秩序、公共利益	第二级	第三级	第四级
国家安全	第三级	第四级	第五级

定级对象的初步安全保护等级由业务信息安全保护等级和系统服务安全保护等级的较高者决定。

各类网络定级的处理方法参考如下：

第一，单位自己构建的网络（与上级无关联），本单位定级。

第二，跨省或全国统一联网的网络或信息系统，可由行业主管部门统一确定安全防护级别。其中，由各行业规划、建设、保护的国家网络系统，由各级行业主管部门统一定级；各行业统一规划、定级、联网的信息系统，分别由部、省、市确定。但各行业主管部门应对该系统提出定级意见，避免同一系统的下级定级高于上级的现象。该类系统的定级，下级应报上级主管部门批准。

应特别注意同类网络的安全保护等级不能随着部、省、市行政级别的降低而降低。例如，地市级重要行业的重要系统不能认定为一级或二级。

第三，新建网络的定级应该由网络运营商在规划和设计时确定，安全防护技术措施和管理措施的设计、施工和实施应同步进行。

网络安全等级保护定级报告参见附录A。

三、专家评审

在网络运营商或主管部门初步确定网络安全保护级别后，为了保证定级的合理性和准确性，应聘请公安机关组织的网络安全级别保护专家进行评审，并给出意见。特别是，重要行业和重要部门的网络必须由专家进行审查，以避免出现故意降低网络安全保护级别的情况。

网络安全等级保护定级专家评审意见参见附录B。

四、主管部门核准

对于单位自行建立的网络（与上级单位无关），确定其安全等级后，自行决定是否报上级主管部门批准。网络运营商参考专家定级评审意见，最终确定网络安全保护的新级别，需要形成定级报告。当专家评审意见与网络运营商的意见不一致时，网络运营商自行决定网络等级。网络运营商有上级主管机关的，其安全防护等级应当经上级主管机关（一般是指该行业的高级主管机关或监管机构）核准。如果是跨区域运行，必须得到上级主管部门的批准，以确保各区域同一网络或分支网络定级的一致性。

五、备案审核

公安机关收到网络运营商的备案资料后，应当对网络定级的准确性进行审核。公安机关审核是定级工作的最后一道防线，应当予以高度重视和严格把控。网络定级基本准确的，公安机关应当出具在公安部统一监督下出具的《网络安全等级保护备案证明》（以下简称《备案证明》）。网络定级不准确的，公安机关应当通知网络运营商，建议组织专家重新定级评审，并报上级主管部门批准。如果网络运营商仍然坚持原级，公安机关可以接受其备案，但应当书面通知承担由此产生的责任和后果，经由上级公安机关同意，同时通知备案单位的上级主管部门。

第三节　网络备案工作的内容和要求

一、网络备案与受理

网络安全等级保护的备案工作包括归档、验收、审查和档案信息管理。网络运营商和接受备案的公安机关应当按照《信息安全等级保护记录实施细则》（公信安〔2007〕1360号）的要求完成备案的处理。

（一）备案

第二级（含）以上网络，安全保护等级确定后30天内，网络运营商或其主管部门（以下简称备案单位）应当通过县、市级以上公安机关备案手续。申请人申请续期时，应当先在公安机关指定的网站上下载并填写备案表，并在备案文件编制完成后到指定地点办理备案手续。

备案时，应提交《信息系统安全等级保护备案表》（以下简称《备案表》，一式两份）及其电子文件。二级及以上网络，均应提交表一、二、三。三级以上网络还应在网络安全整改评估完成后30天内提交《备案表》表四及相关资料。

中央驻北京单位的跨省或全国联网运行的网络系统，由主管部门向公安部备案；其他网络系统应向北京市公安局备案。跨省或全国统一联网运行的各地分支系统，应当向县、市以上地方公安机关备案。各部委统一联网运行的地方分支系统（包括连接终端和上级系统运行的无数据库的分支系统），即使是上级主管机关定级的，也应当向地方公安机关备案。

需要说明的是：关于云计算平台备案，结合云计算资源分散，统一管理的特点，按照“责权统一、方便监管”的原则，建立“云计算服务提供商应参照云计算平台运营管理由当地公安机关备案”的工作模式，明确如下不同应用场景：

（1）本地云计算服务提供商，其机房位置与运维管理机构的位置统一，直接将云计算服务提供商提交给当地公安机关备案，并接受备案机构的监督管理。

（2）云计算平台跨省部署，涉及两种安全责任主体：网络设备、主机和虚拟资源配置和管理由集中办公的运维部门（独立法人）统一负责，数据中心运营商（独立法人）负责其物理环境和安全（如建筑物门禁、供电等）。云计算服务提供商的运营管理应向当地公安机关备案，其运维管理中与云计算服务有关的业务系统应由公安机关监督管理备案。同时，各数据中心物理环境的安全应受机房所在的公安机关监管，其物理基础设施（包括机房建筑、机电设备、安全监控系统等）可用作定级对象。

（3）云计算平台部署在各省，数据中心租用当地IDC物理基础设施，网络设备、主机设备和虚拟资源的配置管理由集中办公地的运维部门统一管理：云计算服务供应商向运维管理主体所在的当地公安机关备案，本地计算机机房和云计算服务相关业务系统受所在公安机关的监督管理。为了保证物理环境的安全性，云计算服务提供商必须选择与自身安全保护等级相匹配的IDC机房。

（二）备案受理

县市级以上公安机关网络安全部门受理其管辖范围内的备案。对隶属于省级的备案单位，跨地方（市）运行的网络系统，由省级公安机关网络安全部门受理。

中央下属驻北京单位统一联网运行并由主管部门统一定级的网络系统，向公安部网络安全保卫局备案，其他网络系统向北京市公安网络安全部门备案。

中央所属非驻北京单位的网络系统，向当地省级公安机关网络安全部门（或其指定的县、市公安机关网络安全部门）备案。

在地方统一联网运行的跨省、全国网络系统的分支系统（包括上级主管部门定级、地方应用的网络系统），向县市以上地方公安机关网络安全部门备案。

（三）备案信息管理

公安部组织建立了网络安全等级保护监督系统，并下发各地，建立了公安部、省、市级公安机关等级综合管理平台。系统由部、省级公安机关两级部署，提供给部、省、市级公安机关使用，为全国网络定级、备案和监督检查工作及相关监察业务提供支持和服务，地方公安机关按照《关于部署开展定级保护安全监察管理系统建设的通知》要求，组织地方系统建设、定级备案和相关数据及时输入系统，并使用该系统进行定级保护工作。

二、公安机关受理网络备案要求

受理备案的公安机关的网络安全部门应当设立专门的备案窗口，配备必要的设备和警力，并专门负责受理备案工作。接受备案的地点、时间、联系方式、联系人，应当向社会公布。

公安机关收到备案资料后，应当审核下列内容：资料是否完整，是否符合要求，纸质资料是否与电子文件相一致；网络系统的安全防护级别是否准确。

公安机关收到备案单位提交的资料后，对属于本级公安机关受理范围而且资料齐全的应该出具《网络安全等级保护备案资料接收单》。档案资料不完整的，公安机关当场或者在5日内通知备案单位改正；不属于本级公安机关受理范围的，书面通知备案单位并告知应向具备管辖权的公安机关办理。

符合等级保护要求的，公安机关应当自收到备案资料之日起10个工作日内，将备案单位加盖公章（或等级保护专用章）的《备案表》反馈给备案单位一份，存档一份；不符合定级保护要求的，公安机关网络安全部门应当在10个工作日内通知备案单位整改，并出具《网络安全定级保护备案审核结果通知》。

《备案表》中表1、表2、表3的内容经审核合格的，公安机关出具由公安部统一监制《网络安全等级保护备案证明》（以下简称《备案证明》）。

接受备案的公安机关网络安全部门应当建立管理制度，严格定级管理备案材料，严格遵守保密制度，未经批准不得提供外部查询。

三、对网络定级不准及不备案情况的处理

公安机关对定级不正确的，应当在通知单位整改时，建议备案单位组织专家进行审核，并报上级主管部门审批。

仍然坚持原定级的，公安机关可以受理其备案，但应当书面通知其承担由此产生的责任和后果。经上级公安机关批准，并报告备案单位的主管部门拒绝备案的，公安机关应当基于《网络安全法》《计算机信息系统安全保护条例》等有关法律、法规，责令其限期整改，逾期仍未备案的，应当给予警告，并向上级主管部门通报。需要向中央、国家机关报告的，应当报公安部批准。

四、公安机关对网络定级备案工作的指导

网络运营商在确定网络安全防护级别时，公安机关网络安全部门可以就如何科学合理地确定定级对象，以及如何掌握网络的重要性、网络安全防护级别等指导。网络运营商在完成网络系统定级后应及时向所在地区市公安机关备案。

第五章 网络安全等级保护建设整改

网络运营者确定网络安全保护等级，针对新建系统按照相应级别进行建设，对于已建系统需要进行建设整改。本章主要介绍网络安全等级保护整改工作的目标、内容、方法、流程和措施等，可以协助网络运营者从事网络安全等级保护安全建设整改工作。

第一节 工作目标和工作内容

一、工作目标

网络安全等级保护建设整改工作作为网络安全的一项重要内容，和网络评级、等级测评、监督检查等工作紧密相关，对于各地区部门提高网络安全建设管理水平具有重要意义。对于新建网络的信息安全系统，我们按照国家有关网络安全等级保护政策的标准要求，贯彻执行网络安全与信息化建设同步执行的等级保护措施，加强安全责任，管理措施和技术保护措施。对于目前运行的网络安全系统，我们要求开展等级测评和风险评估，根据国家行业标准发现运行过程中存在的安全问题，针对性地对存在的问题进行整改。

网络安全等级保护建设整改工作的实施有利于提高网络安全系统的深层次管理水平，增强网络安全的防范能力，显著减少网络安全事故，有效保障网络安全信息化健康发展和维持良好的社会秩序。

二、工作范围和工作特点

（一）工作范围

首先是将已备案的第二级及以上的网络安全系统纳入网络安全建设整改范围。其次，对于尚未开展定级备案的网络安全系统，通过定级备案再开展安全建设整改。最后，新建的网络安全系统要与安全建设工作同步进行。

（二）工作特点

网络安全等级保护安全建设整改工作与网络安全建设工作既有联系，又有区别，主要体现在以下四个方面：

（1）继承发展。等级保护建设整改工作是原有网络安全保护基础工作的拓展，可以更全面和深入地加强网络安全保护基础工作。

（2）有机结合。等级保护安全工作从管理和技术两个方面建立安全综合防护体系，全面提高网络的整体安全保护能力。

（3）外部监督。网络安全等级保护建设整改工作要在全国公安机关的监督和检查下完成，主动接受监督和检查。

（4）政策指导。网络安全政策文件的出台保证了各单位和部门的等级保护工作顺利进行。

三、工作内容

（一）网络安全等级保护安全管理制度建设

（1）网络安全责任制。成立和明确网络安全领导机构和主管领导；成立专门的网络安全管理部门来管理安全岗位；明确和落实领导机构、责任部门和有关人员的网络安全责任。

（2）人员安全管理制度。制定人员录用、离岗、考核和教育培训等管理制度，落实管理的具体措施；对安全岗位人员要进行安全审查、定期进行培训、考核和安全保密教育，提高安全岗位人员的专业水平，逐步实现安全岗位人员持证上岗。

（3）网络建设管理制度。建立网络定级备案、方案设计、产品采购使用、密码使用、软件开发、工程实施、验收交付、等级测评和安全服务等管理制度，明确工作内容、方法、流程和要求。

（4）网络运维管理制度。建立机房环境安全、存储介质安全、系统安全、恶意代码防范、密码保护、备份与恢复和事件处置等管理制度，制定应急预案，定期开展演练，采取相应管理技术措施和手段，确保系统运维管理制度有效落实。

（二）开展网络安全等级保护安全技术措施

1. 开展安全技术措施建设的依据

根据《信息系统安全等级保护实施与指南》《信息系统通用安全技术要求》《信息系统安全工程管理要求》《网络安全等级保护安全设计技术要求》等标准规范要求，贯彻执行安全保护技术措施。

2. 开展安全技术措施建设的内容

结合行业特点和安全需求，制定符合相应等级要求的网络安全技术建设整改方案，开展网络安全等级保护安全技术措施，采取安全管理中心及计算环境安全、区域边界安全和通信网络安全的防护策略，实现相应级别网络的安全保护技术要求，建立完善网络安全综合防护体系，提高网络安全防护能力和水平。

3. 开展安全技术措施建设的要求

备案单位要开展网络安全保护现状分析，确定网络安全技术建设整改需求，制定网络安全技术建设整改方案，组织实施网络安全建设整改工程，开展安全自查和等级测评，及时发现网络中存在的安全隐患和威胁，开展安全建设整改工作。

四、能力目标

对网络采取安全措施是为了使网络具备一定的安全保护能力，这种安全保护能力主要表现为能够应对威胁的能力和一定时间内恢复网络原有状态的能力，两者构成了网络安全保护能力。

第一级网络：网络能够有效防范一般的黑客攻击和计算机病毒及恶意代码危害，遭到黑客的攻击后能够自己恢复主要功能。

第二级网络：网络能够有效抵御小规模的弱恶意攻击，检测常见攻击，记录安全事件，并在受到破坏后恢复正常运行。

第三级网络：网络在统一的安全防护策略下，具备抵御大规模、强恶意攻击和更严重自然灾害的能力；具有检测、发现、报警和记录入侵行为的能力；有能力应对安全事件并跟踪安全责任；有能力在受损后迅速恢复正常运行；对于服务保证要求高的网络，它可以快速恢复正常运行：它有能力集中控制网络资源、用户、安全机制等。

第四级网络：网络在统一的安全保护策略下，具有抵御敌对势力有组织大规模攻击、抵御严重自然灾害、防止计算机病毒和恶意代码危害检测的能力；能够快速响应和处理安全事件，跟踪安全责任。受损后，网络有能力快速恢复正常运行，并有能力集中控制网络资源和安全机制。

五、主要内容

网络安全等级保护建设与整改包括安全管理体系要素和安全技术体系要素两部分。其中，安全管理体系的要素包括：安全战略和管理体系、安全管理组织和人员系统安全建设管理、系统安全运行和维护管理等，网络和通信安全、设备和计算安全、应用和数据安全等。

第二节　工作方法和工作流程

一、工作方法

安全建设整改工作应以《信息安全技术　网络安全等级保护基本要求》(以下简称《基本要求》)为目标。它不仅可以加强和转化安全状况分析中发现的问题，还可以进行全面的安全建设整改，形成不同区域、不同层次的安全防护措施，建立有机的安全防护体系，最大限度地提高安全措施的防护能力。安全建设整改工作的具体实施可以根据实际情况，逐步落实安全管理体系建设和安全技术措施，将安全建设整改与业务工作和信息化建设有机结合，利用网络安全等级保护平台，使等级保护工作正常化。

二、工作流程

根据有关标准要求，网络安全建设的整改工作可以按照以下步骤进行：

第一步，指定安全建设整改工作的责任部门来负责处理，带头制定本单位和本行业的网络安全建设整改工作规划，从总体上部署安全建设整改工作。

第二步，对于新建网络和目前运行的网络采取不同措施。对于新建网络，根据网络安全保护等级和标准要求，从管理和技术两个方面确定网络安全建设需求并论证；对于在线运行的网络，通过等级测评，分析判断目前所采取的安全保护措施与等级保护标准要求之间的差距，分析网络已发生的事件或事故，分析安全保护方面存在的问题，形成安全整改的需求并论证。

第三步，确定安全保护策略，制定网络安全建设整改方案。在安全需求分析的基础上，进行网络安全建设整改方案的总体设计和详细设计，制定工程预算和工程实施计划，为后续安全建设整改工程的实施提供依据。安全建设整改方案须经专家评审论证，第三级（含）以上网络的安全建设整改方案应报公安机关备案，公安机关监督检查备案单位安全建设整改方案的实施。

第四步，按照网络安全建设整改方案，实施安全建设整改工程，建立并落实安全管理制度，落实安全责任制并付诸实施。在实施安全建设整改工程时，需要加强投资风险控制、实施流程管理、进度规划控制和信息保密管理。

第五步，开展安全自查和等级测评，及时发现网络中存在的安全隐患和问题，并通过风险分析，确定主要问题，进一步开展安全整改工作。

各级网络的安全保护技术措施要求如下：第一级网络侧重于防护；第二级网络侧重于防护和监测；第三级网络侧重于策略、防护、监测和恢复；第四级网络侧重于策略、防护、监测、响应和恢复。各级网络安全保护管理措施要求如下：第一级网络侧重于部分活动建设制度；第二级网络侧重于过程建设制度；第三级网络侧重于管理制度体系化；第四级网络侧重于管理制度体系化。

第三节　安全管理体系

一、网络安全责任制

成立网络安全领导机构，建立领导岗位责任制和人员管理制度，按照职责分工分别设置安全管理机构和岗位，明确各岗位职责和任务，落实安全管理责任制，建立安全教育培训体系。对网络安全运维人员、管理人员和用户进行定期培训和考核，提高安全意识和操作水平。具体依据《基本要求》的安全管理机构内容，同时参照《信息系统安全管理要求》。

落实安全责任制的具体措施还应参考执行相关管理规定。例如党政机关信息系统应执行《关于加强党政机关计算机信息系统安全和保密管理的若干规定》，指定主要领导专职负责计算机安全系统的保密工作，并指定一个工作机构具体负责计算机信息系统的全面安全和保密，每个部门的内部部门应指定一名信息安全官员。

二、网络安全管理现状分析

通过对网络安全管理现状的分析，对于网络安全管理的建设和整改中存在的问题，按照网络安全管理工作建设和整改的要求，采用对比检查、风险评估和等级评估等措施，判断所采取的安全管理措施与标准要求之间的差距，深层次分析管理中存在的安全问题，形成安全管理建设的整改需求。

三、安全管理策略和制度

确定网络系统的日常安全管理标准和安全政策，制定各类网络管理活动的人员安全管理制度。明确人员招聘网络建设管理制度，确定网络分级备案、等级考核和安全服务等管理内容；制定网络运维管理制度，明确机房环境安全、存储介质安全、设备设施安全、恶意代码防范、密码保护、备份恢复、应急预案等管理内容。明确检查内容、方法和要求等各项制度和措施，规范安全管理人员操作。

安全管理的核心是在原有管理模式和管理策略的基础上进行，要从全局角度和各层次网络的实际角度出发，制定全网的安全管理和统一的安全管理策略，选择具体有效的安全管理措施，形成全面的全网安全管理体系。

四、网络安全管理措施实施

（一）人员安全管理

人员安全管理主要包括人员录用、离岗、考核和教育培训等内容。规范人员录用和离岗过程，关键岗位要保证签署保密协议。通过对各类人员进行安全意识教育、岗位技能培训和相关安全技术培训，进行全面和严格的安全审查和技能考核，对外部人员允许访问的区域、系统、设备和信息等进行控制。

（二）系统运维管理

1. 环境和资产安全管理

明确各种网络环境下安全管理的责任部门或责任人，加强对人员出入和来访人员的控制，对物理访问、物品进出和环境安全等方面做出规定。对重要区域设置门禁控制手段或使用视频监控等措施。明确各种资产安全管理的责任部门或责任人，对相关的软件、硬件等资产要摸清楚。

2. 设备和介质安全管理

明确配套设施、软硬设备管理维护的责任部门或责任人，对各种软硬设备的采购、发放、领用、维护和维修等过程进行控制，重点管控对涉外维修和敏感数据销毁等过程的监督控制。

3. 日常运行维护

明确网络日常运行维护的责任部门或责任人，对运行管理中日常操作、账号管理、安全配置、日志管理、补丁升级和口令更新等过程进行控制和管理，制定相应的管理制度和操作规程并落实执行。

4. 集中安全管理

第三级以及以上的网络应按照统一的安全策略和安全管理要求，统一管理网络的安全运行，进行安全机制的配置与管理，对设备安全配置、恶意代码、补丁升级和日志审计等进行管理，与安全有关的信息、进行汇集与分析，落实安全机制和集中管理。

5. 事件处置与应急响应

按照国家有关标准规定，确定网络安全事件的等级和分级应急处置预案。明确应急处置策略和指定应急指挥部门、执行部门和技术支撑部门，共同建立应急协调机制。同时贯彻执行安全事件报告制度，对于第二级以及以上的网络发生的较大和重大的安全事件，网络运营者应按照相应预案展开应急处置，并及时向受理备案的公安机关报告。

6. 灾难备份

对第三级以及以上的网络采取灾难备份措施，防止重大事故和事件发生，同时需要定期备份重要业务信息、系统数据及软件系统等，制定数据的备份策略和恢复策略，建立与备份和恢复管理相关的安全管理制度。

7. 实时监测

开展网络安全实时安全监测，实现对物理环境和通信线路等网络设备的监测和报警，

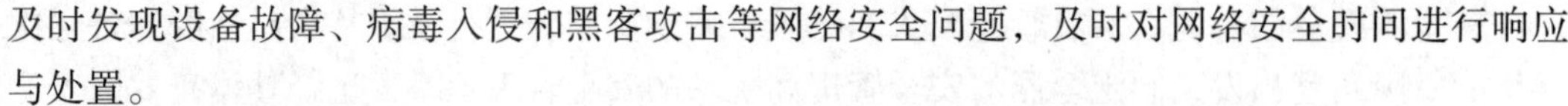

及时发现设备故障、病毒入侵和黑客攻击等网络安全问题，及时对网络安全时间进行响应与处置。

8．其他安全管理

对系统运行维护过程中系统变更和密码使用等进行控制和管理等活动，按照管理部门的规定对网络中密码算法和密钥的使用进行分级管理。

（三）网络安全建设管理

网络安全建设管理的重点是与网络建设活动相关的过程管理，主要建设活动是由集成方、开发方、测评方和安全服务方等完成的。网络运营者的主要工作是对其进行管理。因此，应制定网络安全建设相关的标准要求，明确网络定级备案、方案设计、等级测评和安全服务等内容的管理责任部门，按照相应的规章制度执行。

第四节　安全技术措施

一、安全技术现状分析

（一）网络现状分析

了解掌握网络和信息系统的数量和等级、所处的网络区域及网络系统所承载的业务应用情况，分析网络系统的边界、构成和相互关联情况，分析网络结构、内部区域、区域边界及软硬件资源等，具体可参照《信息系统安全等级保护实施指南》中的信息系统分析内容。

（二）网络安全保护技术现状分析

通过对网络安全保护技术进行现状分析，查找问题并且明确网络的安全保护技术建设整改需求。同时采取对照检查、风险评估、等级测评等方法分析判断目前采取的安全技术措施与等级保护标准要求之间的差距，分析网络已发生事件，形成安全技术建设整改安全需求。在满足网络安全等级保护基本要求的基础上，结合行业特点和网络安全保护的特殊要求，提出特殊安全需求。

（三）安全需求论证和确定

安全需求分析工作完成后，将网络安全管理与安全技术综合形成安全需求报告，组织专家对安全需求进行评审论证。

二、安全技术方案设计

（一）安全技术方案总体设计

1．确定安全技术策略

安全技术策略是基于安全需求分析形成的纲领性的安全文件，包括安全工作的一般原则、安全策略等，用于指导网络安全技术体系和安全管理体系的建设。一般来说，应明确安全工作的任务和总体目标。明确信息安全的总体组织和职责，明确安全工作的运行模式。安全工作策略应描述安全组织结构策略、业务部门分类策略、数据信息分类策略、子系统互连策略、信息流控制策略等，指导系统安全技术体系设计。

2．设计总体技术方案

在网络系统安全建设整改技术方案设计中，对安全状态分析中发现的问题进行修改，形成具有不同区域和级别的安全保护措施的有机安全保护体系，落实物理和环境安全、网络和信息安全的基本要求，最大限度地提高安全措施的保护能力。在安全技术方面，可以参考《安全通信网络安全等级保护技术要求》，从安全计算环境、安全区域、安全管理中心等方面落实安全技术保护要求。

（二）安全技术方案详细设计

1．整体架构设计

参照网络安全等级保护2.0标准和商用密码应用安全性评估标准，并结合信息系统现状，将系统重新划分区域，专网与互联网均划分为边界安全域、核心交换域、服务器安全域、运维管理域、密码池域、终端办公域等六个区域。依据各区域重要性不同，其保护程度也不一而同，充分体现了分区域的理念和适度建设、重点保护的原则。各区域功能如下所述：

（1）边界安全域。在网络边界进行防护，包括防火墙、防毒墙、入侵检测设备（入侵检测与防御、蜜罐防御系统、抗APT攻击系统、网络回溯系统、网络流量分析系统、威胁情报检测系统）等。作为信息系统的出入控制关卡，要重点对此区域进行防护，主要从网络架构、边界防护、访问控制、入侵防范、恶意代码和垃圾邮件防范、安全审计等几方面进行分析，并有针对性地增加硬件防护设备和软件配置优化。

（2）核心交换域。主要由冗余的核心交换机组成，重点应从网络安全进行防护，包括设备冗余、链路冗余、结构优化、设备自身安全防护，同时加强安全审计防护。此域还包括IDS、堡垒机、漏洞扫描设备，此区域为全网安全审计的引擎区域，需要对设备自身安全防护进行重点关注。

（3）服务器安全域。主要提供对服务器的安全防护，由现有的各种应用服务器构成，实现整个系统的共享等功能，作为对外服务的系统，应较为重点地防护，要从安全物理环境、安全通信网络、安全区域边界、安全计算环境等全面防护。

（4）运维管理域。网络安全管理中心应具有对整个网络内所有节点的日常状态监测、故障响应、资源分配和控制等功能，同时承担采集网络运行数据，进行业务流量、流向分析，制定网络发展规划等职能。网络管理系统还需要具有性能管理、故障管理、配置管理、安全管理等基本功能。因此，网络管理中心是整个信息系统安全体系的核心，针对其在网络中的核心地位，应该在安全设计中划分单独的安全域重点防护。

（5）密码池域。提供整个网络内的身份鉴别、数据机密性、数据完整性工作，由服务器密码机、签名验签服务器、时间戳服务器、数据加密安全网关、数字认证系统等组成。

（6）终端办公域。此域包含内外网用户群，局域网是内部人员办公的环境，需要单独划分成安全域，该安全域主要包括内部终端办公计算机、交换设备、办公设备等。重点要从网络接入安全、终端设备安全等网络安全、系统安全和应用安全方面进行安全分析和加固。

针对不同的区域及根据用户的重要程度，可使用VLAN及访问控制的方式实现隔离。

2．访问控制

对于网络而言，最重要的一道安全防线就是边界，边界上汇聚了所有流经网络的数据流，必须对其进行有效的监视和控制。所谓边界即采用不同安全策略的两个网络连接处，

如用户网络和互联网之间的连接、和其他业务往来单位的网络连接、用户内部网络不同部门之间的连接等。有连接，必有数据间的流动，因此在边界处，对流经的数据（或者称进出网络）进行严格的访问控制十分重要。按照一定的规则允许或拒绝数据的流入、流出。

（1）接入控制。在内部网络中，对于重要的网段，不能随便允许用户接入，即要对接入的用户进行控制和审计，要实现此功能，需要在交换机上启用VLAN划分，实现重要资源和非重要资源的网络隔离；然后在网络边界上通过访问控制列表（ACL）实现对重要资源的访问控制，只允许授权的用户在特定的时间段访问所允许的应用，其他应用全部拒绝；为杜绝恶意用户接入网络，需要在网络设备接口上实现MAC地址绑定，只允许授权的计算机能够接入网络，并在接口下启用802.1x认证，在合法设备接入后，再进一步通过用户名/密码组合方式验证用户身份，增强网络访问可靠性。

（2）网络准入控制。部署身份认证与准入系统，从终端方面的网络接入，到交换机上的防火墙、入侵检测、流量分析与监控、内容过滤，形成全面的网络安全防御体系。要求网络设备需要具备安全智能，能够自动检测接入设备中是否采取了安全措施，一旦检测到没有安装安全产品，网络设备将自动拒绝这些“非安全”的终端设备的接入。网络将按照客户制定的策略实行相应的准入控制决策：允许、拒绝、隔离或限制。

3．安全审计

如果将安全审计仅仅理解为“日志记录”功能，那么目前大多数的操作系统、网络设备都有不同程度的日志功能。但是实际上仅这些日志根本不能保障系统的安全，也无法满足事后的追踪取证。安全审计并非日志功能的简单改进，也并非等同于入侵检测。

网络安全审计重点包括对网络流量监测以及对异常流量的识别和报警、网络设备运行情况的监测等。通过对以上方面的记录分析，形成报表，并在一定情况下发出报警、阻断等动作。其次，对安全审计记录的管理也是其中一方面。由于各个网络产品产生的安全事件记录格式也不统一，难以进行综合分析，因此，集中审计已成为网络安全审计发展的必然趋势。

目前所有网络设备、主机设备均采用自身的日志记录实现部分审计功能，日志信息保留在缓存中或者主机硬盘较小的容量空间，没有集中的日志审计系统。不能监控网络内容和已经授权的正常内部网络访问行为，因此对正常网络访问行为导致的信息泄密事件、网络资源滥用行为无能为力，也难以实现针对内容、行为的监控管理及安全事件的追查取证。由于没有专门的网管系统，对于网络系统中的网络设备/主机设备运行状况、网络流量、用户行为等也无法进行记录和追踪，因此，迫切需要一种安全手段对上述问题进行有效监控和管理，安全审计系统、IDS和网管系统正好可以满足此方面的要求。因此建议网络安全审计系统、IDS和网管系统，可以实现以下功能：

（1）综合管理。综合审计安全中心具有系统监控和日志管理功能，可以集中管理安全审计系统、内容安全管理系统、入侵检测系统、入侵保护系统，网络设备，提供针对网络正常行为和异常行为的全面行为检测手段，实现安全数据的整体挖掘、关联分析管理；审计记录可以包括：事件的日期和时间、用户、事件类型、事件是否成功及其他与审计相关的信息；同时能够根据记录数据进行分析，并生成审计报表，以多重方式呈现给相关管理人员。

（2）内容审计。审计系统提供深入的内容审计功能，可对网站访问、邮件收发、远程终端访问、数据库访问、数据传输、文件共享等提供完整的内容检测、信息还原功能；并

可自定义关键字库，进行细粒度的审计追踪。

（3）行为审计。审计系统提供全面的网络行为审计功能，根据设定行为审计策略，对网站访问、邮件收发、数据库访问、远程终端访问、数据传输、文件共享、网络资源滥用（即时通信、论坛、在线视频、P2P下载、网络游戏等）等网络应用行为进行监测，对符合行为策略的事件实时告警并记录。

（4）流量审计。审计系统提供基于协议识别的流量分析功能，实时统计出当前网络中的各种报文流量，进行综合流量分析，为流量管理策略的制定提供可靠支持。

（5）网络设备控制。通过新增网管系统可以对现有的网络进行拓扑管理、网络流量分析，并能实时收集网络设备日志，进行综合分析，发现网络异常行为，进行报警和处理。将审计系统旁路接入核心交换机，通过端口镜像将流量引至审计系统监控端口，从而实现网络分析和审计。

（6）日志数据的完整性。审计设备与时间戳服务器和签名验签服务器（国密）进行对接，保证日志数据的完整性。

4．边界完整性检查

虽然网络采取了防火墙等有效的技术手段对边界进行了防护，但如果内部局域网用户在边界处通过其他手段接入内部局域网（如无线网卡、双网卡、拨号上网），这些边界防御则形同虚设。因此，必须在全网中对网络的连接状态进行监控，准确定位并能及时报警和阻断。

在安全完整性检查方面应增加配套的软硬件设备对以下几个方面的隐患做重点防护：

（1）内部人员可通过拨号方式，非法连接到互联网等外部网络，造成内部网络安全保障措施失效，可能会造成病毒感染、敏感信息泄密等安全事件。

（2）在内网、外网物理隔离的涉密信息系统内部，工作人员也可能把内部局域网计算机连接到外部网络上，形成非法的网络出口，从而为外部黑客非法入侵提供途径，容易造成安全隐患。

（3）外部移动笔记本计算机等，通过非法接入局域网的交换设备，访问内部信息系统中的计算机和服务器资源，造成可能的信息丢失泄密。

（4）在某些情况下，外部移动笔记本计算机还可以通过直连线、拨入、无线网卡接入，直接跟局域网中的计算机相连，建立对等网络连接，从而造成信息泄密。

为解决上述安全威胁，可在服务器端部署一套操作系统终端安全管理系统，这些产品在协议层对非法外联和非法内接行为提供了有效的防范手段，安装了该系统的计算机不论通过何种方式，均不能非法外联到互联网。任何没有授权的计算机，都不能通过网络交换设备接入单位局域网，也不能通过网线直连的方式接入单位内部的任何一台计算机上获取数据。

5．网络入侵防范

网络访问控制在网络安全中起大门警卫的作用，对进出的数据进行规则匹配，是网络安全的第一道闸门。但它也有局限性，只能对进出网络的数据进行分析，对网络内部发生的事件则无能为力。基于网络的入侵检测，被认为是防火墙之后的第二道安全闸门，它主要是监视所在网段内的各种数据包，对每一个数据包或可疑数据包进行分析，如果数据包与内置的规则吻合，入侵检测系统就会记录事件的各种信息，并发出警报。

针对入侵防御，增加拒绝服务系统和IPS硬件网关系统（NIPS）或者其他入侵防御系

统、配套主机软件（host intrusion prevent system，HIPS）。硬件部署在网络边界处，对出入本网的数据进行深度检查，防止拒绝服务攻击，合规数据放行，违规数据阻断，并及时发出报警、记录行为；软件部署在主要服务器上，能监控计算机中文件的运行，监控文件的调用以及文件对注册表的修改，达到进程级防护，向用户报告请求允许的软件，如果用户阻止了，那么它将无法运行或者更改。通过部署抗DDoS产品和IPS产品，可以做到：

（1）入侵防护。实时、主动拦截黑客攻击、蠕虫、网络病毒、后门木马、DDoS等恶意流量，保护企业信息系统和网络架构免受侵害，防止操作系统和应用程序损坏或宕机。

（2）Web威胁防护。基于互联网Web站点的挂马检测结果，结合URL信誉评价技术，保护用户在访问被植入木马等恶意代码的网站时不受侵害，及时、有效地第一时间拦截Web威胁。

（3）流量控制。阻断一切非授权用户流量，管理合法网络资源的利用，有效保证关键应用全天候畅通无阻，通过保护关键应用带宽来不断提升企业IT产出率和收益率。

6．恶意代码防范

在网络边界处新增网络防毒墙或者在防火墙中内嵌防毒模块，能够抵御某些新型蠕虫的攻击，病毒在进入网络之前就会被拦截，避免了由于病毒入侵到服务器和工作站所引起的一系列典型问题，可用于独立式边缘病毒扫描结构，或作为客户端、服务器和边缘保护三层病毒扫描架构的一部分为企业网络提供了一个额外保护层。

同时在内网服务器和终端部署网络版杀毒软件，进行恶意代码的防范。

Web服务器群前增设一台Web防火墙，对进入内部Web服务器的数据进行恶意代码的探测，如SQL注入、Java脚本等，通过对Web应用机理的分析，可以对HTTP流量进行完整的安全扫描，及时发现异常的使用模式并阻止目前未知的攻击方法；它提供了强大的双向扫描机制，对于HTTP请求提供URL、表单参数、报头及Cookie等各种安全扫描，还提供强大的应用层DDoS防护，以及强制浏览和跨站请求伪造攻击防护。

7．数据备份和恢复

所谓“防患于未然”，即使对数据进行了种种保护，但仍无法绝对保证数据的安全。对数据进行备份，是防止数据遭到破坏后无法使用的最好方法。

通过对数据采取不同的备份方式、备份形式等，保证系统重要数据在发生破坏后能够恢复。将一些重要的设备（服务器、网络设备）设置冗余。当主设备不可用时，及时切换到备用设备上，从而保证了系统的正常运行。对重要的系统实施备用系统，主应用系统和备用系统之间能实现平稳及时的切换。需要重点在此部分加强工作，具体应采取以下措施：

（1）完善本地备份。为防止意外数据的破坏，非常有必要对这些数据进行本地的备份及恢复措施。本地备份主要有SAN备份和LAN备份两种，对于重要数据可以采用SAN备份措施，一般管理性数据采用LAN备份，通过备份软件将数据和操作系统备份至SAN存储设备和备份服务器。SAN存储设备建议采用国内知名公司的磁盘阵列，备份软件采用现有的Veritas或者磁盘设备自带的软件，通过备份策略，将数据自动备份。在将数据直接备份到磁盘阵列的同时，建议增加额外的虚拟带库，实现数据的二次存储，增强备份的可靠性。

（2）建立异地冗灾。本地备份可以很好地解决数据丢失、数据破坏产生的业务中断现象，但是当本地遭遇自然灾害、火灾等不可控灾难时，导致本地备份系统破坏，必须有更为健全的恢复机制，因此需建立异地冗灾中心。异地备份中心可以采用IP SAN架构搭建，

由备份软件根据策略实现同步或者异步备份。

（3）网络架构冗余。

主干网络间要采用双链路或者多链路连接，并有STP协议或者路由协议生成单链路逻辑转发拓扑，这样既保障了网络传输可靠性，又能避免网络环路。

8．纵深防御体系设计

纵深防御体系是安全的第一道有效措施，要求包括网络安全防护、系统安全防护和应用安全防护等多个方面，从而实现覆盖网络层到应用层等多层次的安全保护，在不同安全等级的网络边界的位置和系统外部阻止常见的入侵与攻击，并最大限度地减少对业务效率的影响。纵深防御体系由防火墙技术、入侵防护、防病毒、WAF等技术手段融合组成。

9．漏洞发现系统建设

根据“发现—扫描—定性—修复—审核”的安全体系构建法则，使用漏洞扫描系统对系统进行定期扫描，漏洞扫描系统综合运用多种国际最新的漏洞扫描与检测技术，能够快速发现网络资产，准确识别资产属性、全面扫描安全漏洞，清晰定性安全风险，给出修复建议和预防措施，并对风险控制策略进行有效审核，从而帮助用户在弱点全面评估的基础上实现安全自主掌控。

安全建设完成之后，使用人工渗透测试的方式，对信息系统漏洞进行全面挖掘。

10．业务审计系统建设

管理层面：完善现有业务流程制度，明细人员职责和分工，规范内部员工的日常操作，严格监控第三方维护人员的操作。

技术层面：除了在业务网络部署相关的信息安全防护产品（如FW、IPS等），还需要专门针对数据库部署独立安全审计产品，对关键的数据库操作行为进行审计，对统方行为进行审计，做到违规行为发生时及时告警，事故发生后精确溯源。

安全监控和审计系统主要包括网络审计系统、堡垒机系统等监控类的设备，实现全网的实时监控，弥补安全防护系统的不足。

11．堡垒机系统建设

本次建立运维安全管理系统，实现全局的策略管理、统一访问Portal页面、集中身份认证、统一授权及认证请求转发等功能，对系统资源账号、维护操作实施集中管理、访问认证、集中授权和操作审计。

通过本次安全运维管控系统的建设，最终达到以下目标：

（1）通过运维安全管控系统的建设为系统资源运维人员提供统一的入口，支持统一身份认证手段。在完成统一认证后，根据账号所具有的访问权限发布、管理、登录各个主机、网络设备、数据库。

（2）系统应根据“网络实名制”原则记录用户从登录系统直至退出的全程访问、操作日志，并以方便、友好的界面方式提供对这些记录的操作审计功能。

（3）系统应具备灵活的管理和扩展能力，系统扩容时不会对系统结构产生较大影响。

（4）系统应具备灵活的授权管理功能，可实现一对一、一对多、多对多的用户授权。

12．IT运维管理设计

安全运维管理系统专门为组织解决支撑关键业务的网络、主机、应用系统运行监控而设计，在设计上遵循国际IT服务管理标准——ITIL标准。

（1）网络设备监控。

① 监控不同厂商的网络设备，例如思科、华为、华三、锐捷。

② 监控网络设备CPU、内存。

③ 监控网络线路的连通性、响应时间、流量、带宽利用率、广播包、错包率、丢包率等。

（2）主机系统监控。

① 支持主流操作系统的主机监控，包括 Windows 服务器、Linux 服务器、SCO UNIX、True64、AIX、Solaris、HP-UX。

② 监控主机设备的 CPU、内存、磁盘、文件系统、网络接口状态和流量、对外提供的服务状态和响应时间、进程的CPU 和内存。

（3）数据库系统监控。

① 支持主流数据库系统的监控，包括 SQL Server、DB2、Oracle、Sybase、MySQL、Informix。

② 监控数据库系统的服务状态，数据库服务主要进程的状态、CPU 利用率和内存大小，数据库表空间利用率、日志空间利用率、并发连接数。

（4）应用系统监控。

① 支持主流应用系统的监控，包括 WebSphere、Weblogic、IIS、Web 服务器、MQ 服务器、邮件服务器。

② 监控这些应用系统的主要进程 CPU、内存，应用系统的响应时间。

③ 可自定义的监控画面。

④ 管理员可以根据实际系统和管理理念，自己定义和组织监控画面，包括监控画面之间的层次结构、监控画面内容、监控画面的访问权限。

（5）统一日志监控。集中采集所有网络设备、主机设备的系统日志，并将管理员需要关心的日志信息通过告警事件方式及时通知管理员。

13．操作系统加固设计

随着IP技术的飞速发展，一个组织的信息系统经常会面临内部和外部威胁的风险，网络安全已经成为影响信息系统的关键问题。虽然传统的防火墙等各类安全产品能提供外围的安全防护，但并不能真正彻底地消除隐藏在信息系统上的安全漏洞隐患。信息系统上的各种网络设备、操作系统、数据库和应用系统，存在大量的安全漏洞，比如安装、配置不符合安全需求，参数配置错误，使用、维护不符合安全需求，被注入木马程序，安全漏洞没有及时修补，应用服务和应用程序滥用，开放不必要的端口和服务等。这些漏洞会成为各种信息安全问题的隐患。一旦漏洞被有意或无意地利用，就会对系统的运行造成不利影响，如信息系统被攻击或控制，重要资料被窃取，用户数据被篡改，隐私泄露乃至造成经济损失，网站拒绝服务。面对这样的安全隐患，安全加固是一个比较成熟的解决方案。

安全加固就像是给一堵存在各种裂缝的城墙进行加固，封堵上这些裂缝，使城墙固若金汤。实施安全加固就是消除信息系统上存在的已知漏洞，提升关键服务器、核心网络设备等重点保护对象的安全等级。安全加固主要是针对网络与应用系统的加固，是在信息系统的网络层、主机层和应用层等层次上建立符合安全需求的安全状态。安全加固一般会参照特定系统加固配置标准或行业规范，根据业务系统的安全等级划分和具体要求，对相应信息系统实施不同策略的安全加固，从而保障信息系统的安全。

具体来说，安全加固主要包含以下几个环节：

（1）系统安全评估：包括系统安全需求分析，系统安全状况评估。安全状况评估利用大量安全行业经验、漏洞扫描技术和工具，从内、外部对企业信息系统进行全面的评估，确认系统存在的安全隐患。

（2）制订安全加固方案：根据前期的系统安全评估结果制订系统安全加固实施方案。

（3）安全加固实施：根据制定的加固方案，对系统进行安全加固，并对加固后的系统进行全面的测试，确保加固对系统业务无影响，并达到了安全提升的目的。安全加固操作涉及的范围比较广，比如正确地安装软硬件、安装最新的操作系统和应用软件的安全补丁、操作系统和应用软件的安全配置、系统安全风险防范、系统安全风险测试、系统完整性备份、系统账户口令加固等。在加固的过程中，如果加固失败，则根据具体情况，要么放弃加固，要么重建系统。

14．数据安全系统建设

数据库防火墙技术是针对关系型数据库保护需求应运而生的一种数据库安全主动防御技术，数据库防火墙部署于应用服务器和数据库之间。用户必须通过该系统才能对数据库进行访问或管理。数据库防火墙所采用的主动防御技术能够主动实时监控、识别、告警、阻挡绕过企业网络边界（FireWall、IDS\IPS等）防护的外部数据攻击、来自内部的高权限用户（DBA、开发人员、第三方外包服务提供商）的数据窃取、破坏、损坏等，从数据库SQL语句精细化控制的技术层面，提供一种主动安全防御措施，并且结合独立于数据库的安全访问控制规则，帮助用户应对来自内部和外部的数据安全威胁，主要功能如下：

（1）屏蔽直接访问数据库的通道：数据库防火墙部署介于数据库服务器和应用服务器之间，屏蔽直接访问的通道，防止数据库隐通道对数据库的攻击。

（2）二次认证：基于独创的“连接六元组【机器指纹（不可伪造）、IP地址、MAC地址、用户、应用程序、时间段】”授权单位，应用程序对数据库的访问，必须经过数据库防火墙和数据库自身两层身份认证。

（3）攻击保护：实时检测用户对数据库进行的SQL注入和缓冲区溢出攻击，并报警或者阻止攻击行为，同时详细地审计攻击操作发生的时间、来源IP、登录数据库的用户名、攻击代码等详细信息。

（4）连接监控：实时监控数据库的连接信息、操作数、违规数等。管理员可以断开指定的连接。

（5）安全审计：系统能够审计对数据库服务器的访问情况。包括用户名、程序名、IP地址、请求的数据库、连接建立的时间、连接断开的时间、通信量大小、执行结果等信息。提供灵活的回放日志查询分析功能，并可以生成报表。

（6）审计探针：本系统在作为数据库防火墙的同时，还可以作为数据库审计系统的数据获取引擎，将通信内容发送到审计系统中。

（7）细粒度权限控制：按照SQL操作类型包括Select、Insert、Update、Delete，对象拥有者，及基于表、视图对象、列进行权限控制。

（8）精准SQL语法分析：高性能SQL语义分析引擎，对数据库的SQL语句操作进行实时捕获、识别、分类。

（9）自动SQL学习：基于自学习机制的风险管控模型，主动监控数据库活动，防止未授权的数据库访问、SQL注入、权限或角色升级，以及对敏感数据的非法访问等。

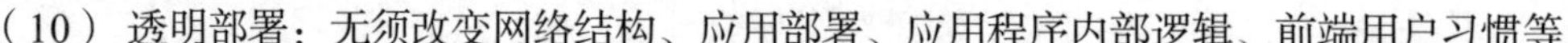

（10）透明部署：无须改变网络结构、应用部署、应用程序内部逻辑、前端用户习惯等。

（三）建设经费预算和工程实施计划

1．建设经费预算

根据网络安全建设整改内容提出详细预算，包括名称、型号、配置、数量、单价、总价、总额等，以及集成成本、等级评估成本、服务成本、管理成本等，对于跨年度的安全建设整改提供分年度的经费预算。

2．工程实施计划

执行详细的项目实施计划，包括建设内容、项目组织、阶段划分、项目分解、时间计划和进度计划。对于全年的安全施工整改，应适当分解安全施工整改计划中规定的主要安全施工整改内容，如机房安全改造项目、网络安全建设整改项目应分别制定系统平台和应急平台安全建设整改的中短期实施方案，短期内主要解决目前急迫和关键的问题。

（四）方案论证和备案

组织相关专家对网络安全建设整改方案与安全管理体系规划共同形成安全建设整改方案进行评审论证，第三级以及以上的网络安全建设整改方案应报公安机关备案，并组织实施安全建设整改工程。

三、安全建设整改实施和管理

（一）工程实施和管理

安全建设整改项目实施的组织和管理包括落实安全建设整改责任部门和人员，确保建设资金到位，选择合格的安全建设整改服务提供商，采购合格的信息安全产品，管理和控制安全功能开发和集成过程的质量。按照《信息系统安全项目管理要求》中的资质保障和组织保障要求，组织管理层防护安全建设整改项目，实施过程管理、进度计划控制和项目质量控制。具体可以参照《信息系统安全工程管理要求》提出的工程实施和安全工程流程控制要求，实现相应的等级目标和要求。

（二）工程监理和验收

为保证建设工程安全和质量，第二级及以上的网络安全建设整改工程可以实施监理。监理内容包括对工程实施前期安全性、采购外包安全性、工程实施过程安全性、系统环境安全性等方面的核查。工程验收的内容包括全面检验工程项目所实现的安全功能、设备部署、安全配置等是否满足设计要求，工程施工质量是否达到预期指标，以及工程档案资料是否齐全等方面。在通过安全测评基础上，组织相应信息安全专家进行工程验收。

（三）安全等级测评

网络系统的安全建设整改完成后要进行等级测评，在工程预算中应当包括等级测评费用，对第二级以及以上的网络安全系统每年要进行等级测评，并且对测评费做出预算。

四、安全建设整改方案

（一）项目背景

简述网络系统概况，网络系统在等级保护工作方面的进展情况，例如定级备案情况和安全现状测评情况。

（二）网络系统安全建设整改的法规、政策和技术依据

列举在建设整改中依据的网络安全等级保护有关法规、政策、文件和网络安全等级保护技术标准。

（三）网络系统安全建设整改需求分析

从技术和管理两方面描述网络系统建设情况、系统应用情况与安全建设情况。结合安全现状评估结果，分析网络系统现有保护状况与等级保护要求的差距，结合网络系统自身安全需求形成安全建设整改需求。

（四）网络系统安全等级保护建设整改方案设计

根据物理环境安全需求，确定整改技术方案的设计原则，总体技术架构要从物理环境，通信网络、安全物理中心等方面设计基本技术要求的物理、通信网络，区域边界，计算机环境的安全要求路线。

（五）网络系统安全等级保护整改管理体系设计

根据安全需求，确定整改管理体系的建设原则和指导思想、涉及安全管理策略和安全管理制度体系及其他具体管理措施。

（六）网络系统安全产品选型及技术指标

依据整改技术设计，确定设备选择原则和部署策略，给出各类安全产品的选择指标和部署，为设备采购提供依据。

（七）安全整改后网络系统风险分析

安全整改后没有解决的问题，分析其可能风险，提出风险规避措施。

（八）网络系统安全等级保护整改项目实施计划

安全整改项目实施要制定相应的实施计划，落实项目管理人员责任制，对设备招标采购、工程实施协调、系统部署，测试验收和培训等活动进行统筹安排。

（九）网络安全等级保护项目预算

根据本单位网络安全的中长期发展规划和近期的建设投资预算，将等级保护安全整改建设工作纳入整体规划中，分期和有计划地实施建设整改。需要对建设项目进行费用预算，预算项目不仅包括安全设备投入，还要根据需要考虑集成费用、等级测评费用、服务费用和运行管理费用等。

第五节　信息安全产品选择

一、选择获得销售许可证的信息安全产品

依据《中华人民共和国计算机信息系统安全保护条例》《计算机信息系统安全专用产品检测和销售许可证管理办法》《计算机病毒防治管理办法》的有关规定，公安部网络安全保卫局依法对信息安全产品实行销售许可管理。进入我国市场销售的信息安全产品，需要经相关部门检测合格，并获得公安部颁发的销售许可证，各单位和各部门在安全建设整改工作中应采购和使用获得销售许可证的信息安全产品。

二、产品分等级检测和使用

网络产品应当符合国家标准和网络安全等级保护制度的相关要求。网络产品提供者应当为其产品依法提供安全维护，对其产品的安全缺陷和漏洞采取补救措施，按照规定及时告知用户，同时向公安机关备案。网络安全产品的收集、回传数据功能要求提供者应当向用户明示并取得同意，并遵守数据安全和个人信息保护规定。网络产品提供者向境外用户提供网络关键设备和安全专用产品，影响国家安全的应当通过有关部门组织的国家安全审查。

网络运营者在网络的安全保护等级和安全需求的前提下，优先购买符合国家标准要求的网络安全产品和服务。第二级以上的网络运营者采用与安全保护等级相适应的网络产品和服务；对重要部门使用的产品委托专业测评机构进行专项测试，根据测试结果选用产品。同时对于影响国家安全的应该通过国家网信部门和公安、保密、密码管理等有关部门组织的国家安全审查。

三、第三级以上网络使用信息安全产品的相关问题

《关于信息安全等级保护工作的实施意见》中明确指出信息系统中使用的信息安全产品要实行按等级管理，第三级以上的信息安全产品应当选择国产的信息安全产品。信息安全产品是国家网络安全的支撑，同时也是国家网络安全等级保护制度的重要部分。进入基础信息网络和重要信息系统的信息安全产品直接影响网络基础设施和信息系统安全。各单位和部门应在满足使用要求的前提下，优先选择国产产品。国家网络安全监管部门对第三级以上网络使用的信息安全产品进行管理。

第六章 等级测评

本章主要介绍网络安全等级保护第三级安全通用要求以及扩展要求：安全物理环境、安全通信网络、安全区域边界、安全计算环境、安全管理中心、安全管理制度、安全管理机构、安全人员管理、安全建设管理、安全运维管理、云计算机安全扩展要求、移动互联安全扩展要求、物联网安全扩展要求、工业控制安全扩展要求，从基本要求和测评要求的角度，分别进行解读。同时就测评过程中采用的测评方法，按照测评流程，介绍网络安全等级测评的主要内容与要求，以及测评准备、方案编制、现场测评、报告编制等阶段的主要任务。

第一节　网络安全等级测评基本要求与实现要点（第三级）

一、安全物理环境

安全物理环境主要是指组织所在机房和办公场地的安全性，应满足《信息安全技术　网络安全等级保护基本要求》（GB/T 22239—2019）中的相关要求，主要考虑以下几个方面的内容（见表6-1）。

（1）物理位置选择：防风、防雨、防震的建筑，尽量避免顶层和地下室。

（2）物理访问控制：采用电子门禁系统。

（3）防盗防破坏：采用防盗报警系统和视频监控系统。

（4）防火：使用防火材料、自动气体消防系统。

（5）防水和防潮：采用动环监控系统。

（6）防雷击：设置防雷保护装置。

（7）防静电：使用静电地板、静电消除器。

（8）温湿度控制：部署恒温恒湿精密空调系统。

（9）电力供应：部署稳压系统和不间断电源（UPS）系统。

（10）电磁防护：对关键设备使用电磁防护系统。

表 6-1　安全物理环境要求及对应产品与方案

序号	安全子类	测评指标描述	对应产品与方案
1	物理位置选择（G3）	A. 机房场地应选择在具有防震、防风和防雨等能力的建筑内。 B. 机房场地应避免设在建筑物的顶层或地下室，否则应加强防水和防潮措施	防风、防雨、防震的建筑、尽量避免顶层和地下室
2	物理访问控制（G3）	机房出入口应配置电子门禁系统，控制、鉴别和记录进入的人员	电子门禁系统
3	防盗防破坏（G3）	A. 应将设备或主要部件进行固定，并设置明显的不易除去的标识。 B. 应将通信线缆铺设在隐蔽安全处。 C. 应设置机房防盗报警系统或设置有专人值守的视频监控系统	防盗报警系统和视频监控系统
4	防雷击（G3）	A. 应将各类机柜、设施和设备等通过接地系统安全接地。 B. 应采取措施防止感应雷，例如设置防雷保安器或过压保护装置等	防雷保护装置
5	防火（G3）	A. 机房应设置火灾自动消防系统，能够自动检测火情、自动报警，并自动灭火。 B. 机房及相关的工作房间和辅助房间应采用具有耐火等级的建筑材料。 C. 应对机房划分区域进行管理，区域和区域之间设置隔离防火措施	使用防火材料、自动气体消防系统
6	防水和防潮（G3）	A. 应采取措施防止雨水通过机房窗户、屋顶和墙壁渗透。 B. 应采取措施防止机房内水蒸气结露和地下积水的转移与渗透。 C. 应安装对水敏感的检测仪表或元件，对机房进行防水检测和报警	动环监控系统
7	防静电（G3）	A. 应采用防静电地板或地面并采用必要的接地防静电措施。 B. 应采取措施防止静电的产生，例如采用静电消除器、佩戴防静电手环等	静电地板、静电消除器
8	温湿度控制（G3）	机房应设置温、湿度自动调节设施，使机房温、湿度的变化在设备运行所允许的范围之内	恒温恒湿精密空调系统
9	电力供应（A3）	A. 应在机房供电线路上配置稳压器和过电压防护设备。 B. 应提供短期的备用电力供应，至少满足主要设备在断电情况下的正常运行要求。 C. 应设置冗余或并行的电力电缆线路为计算机系统供电	稳压系统和不间断电源（UPS）系统
10	电磁防护（S3）	A. 电源线和通信线缆应隔离铺设，避免互相干扰。 B. 应对关键设备和磁介质实施电磁屏蔽	关键设备使用电磁防护系统

二、安全通信网络

安全通信网络主要实现在网络通信过程中的机密性、完整性防护（采用国密算法），重点对定级系统安全计算环境之间信息传输进行安全防护。安全通信网络包括：网络架构、通信传输、可信验证。主要包括下一代防火墙、VPN设备（国密）、路由器和交换机等设备。建设要点主要是构建安全的网络通信架构，保障信息的传输安全。

安全通信网络主要从通信网络审计、通信网络数据传输完整性保护、通信网络数据传输保密性保护、可信连接验证方面进行防护设计。主要是对通信链路、交换机以及路由器的规划以及配置进行安全优化，对核心设备及主干链路进行冗余部署。

安全通信网络设计的控制点主要包括网络构架、通信传输以及可信验证，见表6-2。确保网络业务和带宽满足高峰业务的需求，划分不同的网络区域满足管理和控制，避免重要的网络区域与边界直连，提供核心设备和关键链路的冗余。采用密码技术确保通信数据的完整性和保密性。对通信设备的重要的运行程序进行动态的可信验证。

表6-2 安全通信网络要求及对应产品与方案

序号	安全子类	测评指标描述	对应产品与方案
1	网络架构（G3）	A. 应保证网络设备的业务处理能力满足业务高峰期需要。 B. 应保证网络各个部分的带宽满足业务高峰期需要。 C. 应划分不同的网络区域，并按照方便管理和控制的原则为各网络区域分配地址。 D. 应避免将重要网络区域部署在边界处，重要网络区域与其他网络区域之间应采取可靠的技术隔离手段。 E. 应提供通信线路、关键网络设备和关键计算设备的硬件冗余，保证系统的可用性	路由器、交换机、网络规划（基于业务管理和安全需求）与配置优化、核心设备/主干链路冗余部署
2	通信传输（G3）	A. 应采用效验计算或密码计算保证通信过程中数据的完整性。 B. 应采用密码技术保证通信过程中数据的保密性	VPN，采用VPN或HTTPS、SSH保证通信过程中的身份认证、机密性和完整性
3	可信验证（S3）	可基于可信根对通信设备的系统引导程序、系统程序、重要配置参数和通信应用程序等进行可信验证，并在应用程序的关键执行环节进行动态可信验证，在检测到其可信性受到破坏后进行报警，并将验证结果形成审计记录送至安全管理中心	可信计算机制

三、安全区域边界

安全区域边界主要实现在互联网边界以及安全计算环境与安全通信网络之间的双向网络攻击的检测、告警和阻断。安全区域边界包括边界防护、访问控制、入侵防范、恶意代码和垃圾邮件防范、安全审计、可信验证（见表6-3）。主要包括下一代防火墙、入侵检测/防御、上网行为管理、安全沙箱、动态防御系统、身份认证管理、流量安全分析、Web应用防护以及准入控制系统等安全设备。建设要点包括强化安全边界防护、入侵防护以及优化访问控制策略。

安全区域边界安全设计主要从区域边界访问控制、区域边界包过滤、区域边界安全审计、区域完整性保护、可信验证方面进行防护设计。包括部署下一代防火墙、上网行为管理、入侵保护设备，并启用安全策略、审计策略及认证策略确保边界访问的安全性。

在网络区域边界部署必要的网络安全防护设备，启用安全防护策略，建立基于用户身份认证与准入机制，启用安全审计策略，采用行为模型分析等技术防御新型未知威胁攻击，采集并留存不少于六个月的关键网络、安全及服务器设备日志。

表6-3 安全区域边界要求及对应产品与方案

序号	安全子类	测评指标描述	对应产品与方案
1	边界防护（G3）	A. 应保证跨越边界的访问和数据流通过边界设备提供的受控接口进行通信。 B. 应能够对非授权设备私自联到内部网络的行为进行检查或限制。 C. 应能够对内部用户非授权联到外部网络的行为进行检查或限制。 D. 应限制无线网络的使用，保证无线网络通过受控的边界设备接入内部网络	下一代防火墙、身份认证与准入系统

续表

序号	安全子类	测评指标描述	对应产品与方案
2	访问控制（G3）	A. 应在网络边界或区域之间根据访问控制策略设置访问控制规则，默认情况下除允许通信外受控接口拒绝所有通信。 B. 应删除多余或无效的访问控制规则，优化访问控制列表，并保证访问控制规则数量最小化。 C. 应对源地址、目的地址、源端口、目的端口和协议等进行检查，以允许/拒绝数据包进出。 D. 应能根据会话状态信息为进出数据流提供明确的允许/拒绝访问的能力。 E. 应对进出网络的数据流实现基于应用协议和应用内容的访问控制	下一代防火墙、Web应用防火墙、行为管理系统
3	入侵防范（G3）	A. 应在关键网络节点处检测、防止或限制从外部发起的网络攻击行为。 B. 应在关键网络节点处检测、防止或限制从内部发起的网络攻击行为。 C. 应采取技术措施对网络行为进行分析，实现对网络攻击特别是新型网络攻击行为的分析。 D. 当检测到攻击行为时，记录攻击源IP、攻击类型、攻击目标、攻击时间，在发生严重入侵事件时应提供报警	入侵检测与防御、蜜罐防御系统、抗APT攻击系统、网络回溯系统、网络流量分析系统、威胁情报检测系统、行为管理系统
4	恶意代码和垃圾邮件防范（G3）	A. 应在关键网络节点处对恶意代码进行检测和清除，并维护恶意代码防护机制的升级和更新。 B. 应在关键网络节点处对垃圾邮件进行检测和防护，并维护垃圾邮件防护机制的升级和更新	防病毒网关、垃圾邮件网关、下一代防火墙
5	安全审计（G3）	A. 应在网络边界、重要网络节点进行安全审计，审计覆盖到每个用户，对重要的用户行为和重要安全事件进行审计。 B. 审计记录应包括事件的日期和时间、用户、事件类型、事件是否成功及其他与审计相关的信息。 C. 应对审计记录进行保护，定期备份，避免受到未预期的删除、修改或覆盖等。 D. 应能对远程访问的用户行为、访问互联网的用户行为等单独进行行为审计和数据分析	行为审计系统、身份认证与准入系统、日志管理系统
6	可信验证（S3）	可基于可信根对边界设备的系统引导程序，系统程序，重要配置参数和边界防护应用程序等可信验证，并在应用程序的关键执行环节进行动态可信验证，在检测到其可信性受到破坏后进行报价，并将验证结果形式形成审计记录送至安全管理中心	可信计算机制

四、安全计算环境

安全计算环境主要是对单位定级系统的信息进行存储处理并且实施安全策略，保障信息在存储和处理过程中的安全。安全计算环境包括身份鉴别、访问控制、安全审计、入侵防范、恶意代码防范、可信验证、数据完整性、数据保密、数据备份恢复、剩余信息保护、个人信息保护。主要安全设备有入侵检测/防御、数据库审计、动态防御系统、网页防篡改、漏洞风险评估、数据备份、终端安全。建设要点为强调系统及应用安全、加强身份鉴别机制与入侵防范。

安全计算环境主要实现一个可信、可控、可管的安全的计算环境。采用数据库审计、入侵检测、终端安全及数据备份系统，确保计算环境的安全性和可控性。

安全计算环境包括（见表6-4）：

（1）身份鉴别：面向业务多元身份聚合，一次登录一网全通。

（2）恶意代码防范：深度融合反病毒+主动防御、未知文件动态分析。

（3）数据完整保密：建立安全的数据传输通道，对传输和存储的数据完整性和保密性进行安全保护。

（4）数据备份恢复：基于持续数据保护技术、备份集技术，满足不同业务系统的RTO/RPO目标。

表6-4 安全计算环境要求及对应产品与方案

序号	安全子类	测评指标描述	对应产品与方案
1	身份鉴别（S3）	A. 应对登录的用户进行身份标识和鉴别，身份标识具有唯一性，身份鉴别信息具有复杂度要求并定期更换。 B. 应具有登录失败处理功能，应配置并启用结束会话、限制非法登录次数和当登录连接超时自动退出等相关措施。 C. 当进行远程管理时，应采取必要措施防止鉴别信息在网络传输过程中被窃听。 D. 应采用口令、密码技术、生物技术等两种或两种以上组合的鉴别技术对用户进行身份鉴别，且其中一种鉴别技术至少应使用密码技术来实现	双因子认证系统、身份认证与准入系统、堡垒机、安全加固产品
2	访问控制（S3）	A. 应对登录的用户分配账户和权限。 B. 应重命名或删除默认账户，修改默认账户的默认口令。 C. 应及时删除或停用多余的、过期的账户，避免共享账户的存在。 D. 应授予管理用户所需的最小权限，实现管理用户的权限分离。 E. 应由授权主体配置访问控制策略，访问控制策略规定主体对客体的访问规则。 F. 访问控制的粒度应达到主体为用户级或进程级，客体为文件、数据库表级。 G. 应对重要主体和客体设置安全标记，并控制主体对有安全标记信息资源的访问	身份认证与准入系统、安全加固产品
3	安全审计（G3）	A. 应启用安全审计功能，审计覆盖到每个用户，对重要的用户行为和重要安全事件进行审计。 B. 审计记录应包括事件的日期和时间、用户、事件类型、事件是否成功及其他与审计相关的信息。 C. 应对审计记录进行保护，定期备份，避免受到未预期的删除、修改或覆盖等。 D. 应对审计进程进行保护，防止未经授权的中断	堡垒机、数据库审计、日志审计系统
4	入侵防范（G3）	A. 应遵循最小安装的原则，仅安装需要的组件和应用程序。 B. 应关闭不需要的系统服务、默认共享和高危端口。 C. 应通过设定终端接入方式或网络地址范围对通过网络进行管理的管理终端进行限制。 D. 应提供数据有效性检验功能，保证通过人机接口输入或通过通信接口输入的内容符合系统设定要求。 E. 应能发现可能存在的已知漏洞，并在经过充分测试评估后，及时修补漏洞。 F. 应能够检测到对重要节点进行入侵的行为，并在发生严重入侵事件时提供报警	入侵检测防御、未知威胁防御系统、日志管理系统、渗透测试、漏洞扫描、安全加固服务
5	恶意代码防范（G3）	应采用免受恶意代码攻击的技术措施或主动免疫可信验证机制及时识别入侵和病毒行为，并将其有效阻断	终端安全系统、杀毒软件、沙箱

续表

序号	安全子类	测评指标描述	对应产品与方案
6	可信验证（S3）	可基于可信根对计算设备的系统引导程序、系统程序、重要配置参数和应用程序等进行可信验证，并在应用程序的关键执行环节进行动态可信验证，在检测到其可信性受到破坏后进行报警，并将验证结果形成审计记录送至安全管理中心	可信计算机制
7	数据完整性（S3）	A. 应采用校验技术或密码技术保证重要数据在传输过程中的完整性，包括但不限于鉴别数据、重要业务数据、重要审计数据、重要配置数据、重要视频数据和重要个人信息等。 B. 应采用校验技术或密码技术保证重要数据在存储过程中的完整性，包括但不限于鉴别数据、重要业务数据、重要审计数据、重要配置数据、重要视频数据和重要个人信息等	VPN、防篡改系统、数据加密安全网关、服务器加密机、签名验签服务器、时间戳服务器
8	数据保密性（S3）	A. 应采用密码技术保证重要数据在传输过程中的保密性，包括但不限于鉴别数据、重要业务数据和重要个人信息等。 B. 应采用密码技术保证重要数据在存储过程中的保密性，包括但不限于鉴别数据、重要业务数据和重要个人信息等	VPN、服务器加密机、数据加密安全网关、SSL 等应用层加密机制、安全浏览器
9	数据备份恢复（A3）	A. 应提供重要数据的本地数据备份与恢复功能。 B. 应提供异地实时备份功能，利用通信网络将重要数据实时备份至备份场地。 C. 应提供重要数据处理系统的热冗余，保证系统的高可用性。 D. 应能够对一个时间段内可能的并发会话连接数进行限制。 E. 应能够对一个访问账户或一个请求进程占用的资源分配最大限额和最小限额。 F. 应能够对系统服务水平降低到预先规定的最小值进行检测和报警。 G. 应提供服务优先级设定功能，并在安装后根据安全策略设定访问账户或请求进程的优先级，根据优先级分配系统资源	本地数据备份与恢复、异地数据备份、重要数据系统备份
10	剩余信息保护（S3）	A. 应保证鉴别信息所在的存储空间被释放或重新分配前得到完全清除。 B. 应保证存有敏感数据的存储空间被释放或重新分配前得到完全清除	敏感信息清除
11	个人信息保护（S3）	A. 应仅采集和保存业务必需的用户个人信息。 B. 应禁止未授权访问和非法使用用户个人信息	防泄密系统、个人信息保护系统

五、安全管理中心

安全管理中心主要实现安全技术体系的统一管理，包括系统管理、安全管理、审计管理和集中管控（见表6-5）。同时，对全网按照权限划分提供管理接口。主要包括大数据安全、IT运维管理、堡垒机、漏洞扫描、网站监测预警、等保安全一体机、等保建设咨询服务等安全设备和安全服务。建设要点包括对安全进行统一管理与把控、集中分析与审计以及定期识别漏洞与隐患。

安全管理中心是为等级保护安全应用环境提供集中安全管理功能的系统，是安全应用系统安全策略部署和控制的中心。采用堡垒机、漏洞扫描、运维管理系统、大数据安全系统及等保安全一体机等安全防护设备，实现网络系统整体的安全管理、策略统一下发、系统运行统一监控以及运维人员身份的统一验证及行业审计等。

安全管理中心包括系统管理员、审计管理员、安全管理员，权责清晰。另外还设置了独立安全管理区，采集全网安全信息，实施分析预警管理。

表 6-5　安全管理中心要求及对应产品与方案

序号	安全子类	测评指标描述	对应产品与方案
1	系统管理（G3）	A. 应对系统管理员进行身份鉴别，只允许其通过特定的命令或操作界面进行系统管理 操作，并对这些操作进行审计。 B. 应通过系统管理员对系统的资源和运行进行配置、控制和管理，包括用户身份、资源配置、系统加载和启动、系统运行的异常处理、数据和设备的备份与恢复等	堡垒机、4A 系统
2	审计管理（G3）	A. 应对审计管理员进行身份鉴别，只允许其通过特定的命令或操作界面进行安全审计操作，并对这些操作进行审计。 B. 应通过审计管理员对审计记录进行分析，并根据分析结果进行处理，包括根据安全审计策略对审计记录进行存储、管理和查询等	堡垒机、4A 系统
3	安全管理（G3）	A. 应对安全管理员进行身份鉴别，只允许其通过特定的命令或操作界面进行安全管理操作，并对这些操作进行审计。 B. 应通过安全管理员对系统中的安全策略进行配置，包括安全参数的设置，主体、客体进行统一安全标记，对主体进行授权，配置可信验证策略等	堡垒机、4A 系统
4	集中管控（G3）	A. 应划分出特定的管理区域，对分布在网络中的安全设备或安全组件进行管控。 B. 应能够建立一条安全的信息传输路径，对网络中的安全设备或安全组件进行管理。 C. 应对网络链路、安全设备、网络设备和服务器等的运行状况进行集中监测。 D. 测评指标：应对分散在各个设备上的审计数据进行收集汇总和集中分析，并保证审计记录的留存时间符合法律法规要求。 E. 应对安全测评、恶意代码、补丁升级等安全相关事项进行集中管理。 F. 应能对网络中发生的各类安全事件进行识别、报警和分析	VPN、IT 运维管理系统、安全态势感知系统、日志管理系统（需要与签名验签服务器和时间戳服务器进行改造）、等保一体机等

六、安全管理制度

安全管理制度主要包括：制定安全策略、建立安全管理制度、专人负责制定和发布管理以及定期评审和修订管理制度，见表 6-6。

表 6-6　安全管理制度要求及对应产品与方案

序号	安全子类	测评指标描述	对应产品与方案
1	安全策略（G3）	应制定网络安全工作的总体方针和安全策略，阐明机构安全工作的总体目标、范围、原则和安全框架等	《网络安全总体方针》
2	管理制度（G3）	A.应对安全管理活动中的各类管理内容建立安全管理制度。 B. 应对管理人员或操作人员执行的日常管理操作建立操作规程。 C. 应形成由安全策略、管理制度、操作规程、记录表单等构成的全面的安全管理制度体系	安全管理制度体系文件，包括管理制度类、操作规程类和记录类等三级文档
3	制定和发布（G3）	A. 应指定或授权专门的部门或人员负责安全管理制度的制定。 B. 安全管理制度应通过正式、有效的方式发布，并进行版本控制	制定和发布部门，文档最高管理部门的认可，制度版本进行规范化控制
4	评审和修订（G3）	应定期对安全管理制度的合理性和适用性进行论证和审定，对存在不足或需要改进的安全管理制度进行修订	论证和评审

七、安全管理机构

安全管理机构主要包括：设立相应领导、管理、审计、运维机构和岗位，配备系统管理、审计管理和安全管理员，明确授权和审批的事项和制度，加强内部和外部安全专家沟通协作，定期审核和检查安全策略和安全管理制度，见表6-7。

表6-7　安全管理机构要求及对应产品与方案

序号	安全子类	测评指标描述	对应产品与方案
1	岗位设置（G3）	A. 应成立指导和网络安全工作的委员会或领导小组，其最高领导由单位主管领导担任或授权。 B. 应设立网络安全管理工作的职能部门，设立安全主管、安全管理各个方面的负责人岗位，并定义各负责人的职责。 C. 应设立系统管理员、审计管理员和安全管理员等岗位，并定义部门及各个工作岗位的职责	网络安全领导小组或委员会、网络安全职能部门及相关负责人，各岗位人员
2	人员配备（G3）	A. 应配备一定数量的系统管理员、审计管理员和安全管理员等。 B. 应配备专职安全管理员，不可兼任	各岗位人员配备及岗位职责
3	授权和审批（G3）	A. 应根据各个部门和岗位的职责明确授权审批事项、审批部门和批准人等。 B. 应针对系统变更、重要操作、物理访问和系统接入等事项建立审批程序，按照审批程序执行审批过程，对重要活动建立逐级审批制度。 C. 应定期审查审批事项，及时更新需授权和审批的项目、审批部门和审批人等信息	逐级审批制度
4	沟通和合作（G3）	A. 应加强各类管理人员、组织内部机构和网络安全管理部门之间的合作与沟通，定期召开协调会议，共同协作处理网络安全问题。 B. 应加强与网络安全职能部门、各类供应商、业界专家及安全组织的合作与沟通。 C. 应建立外联单位联系列表，包括外联单位名称、合作内容、联系人和联系方式等信息	内部相关部门、外部合作单位
5	审核和检查（G3）	A. 应定期进行常规安全检查，检查内容包括系统日常运行、系统漏洞和数据备份等情况。 B. 应定期进行全面安全检查，检查内容包括现有安全技术措施的有效性、安全配置与安全策略的一致性、安全管理制度的执行情况等。 C. 应制定安全检查表格实施安全检查，汇总安全检查数据，形成安全检查报告，并对安全检查结果进行通报	安全审核和检查程序

八、安全人员管理

安全管理人员主要包括：考核录用人员专业技能，签署保密协议，对离岗人员及时回收权限、证照等，加强安全意识和安全技能教育培训，定期进行安全技术考核，见表6-8。

表6-8　安全人员管理要求及对应产品与方案

序号	安全子类	测评指标描述	对应产品与方案
1	人员录用（G3）	A. 应指定或授权专门的部门或人员负责人员录用。 B. 应对被录用人员的身份、安全背景、专业资格或资质等进行审查，对其所具有的技术技能进行考核。 C. 应与被录用人员签署保密协议，与关键岗位人员签署岗位责任协议	对应聘人员的身份、安全背景、专业资格或资质等进行审查、技能考核、签署保密协议和岗位协议

续表

序号	安全子类	测评指标描述	对应产品与方案
2	人员离岗（G3）	A. 应及时终止离岗人员的所有访问权限，取回各种身份证件、钥匙、徽章等以及机构提供的软硬件设备。 B. 应办理严格的调离手续，并承诺调离后的保密义务后方可离开	离岗人员的物理访问权限和逻辑访问权限的收回
3	安全意识教育和培训（G3）	A. 应对各类人员进行安全意识教育和岗位技能培训，并告知相关的安全责任和惩戒措施。 B. 应针对不同岗位制定不同的培训计划，对安全基础培训、岗位操作规程等进行培训。 C. 应定期对不同岗位的人员进行技能考核	安全意识教育培训，安全技能培训
4	外部人员访问管理（G3）	A. 应在外部人员物理访问受控区域前先提出书面申请，批准后由专人全程陪同，并登记备案。 B. 应在外部人员接入受控网络访问系统前先提出书面申请，批准后由专人开设账户、分配权限，并登记备案。 C. 外部人员离场后应及时清除其所有的访问权限。 D. 获得系统访问授权的外部人员应签署保密协议，不得进行非授权操作，不得复制和泄露任何敏感信息	外部人员的物理访问和逻辑访问，单位外部人员的申请和授权审批

九、安全建设管理

安全建设管理主要包括：等保定级和备案，安全方案设计，安全产品采购和使用，自主和外包软件开发管理，安全保护工程实施管理，安全防护测试验收，系统验收交付，定期等保测评，监督、评审和审核安全服务提供商等，见表6-9。

表6-9 安全建设管理要求及对应产品与方案

序号	安全子类	测评指标描述	对应产品与方案
1	定级和备案（G3）	A. 应以书面的形式说明保护对象的安全保护等级及确定等级的方法和理由。 B. 应组织相关部门和有关安全技术专家对定级结果的合理性和正确性进行论证和审定。 C. 应保证定级结果经过相关部门的批准。 D. 应将备案材料报主管部门和公安机关备案	定级保护对象定级梳理
2	安全方案设计（G3）	A. 应根据系统的安全保护等级选择基本安全措施，并依据风险分析的结果补充和调整安全措施。 B. 应根据保护对象的安全保护等级及与其他级别保护对象的关系进行安全整体规划和安全方案设计，设计内容应包含密码技术相关内容，并形成配套文件。 C. 应组织相关部门和有关安全专家对安全整体规划及其配套文件的合理性和正确性进行论证和审定，经过批准后才能正式实施	整体规划咨询服务、系统安全建设方案、整改方案设计咨询服务
3	产品采购和使用（G3）	A. 应确保网络安全产品采购和使用符合国家的有关规定。 B. 应确保密码产品与服务的采购和使用符合国家密码主管部门的要求。 C. 应预先对产品进行选型测试，确定产品的候选范围，并定期审定和更新候选产品名单	产品选型
4	自行软件开发（G3）	A. 应将开发环境与实际运行环境物理分开，测试数据和测试结果受到控制。 B. 应制定软件开发管理制度，明确说明开发过程的控制方法和人员行为准则。	软件开发管理制度、物理场景、代码编写规范、软件安全测试

续表

序号	安全子类	测评指标描述	对应产品与方案
4	自行软件开发（G3）	C. 应制定代码编写安全规范，要求开发人员参照规范编写代码。 D. 应具备软件设计的相关文档和使用指南，并对文档使用进行控制。 E. 应保证在软件开发过程中对安全性进行测试，在软件安装前对可能存在的恶意代码进行检测。 F. 应对程序资源库的修改、更新、发布进行授权和批准，并严格进行版本控制。 G. 应保证开发人员为专职人员，开发人员的开发活动受到控制、监视和审查	软件开发管理制度、物理场景、代码编写规范、软件安全测试
5	外包软件开发（G3）	A. 应在软件交付前检测软件中可能存在的恶意代码。 B. 应保证开发单位提供软件设计文档和使用指南。 C. 应保证开发单位提供软件源代码，并审查软件中可能存在的后门和隐蔽信道	源代码审计、软件设计文档和使用指南
6	工程实施（G3）	A. 应指定或授权专门的部门或人员负责工程实施过程的管理。 B. 应制定安全工程实施方案控制工程实施过程。 C. 应通过第三方工程监理控制项目的实施过程	工程安全监理服务
7	测试验收（G3）	A. 应制定交付清单，并根据交付清单对所交接的设备、软件和文档等进行清点。 B. 应进行上线前的安全性测试，并出具安全测试报告，安全测试报告应包含密码应用安全性测试相关内容	验收和安全测试
8	系统交付（G3）	A. 应制定详细的系统交付清单，并根据交付清单对所交接的设备、软件和文档等进行清点。 B. 应对负责运行维护的技术人员进行相应的技能培训。 C. 应提供建设过程文档和运行维护文档	交付文档
9	等级测评（G3）	A. 应定期进行等级测评，发现不符合相应等级保护标准要求的及时整改。 B. 应在发生重大变更或级别发生变化时进行等级测评。 C. 应确保测评机构的选择符合国家有关规定	等级测评服务
10	服务供应商管理（G3）	A. 应确保服务供应商的选择符合国家的有关规定。 B. 应与选定的服务供应商签订相关协议，明确整个服务供应链各方需履行的网络安全相关义务。 C. 应定期监督、评审和审核服务供应商提供的服务，并对其变更服务内容加以控制	供应链安全

十、安全运维管理

安全运维管理主要包括：运行环境管理，被保护资产管理，信息存储介质管理，设备维护管理，漏洞和风险管理，网络和系统安全管理，恶意代码防范管理，系统、变更配置和密码管理，备份与恢复管理，安全事件和应急预案管理以及外包运维管理等，见表6-10。

表6-10　安全建设管理要求及对应产品与方案

序号	安全子类	测评指标描述	对应产品与方案
1	环境管理（G3）	A. 应指定专门的部门或人员负责机房安全，对机房出入进行管理，定期对机房供配电、空调、温湿度控制、消防等设施进行维护管理。 B. 应建立机房安全管理制度，对有关物理访问、物品进出和环境安全等方面的管理作出规定。	机房管理制度、纸质文档和移动介质

续表

序号	安全子类	测评指标描述	对应产品与方案
1	环境管理（G3）	C. 应不在重要区域接待来访人员，不随意放置含有敏感信息的纸档文件和移动介质等	机房管理制度、纸质文档和移动介质
2	资产管理（G3）	A. 应编制并保存与保护对象相关的资产清单，包括资产责任部门、重要程度和所处位置等内容。 B. 应根据资产的重要程度对资产进行标识管理，根据资产的价值选择相应的管理措施。 C. 应对信息分类与标识方法作出规定,并对信息的使用、传输和存储等进行规范化管理	资产管理制度
3	介质管理（G3）	A. 应将介质存放在安全的环境中，对各类介质进行控制和保护，实行存储介质专人管理，并根据存档介质的目录清单定期盘点。 B. 应对介质在物理传输过程中的人员选择、打包、交付等情况进行控制，并对介质的归档和查询等进行登记记录	介质管理制度
4	设备维护管理（G3）	A. 应对各种设备（包括备份和冗余设备）、线路等指定专门的部门或人员定期进行维护管理。 B. 应建立配套设施，软硬件维护方面的管理制度，对其维护进行有效管理，包括明确维护人员的责任、维修和服务的审批、维修过程的监督控制等。 C. 信息处理设备应经过审批才能带离机房或办公地点，含有存储介质的设备带出工作环境时其中重要数据应加密。 D. 含有存储介质的设备在报废或重用前，应进行完全清除或被安全覆盖，保证该设备上的敏感数据和授权软件无法被恢复重用	设备运行维护制度
5	漏洞和风险管理（G3）	A. 应采取必要的措施识别安全漏洞和隐患，对发现的安全漏洞和隐患及时进行修补或评估可能的影响后进行修补。 B. 应定期开展安全测评，形成安全测评报告，采取措施应对发现的安全问题	漏洞扫描、等级测评、风险评估
6	网络和系统安全管理（G3）	A. 应划分不同的管理员角色进行网络和系统的运维管理，明确各个角色的责任和权限。 B. 应指定专门的部门或人员进行账户管理,对申请账户、建立账户、删除账户等进行控制。 C. 应建立网络和系统安全管理制度，对安全策略、账户管理、配置管理、日志管理、日志操作、升级与打补丁、口令更新周期等方面做出规定。 D. 应制定重要设备的配置和操作手册，依据手册对设备进行安全配置和优化配置等。 E. 应详细记录运维操作日志，包括日常巡检工作、运行维护记录、参数的设置和修改等内容。 F. 应指定专门的部门或人员对日志、监测和报警数据等进行分析、统计，及时发现可疑行为。 G. 应严格控制变更性运维，经过审批后才可改变连接、安装系统组件或调整配置参数，操作过程中应保留不可更改的审计日志，操作结束后应同步更新配置信息库。 H. 应严格控制运维工具的使用，经过审批后才可接入进行操作，操作过程中应保留不可更改的审计日志，操作结束后应删除工具中的敏感数据。 I. 应严格控制远程运维的开通，经过审批后才可开通远程运维接口或通道，操作过程中应保留不可更改的审计日志，操作结束后立即关闭接口或通道。	网络和系统管理制度、安全运维

续表

序号	安全子类	测评指标描述	对应产品与方案
6	网络和系统安全管理（G3）	J. 应保证所有与外部的连接均得到授权和批准，应定期检查违反规定无线上网及其他违反网络安全策略的行为	网络和系统管理制度、安全运维
7	恶意代码防范管理（G3）	A. 应提高所有用户的防恶意代码意识，对外来计算机或存储设备接入系统前进行恶意代码检查等。 B. 应定期验证防范恶意代码攻击的技术措施的有效性	恶意代码管理制度
8	配置管理（G3）	A. 应记录和保存基本配置信息，包括网络拓扑结构、各个设备安装的软件组件、软件组件的版本和补丁信息、各个设备或软件组件的配置参数等。 B. 应将基本配置信息改变纳入变更范畴，实施对配置信息改变的控制，并及时更新基本配置信息库	配置管理制度
9	密码管理（G3）	A. 应遵循密码相关的国家标准和行业标准。 B. 应使用国家密码管理主管部门认证核准的密码技术和产品	密码产品认证证书
10	变更管理（G3）	A. 明确变更需求，变更前根据变更需求制定变更方案，变更方案经过评审、审批后方可实施。 B. 应建立变更的申报和审批控制程序，依据程序控制所有的变更，记录变更实施补充。 C. 应建立中止变更并从失败变更中恢复的程序，明确过程控制方法和人员职责，必要时对恢复过程进行演练	变更管理制度
11	备份与恢复管理（G3）	A. 应识别需要定期备份的重要业务信息、系统数据及软件系统等。 B. 应规定备份信息的备份方式、备份频度、存储介质、保存期等。 C. 应根据数据的重要性和数据对系统运行的影响，制定数据的备份策略和恢复策略、备份程序和恢复程序等	备份内容、方式和数据恢复策略
12	安全事件处置（G3）	A. 应及时向安全管理部门报告所发现的安全弱点和可疑事件。 B. 应制定安全事件报告和处置管理制度，明确不同安全事件的报告、处置和响应流程，规定安全事件的现场处理、事件报告和后期恢复的管理职责等。 C. 应在安全事件报告和响应处理过程中，分析和鉴定事件产生的原因，收集证据，记录处理过程，总结经验教训。 D. 对造成系统中段和造成信息泄露的重大安全事件应采用不同的处理程序和报告程序	应急响应服务
13	应急预案管理（G3）	A. 应规定统一的应急预案框架，包括启动预案的条件、应急组织构成、应急资源保障、事后教育和培训等内容。 B. 应制定重要事件的应急预案，包括应急处理流程、系统恢复流程等内容。 C. 应定期对系统相关的人员进行应急预案培训，并进行应急预案的演练。 D. 应定期对原有的应急预案重新评估，修订完善	应急响应服务
14	外包运维管理（G3）	A. 应确保外包运维服务商的选择符合国家的有关规定。 B. 应与选定的外包运维服务商签订相关的协议，明确约定外包运维的范围、工作内容。 C. 应保证选择的外包运维服务商在技术和管理方面均应具有按照等级保护要求开展安全运维工作的能力，并将能力要求在签订的协议中明确。 D. 应在与外包运维服务商签订的协议中明确所有相关的安全要求，如可能涉及对敏感信息的访问、处理、存储要求，对 IT 基础设施中断服务的应急保障要求等	外包运维服务商

十一、云计算安全扩展要求

采用了云计算技术的信息系统通常称为云计算平台。云计算平台由设施、硬件、资源抽象控制层、虚拟化计算资源、软件平台和应用软件等组成。云计算平台中通常有云服务商和云服务客户/云租户两种角色。根据云服务商所提供服务的类型，云计算平台有软件即服务（SaaS）、平台即服务（PaaS）、基础设施即服务（IaaS）三种基本的云计算服务模式。在不同的服务模式中，云服务商和云服务客户对资源拥有不同的控制范围，控制范围决定了安全责任的边界。

云计算安全扩展要求是针对云计算平台提出的安全通用要求之外额外需要实现的安全要求。云计算安全扩展要求涉及的控制点包括基础设施位置、网络架构、网络边界的访问控制、网络边界的入侵防范、网络边界的安全审计、集中管控、计算环境的身份鉴别、计算环境的访问控制、计算环境的入侵防范、镜像和快照保护、数据安全性、数据备份恢复、剩余信息保护、云服务商选择、供应链管理和云计算环境管理，见表6-11。

表6-11　云计算安全扩展要求及对应产品与方案

序号	安全类或层面	安全控制点	测评指标描述	对应产品及方案
1	安全物理环境	基础设施位置	应保证云计算基础设施位于中国境内	机房管理员、办公场地、机房和平台建设方案
2	安全通信网络	网络架构	A. 应保证云计算平台不承载高于其安全保护等级的业务应用系统	云计算平台和业务应用系统定级备案材料
3			B. 应实现不同云服务客户虚拟网络之间的隔离	网络资源隔离措施、综合网管系统和云管理平台
4			C. 应具有根据云服务客户业务需求提供通信传输、边界防护、入侵防范等安全机制的能力	防火墙、入侵检测系统、入侵保护系统和抗APT系统等安全设备
5			D. 应具有根据云服务客户业务需求自主设置安全策略的能力，包括定义访问路径、选择安全组件、配置安全策略	云管理平台、网络管理平台、网络设备和安全访问路径
6			E. 应提供开放接口或开放性安全服务，允许云服务客户接入第三方安全产品或在云计算平台选择第三方安全服务	相关开放性接口和安全服务及相关文档
7	安全区域边界	访问控制	A. 应在虚拟化网络边界部署访问控制机制，并设置访问控制规则	访问控制机制、网络边界设备和虚拟化网络边界设备
8			B. 应在不同等级的网络区域边界部署访问控制机制，设置访问控制规则	网闸、防火墙、路由器和交换机等提供访问控制功能的设备
9		入侵防范	A. 应能检测到云服务客户发起的网络攻击行为，并能记录攻击类型、攻击时间、攻击流量等	抗APT攻击系统、网络回溯系统、威胁情报检测系统、抗DDoS攻击系统和入侵保护系统或相关组件
10			B. 应能检测到对虚拟网络节点的网络攻击行为，并能记录攻击类型、攻击时间、攻击流量等	抗APT攻击系统、网络回溯系统、威胁情报检测系统、抗DDoS攻击系统和入侵保护系统或相关组件
11			C. 应能检测到虚拟机与宿主机、虚拟机与虚拟机之间的异常流量	虚拟机、宿主机、抗APT攻击系统、网络回溯系统、威胁情报检测系统、抗DDoS攻击系统和入侵保护系统或相关组件

续表

序号	安全类或层面	安全控制点	测评指标描述	对应产品及方案
12	安全区域边界	入侵防范	D. 应在检测到网络攻击行为、异常流量情况时进行告警	虚拟机、宿主机、抗 APT 攻击系统、网络回溯系统、威胁情报检测系统、抗 DDoS 攻击系统和入侵保护系统或相关组件
13		安全审计	A. 应对云服务商和云服务客户在远程管理时执行的特权命令进行审计，至少包括虚拟机删除、虚拟机重启	堡垒机或相关组件
14			B. 应保证云服务商对云服务客户系统和数据的操作可被云服务客户审计	综合审计系统或相关组件
15	安全计算环境	身份鉴别	当远程管理云计算平台中设备时，管理终端和云计算平台之间应建立双向身份验证机制	云计算平台和管理终端
16		访问控制	A. 应保证当虚拟机迁移时，访问控制策略随其迁移	虚拟化防火墙或终端安全响应平台
17			B. 应允许云服务客户设置不同虚拟机之间的访问控制策略	虚拟化防火墙或终端安全响应平台
18		入侵防范	A. 应能检测虚拟机之间的资源隔离失效，并进行告警	云计算平台
19			B. 应能检测非授权新建虚拟机或者重新启用虚拟机，并进行告警	云计算平台
20			C. 应能检测恶意代码感染及在虚拟机间蔓延的情况，并进行告警	虚拟化防病毒、终端安全响应平台等
21		镜像和快照保护	A. 应针对重要业务系统提供加固的操作系统镜像或操作系统安全加固服务	云计算平台，安全服务
22			B. 应提供虚拟机镜像、快照完整性校验功能，防止虚拟机镜像被恶意篡改	云计算平台、相关文档
23			C. 应采取密码技术或其他技术手段防止虚拟机镜像、快照中可能存在的敏感资源被非法访问	云计算平台、KMS、加密机等
24		数据完整性和保密性	A. 应确保云服务客户数据、用户个人信息等存储于中国境内，如需出境应遵循国家相关规定	云计算基础设施
25			B. 应确保只有在云服务客户授权下，云服务商或第三方才具有云服务客户数据的管理权限	云计算平台
26			C. 应使用校验码或密码技术确保虚拟机迁移过程中重要数据的完整性，并在检测到完整性受到破坏时采取必要的恢复措施	云计算平台
27			D. 应支持云服务客户部署密钥管理解决方案，保证云服务客户自行实现数据的加解密过程	KMS、云计算平台
28		数据备份恢复	A. 云服务客户应在本地保存其业务数据的备份	云计算平台
29			B. 应提供查询云服务客户数据及备份存储位置的能力	云计算平台
30			C. 云服务商的云存储服务应保证云服务客户数据存在若干个可用的副本，各副本之间的内容应保持一致	云计算平台、相关文档

续表

序号	安全类或层面	安全控制点	测评指标描述	对应产品及方案
31	安全计算环境	数据备份恢复	D. 应为云服务客户将业务系统及数据迁移到其他云计算平台和本地系统提供技术手段，并协助完成迁移过程	云计算平台
32		剩余信息保护	A. 应保证虚拟机所使用的内存和存储空间回收时得到完全清除	云计算平台
33			B. 云服务客户删除业务应用数据时，云计算平台应将云存储中所有副本删除	云计算平台
34	安全管理中心	集中管控	A. 应能对物理资源和虚拟资源按照策略做统一管理调度与分配	资源调度平台、云管理平台或相关组件
35			B. 应保证云计算平台管理流量与云服务客户业务流量分离	网络架构和云管理平台
36			C. 应根据云服务商和云服务客户的职责划分，收集各自控制部分的审计数据并实现各自的集中审计	云管理平台、综合审计系统或相关组件
37			D. 应根据云服务商和云服务客户的职责划分，实现各自控制部分，包括虚拟化网络、虚拟机、虚拟化安全设备等的运行状况的集中监测	云管理平台或相关组件
38	安全建设管理	云服务商选择	A. 应选择安全合规的云服务商，其所提供的云计算平台应为其所承载的业务应用系统提供相应等级的安全保护能力	系统建设负责人和服务合同
39			B. 应在服务水平协议中规定云服务的各项服务内容和具体技术指标	服务水平协议或服务合同
40			C. 应在服务水平协议中规定云服务商的权限与责任，包括管理范围、职责划分、访问授权、隐私保护、行为准则、违约责任等	服务水平协议或服务合同
41			D. 应在服务水平协议中规定服务合约到期时，完整提供云服务客户数据，并承诺相关数据在云计算平台上清除	服务水平协议或服务合同
42			E. 应与选定的云服务商签署保密协议，要求其不得泄露云服务客户数据	保密协议或服务合同
43		供应链管理	A. 应确保供应商的选择符合国家有关规定	记录表单类文档
44			B. 应将供应链安全事件信息或安全威胁信息及时传达到云服务客户	供应链安全事件报告或威胁报告
45			C. 应将供应商的重要变更及时传达到云服务客户，并评估变更带来的安全风险，采取措施对风险进行控制	供应商重要变更记录、安全风险评估报告和风险预案
46	安全运维管理	云计算环境管理	云计算平台的运维地点应位于中国境内，境外对境内云计算平台实施运维操作应遵循国家相关规定	运维设备、运维地点、运维记录和相关管理文档

十二、移动互联安全扩展要求

采用移动互联技术的等级保护对象，其移动互联部分通常由移动终端、移动应用和无线网络三部分组成。移动终端通过无线通道连接无线接入设备接入有线网络；无线接入网关通过访问控制策略限制移动终端的访问行为；后台的移动终端管理系统（如果配置）负责对移动终端的管理，包括向客户端软件发送移动设备管理、移动应用管理和移动内容管理策略等。

移动互联安全扩展要求是针对移动终端、移动应用和无线网络提出的特殊安全要求，它们与安全通用要求一起构成针对采用移动互联技术的等级保护对象的完整安全要求。移动互联安全扩展要求涉及的控制点包括无线接入点的物理位置、无线和有线网络之间的边界防护、无线和有线网络之间的访问控制、无线和有线网络之间的入侵防范、移动终端管控、移动应用管控、移动应用软件采购、移动应用软件开发和配置管理，见表6-12。

表6-12　移动互联安全扩展要求及对应产品与方案

序号	安全类或层面	安全控制点	测评指标描述	对应产品及方案
1	安全物理环境	无线接入点的物理位置	应为无线接入设备的安装选择合理位置，避免过度覆盖和电磁干扰	无线接入设备
2	安全区域边界	边界防护	应保证有线网络与无线网络边界之间的访问和数据流通过无线接入网关设备	无线接入网关设备
3		访问控制	无线接入设备应开启接入认证功能，并支持采用认证服务器认证或国家密码管理机构批准的密码模块进行认证	无线接入设备
4		入侵防范	A. 应能够检测到非授权无线接入设备和非授权移动终端的接入行为	终端准入控制系统、移动终端管理系统或相关组件
5			B. 应能够检测到针对无线接入设备的网络扫描、DDoS 攻击、密钥破解、中间人攻击和欺骗攻击等行为	抗 APT 攻击系统、网络回溯系统、威胁情报检测系统、抗 DDoS 攻击系统和入侵保护系统或相关组件
6			C. 应能够检测到无线接入设备的 SSID 广播、WPS 等高风险功能的开启状态	无线接入设备或相关组件
7			D. 应禁用无线接入设备和无线接入网关存在风险的功能，如：SSID 广播、WEP 认证等	无线接入设备和无线接入网关设备
8			E. 应禁止多个 AP 使用同一个认证密钥	无线接入设备
9			F. 应能够阻断非授权无线接入设备或非授权移动终端	终端准入控制系统、移动终端管理系统或相关组件
10	安全计算环境	移动终端管控	A. 应保证移动终端安装、注册并运行终端管理客户端软件	移动终端和移动终端管理系统
11			B. 移动终端应接受移动终端管理服务端的设备生命周期管理、设备远程控制，如：远程锁定、远程擦除等	移动终端和移动终端管理系统
12		移动应用管控	A. 应具有选择应用软件安装、运行的功能	移动终端管理客户端
13			B. 应只允许指定证书签名的应用软件安装和运行	移动终端管理客户端
14			C. 应具有软件白名单功能，应能根据白名单控制应用软件安装、运行	移动终端管理客户端

序号	安全类或层面	安全控制点	测评指标描述	对应产品及方案
15	安全建设管理	移动应用软件采购	A. 应保证移动终端安装、运行的应用软件来自可靠分发渠道或使用可靠证书签名	移动终端
16			B. 应保证移动终端安装、运行的应用软件由指定的开发者开发	移动终端
17		移动应用软件开发	A. 应对移动业务应用软件开发者进行资格审查	系统建设负责人
18			B. 应保证开发移动业务应用软件的签名证书合法性	软件的签名证书
19	安全运维管理	配置管理	应建立合法无线接入设备和合法移动终端配置库，用于对非法无线接入设备和非法移动终端的识别	记录表单类文档、移动终端管理系统或相关组件

十三、物联网安全扩展要求

物联网从架构上通常可分为三个逻辑层，即感知层、网络传输层和处理应用层。其中感知层包括传感器节点和传感网网关节点或RFID标签和RFID读写器，也包括感知设备与传感网网关之间、RFID标签与RFID读写器之间的短距离通信（通常为无线）部分；网络传输层包括将感知数据远距离传输到处理中心的网络，如互联网、移动网或几种不同网络的融合；处理应用层包括对感知数据进行存储与智能处理的平台，并对业务应用终端提供服务。对大型物联网来说，处理应用层一般由云计算平台和业务应用终端构成。

对物联网的安全防护应包括感知层、网络传输层和处理应用层。由于网络传输层和处理应用层通常由计算机设备构成，因此这两部分按照安全通用要求提出的要求进行保护。物联网安全扩展要求是针对感知层提出的特殊安全要求，它们与安全通用要求一起构成针对物联网的完整安全要求。

物联网安全扩展要求涉及的控制点包括感知节点的物理防护、感知网的入侵防范、感知网的接入控制、感知节点设备安全、网关节点设备安全、抗数据重放、数据融合处理和感知节点的管理，见表6-13。

表6-13　物联网安全扩展要求及对应产品与方案

序号	安全类或层面	安全控制点	测评指标描述	对应产品及方案
1	安全物理环境	感知节点设备物理防护	A. 感知节点设备所处的物理环境应不对感知节点设备造成物理破坏，如挤压、强振动	感知节点设备所处物理环境和设计或验收文档
2			B. 感知节点设备在工作状态所处物理环境应能正确反映环境状态（如温湿度传感器不能安装在阳光直射区域）	感知节点设备所处物理环境和设计或验收文档
3			C. 感知节点设备在工作状态所处物理环境应不对感知节点设备的正常工作造成影响，如强干扰、阻挡屏蔽等	感知节点设备所处物理环境和设计或验收文档
4			D. 关键感知节点设备应具有可供长时间工作的电力供应（关键网关节点设备应具有持久稳定的电力供应能力）	关键感知节点设备的供电设备（关键网关节点设备的供电设备）和设计或验收文档

续表

序号	安全类或层面	安全控制点	测评指标描述	对应产品及方案
5	安全区域边界	接入控制	应保证只有授权的感知节点可以接入	感知节点设备和设计文档
6		入侵防范	A. 应能够限制与感知节点通信的目标地址，以避免对陌生地址的攻击行为	感知节点设备和设计文档
7			B. 应能够限制与网关节点通信的目标地址，以避免对陌生地址的攻击行为	网关节点设备和设计文档
8	安全计算环境	感知节点设备安全	A. 应保证只有授权的用户可以对感知节点设备上的软件应用进行配置或变更	感知节点设备
9			B. 应具有对其连接的网关节点设备（包括读卡器）进行身份标识和鉴别的能力	网关节点设备（包括读卡器）
10			C. 应具有对其连接的其他感知节点设备（包括路由节点）进行身份标识和鉴别的能力	其他感知节点设备（包括路由节点）
11		网关节点设备安全	A. 应具备对合法连接设备（包括终端节点、路由节点、数据处理中心）进行标识和鉴别的能力	网关节点设备
12			B. 应具备过滤非法节点和伪造节点所发送的数据的能力	网关节点设备
13			C. 授权用户应能够在设备使用过程中对关键密钥进行在线更新	感知节点设备
14			D. 授权用户应能够在设备使用过程中对关键配置参数进行在线更新	感知节点设备
15		抗数据重放	A. 应能够鉴别数据的新鲜性，避免历史数据的重放攻击	感知节点设备
16			B. 应能够鉴别历史数据的非法修改，避免数据的修改重放攻击	感知节点设备
17		数据融合处理	应对来自传感网的数据进行数据融合处理，使不同种类的数据可以在同一个平台被使用	物联网应用系统
18	安全运维管理	感知节点管理	A. 应指定人员定期巡视感知节点设备、网关节点设备的部署环境，对可能影响感知节点设备、网关节点设备正常工作的环境异常进行记录和维护	维护记录
19			B. 应对感知节点设备、网关节点设备入库、存储、部署、携带、维修、丢失和报废等过程作出明确规定，并进行全程管理	感知节点和网关节点设备安全管理文档
20			C. 应加强对感知节点设备、网关节点设备部署环境的保密性管理，包括负责检查和维护的人员调离工作岗位，应立即交还相关检查工具和检查维护记录等	感知节点设备、网关节点设备部署环境的管理制度

十四、工业控制安全扩展要求

工业控制系统通常是可用性要求较高的等级保护对象。工业控制系统是各种控制系统的总称，典型的如数据采集与监视控制系统（SCADA）、集散控制系统（DCS）等。工业控制系统通常用于电力、水和污水处理、石油和天然气、化工、交通运输、制药、纸浆和造纸、食品和饮料以及离散制造（如汽车、航空航天和耐用品）等行业。

工业控制系统从上到下一般分为五个层级，依次为企业资源层、生产管理层、过程监控层、现场控制层和现场设备层。不同层级的实时性要求有所不同，对工业控制系统的安全防护应包括各个层级。由于企业资源层、生产管理层和过程监控层通常由计算机设备构成，因此这些层级按照安全通用要求提出的要求进行保护。

工业控制系统安全扩展要求是针对现场控制层和现场设备层提出的特殊安全要求，它们与安全通用要求一起构成针对工业控制系统的完整安全要求。工业控制系统安全扩展要求涉及的控制点包括室外控制设备防护、网络架构、通信传输、访问控制、拨号使用控制、无线使用控制、控制设备安全、产品采购和使用以及外包软件开发，见表6-14。

表6-14　工业控制安全扩展要求及对应产品与方案

序号	安全类或层面	安全控制点	测评指标描述	对应产品及方案
1	安全物理环境	室外控制设备防护	A. 室外控制设备应放置于采用铁板或其他防火材料制作的箱体或装置中并紧固；箱体或装置具有透风、散热、防盗、防雨和防火能力等	室外控制设备
2			B. 室外控制设备放置应远离强电磁干扰、强热源等环境，如无法避免应及时做好应急处置及检修，保证设备正常运行	室外控制设备
3	安全通信网络	网络架构	A. 工业控制系统与企业其他系统之间应划分为两个区域，区域间应采用单向的技术隔离手段	网闸、路由器、交换机和防火墙等提供访问控制功能的设备
4			B. 工业控制系统内部应根据业务特点划分为不同的安全域，安全域之间应采用技术隔离手段	路由器、交换机和防火墙等提供访问控制功能的设备
5			C. 涉及实时控制和数据传输的工业控制系统，应使用独立的网络设备组网，在物理层面上实现与其他数据网及外部公共信息网的安全隔离	工业控制系统网络
6		通信传输	在工业控制系统内使用广域网进行控制指令或相关数据交换的应采用加密认证技术手段实现身份认证、访问控制和数据加密传输	加密认证设备、路由器、交换机和防火墙等提供访问控制功能的设备
7	安全区域边界	访问控制	A. 应在工业控制系统与企业其他系统之间部署访问控制设备，配置访问控制策略，禁止任何穿越区域边界的E-mail、Web、Telnet、Rlogin、FTP等通用网络服务	网闸、防火墙、路由器和交换机等提供访问控制功能的设备
8			B. 应在工业控制系统内安全域和安全域之间的边界防护机制失效时，及时进行报警	网闸、防火墙、路由器和交换机等提供访问控制功能的设备，监控预警设备
9		拨号使用控制	A. 工业控制系统确需使用拨号访问服务的，应限制具有拨号访问权限的用户数量，并采取用户身份鉴别和访问控制等措施	拨号服务类设备
10			B. 拨号服务器和客户端均应使用经安全加固的操作系统，并采取数字证书认证、传输加密和访问控制等措施	拨号服务类设备
11		无线使用控制	A. 应对所有参与无线通信的用户（人员、软件进程或者设备）提供唯一性标识和鉴别	无线通信网络及设备
12			B. 应对所有参与无线通信的用户（人员、软件进程或者设备）进行授权以及执行使用进行限制	无线通信网络及设备

续表

序号	安全类或层面	安全控制点	测评指标描述	对应产品及方案
13	安全区域边界	无线使用控制	C. 应对无线通信采取传输加密的安全措施，实现传输报文的机密性保护	无线通信网络及设备
14			D. 对采用无线通信技术进行控制的工业控制系统，应能识别其物理环境中发射的未经授权的无线设备，报告未经授权试图接入或干扰控制系统的行为	无线通信网络及设备和监测设备
15	安全计算环境	控制设备安全	A. 控制设备自身应实现相应级别安全通用要求提出的身份鉴别、访问控制和安全审计等安全要求，如受条件限制，控制设备无法实现上述要求，应由其上位控制或管理设备实现同等功能或通过管理手段控制	控制设备
16			B. 应在经过充分测试评估后，在不影响系统安全稳定运行的情况下对控制设备进行补丁更新、固件更新等工作	控制设备
17			C. 应关闭或拆除控制设备的软盘驱动、光盘驱动、USB 接口、串行口或多余网口等，确需保留的应通过相关的技术措施实施严格的监控管理	控制设备
18			D. 应使用专用设备和专用软件对控制设备进行更新	控制设备
19			E. 应保证控制设备在上线前经过安全性检测，避免控制设备固件中存在恶意代码程序	控制设备
20	安全建设管理	产品采购和使用	工业控制系统重要设备应通过专业机构的安全性检测后方可采购使用	安全管理员和检测报告类文档
21		外包软件开发	应在外包开发合同中规定针对开发单位、供应商的约束条款，包括设备及系统在生命周期内有关保密、禁止关键技术扩散和设备行业专用等方面的内容	外包合同

第二节　网络安全等级测评要求与测评方法

一、测评对象选取

（一）测评对象确定准则

测评对象是等级测评的直接工作对象，也是在被测定级对象中实现特定测评指标所对应的安全功能的具体系统组件，因此，选择测评对象是编制测评方案的必要步骤，也是整个测评工作的重要环节。恰当选择测评对象的种类和数量是整个等级测评工作能够获取足够证据、了解到被测定级对象的真实安全保护状况的重要保证。

测评对象的确定一般采用抽查的方法，即抽查定级对象中具有代表性的组件作为测评对象，并且在测评对象确定任务中应兼顾工作投入与结果产出两者的平衡关系。

在确定测评对象时，需遵循以下原则：

（1）重要性，应抽查对被测定级对象来说重要的服务器、数据库和网络设备等。

（2）安全性，应抽查对外暴露的网络边界。

（3）共享性，应抽查共享设备和数据交换平台/设备。

（4）全面性，抽查应尽量覆盖系统各种设备类型、操作系统类型，数据库系统类型和应用系统类型。

（5）符合性，选择的设备、软件系统等应能符合相应等级的测评强度要求。

（二）测评对象确定步骤

确定测评对象时，可以将系统构成组件分类，再考虑重要性等其他属性。一般定级对象可以直接采用分层抽样方法，复杂系统建议采用多阶抽样方法。

在确定测试对象时可参考以下步骤：

（1）对系统构成组件进行分类，如可在粗粒度上分为客户端（主要考虑操作系统）、服务器（包括操作系统、数据库管理系统）、应用平台和业务应用软件系统、网络互联设备、安全设备、安全相关人员和安全管理文档，也可以在上述分类基础上继续细化。

（2）对于每一类系统构成组件，应依据调研结果进行重要性分析，选择对被测定级对象而言重要程度高的服务器操作系统、数据库系统、网络互联设备、安全设备、安全相关人员以及安全管理文档等。

（3）对于步骤（2）获得的选择结果，分别进行安全性、共享性和全面性分析，进一步完善测评对象集合。

考虑到网络攻击技术的自动化和获取渠道的多样化，应选择部署在系统边界的网络互联或安全设备以测评暴露的系统边界的安全性，衡量定级对象被外界攻击的可能性。

考虑到新技术、新应用的特点和安全隐患，应选择面临威胁较大的设备或组件作为测评对象，衡量这些设备被外界攻击的可能性。

考虑不同等级互联的安全需求，应选择共享/互联设备作为测评对象，以测评通过共享/互联设备与被测评定级对象互联的其他系统是否会增加不安全因素，衡量外界攻击以共享/互联设备为跳板攻击被测定级对象的可能性。

考虑不同类型对象存在的安全问题不同，选择的测评对象结果应尽量覆盖系统中具有的网络互联设备类型、安全设备类型、主机操作系统类型、数据库系统类型和应用系统类型等。

（4）依据被测评定级对象的安全保护等级对应的测评力度进行恰当性分析，综合衡量测评投入和结果产出，恰当地确定测评对象的种类和数量。

（三）测评对象确定样例

1．第一级定级对象

第一级定级对象的等级测评，测评对象的种类和数量比较少，重点抽查关键的设备、设施、人员和文档等。抽查的测评对象种类主要考虑以下几个方面；

（1）主机房（包括其环境、设备和设施等），如果某一辅机房中放置了服务于整个定级对象或对定级对象的安全性起决定作用的设备、设施，那么也应该作为测评对象。

（2）整个系统的网络拓扑结构。

（3）安全设备，包括防火墙、入侵检测设备、防病毒网关等。

（4）边界网络设备（可能会包含安全设备），包括路由器、防火墙和认证网等。

（5）对整个定级对象的安全性起决定作用的网络互联设备，如核心交换机、路由器等。

（6）承载最能够代表被测定级对象使命的业务或数据的核心服务器（包括其操作系统和数据库）。

（7）最能够代表被测定级对象使命的重要业务应用系统。

（8）信息安全主管人员。

（9）涉及定级对象安全的主要管理制度和记录，包括进出机房的登记记录、定级对象相关设计验收文档等。

在本级定级对象测评时，定级对象中配置相同的安全设备、边界网络设备、网络互联设备以及服务器应至少抽查一台作为测评对象。云计算平台，物联网，移动互联、工业控制系统、IPv6系统的补充选择的测评对象参考GB/T 28449—2018《信息安全技术　网络安全等级保护测评过程指南》。

2．第二级定级对象

第二级定级对象的等级测评，测评对象的种类和数量都较多，重点抽查重要的设备、设施、人员和文档等。抽查的测评对象种类主要考虑以下几个方面：

（1）主机房（包括其环境、设备和设施等），如果某一辅机房中放置了服务于整个定级对象或对定级对象的安全性起决定作用的设备、设施，那么也应该作为测评对象。

（2）存储被测定级对象重要数据的介质的存放环境。

（3）整个系统的网络拓扑结构。

（4）安全设备，包括防火墙、入侵检测设备、防病毒网关等。

（5）边界网络设备（可能会包含安全设备），包括路由器、防火墙和认证网关等。

（6）对整个定级对象或其局部的安全性起决定作用的网络互联设备，如核心交换机、汇聚层交换机、核心路由器等。

（7）承载被测定级对象核心或重要业务、数据的服务器（包括其操作系统和数据库）。

（8）重要管理终端。

（9）能够代表被测定级对象主要使命的业务应用系统。

（10）信息安全主管人员、各方面的负责人员。

（11）涉及定级对象安全的所有管理制度和记录。

在本级定级对象测评时，定级对象中配置相同的安全设备、边界网络设备、网络互联设备以及服务器应至少抽查两台作为测评对象。

3．第三级定级对象

第三级定级对象的等级测评，测评对象种类上基本覆盖、数量进行抽样，重点抽查主要的设备、设施、人员和文档等。抽查的测评对象种类主要考虑以下几个方面：

（1）主机房（包括其环境、设备和设施等）和部分辅机房，应将放置了服务于定级对象的局部（包括整体）或对定级对象的局部（包括整体）安全性起重要作用的设备、设施的辅机房选取作为测评对象。

（2）存储被测定级对象重要数据的介质的存放环境。

（3）办公场地。

（4）整个系统的网络拓扑结构。

（5）安全设备，包括防火墙、入侵检测设备和防病毒网关等。

（6）边界网络设备（可能会包含安全设备），包括路由器、防火墙、认证网关和边界接入设备（如楼层交换机）等。

（7）对整个定级对象或其局部的安全性起作用的网络互联设备，如核心交换机、汇聚层交换机、路由器等。

（8）承载被测定级对象主要业务或数据的服务器（包括其操作系统和数据库）。

（9）管理终端和主要业务应用系统终端。

（10）能够完成被测定级对象不同业务使命的业务应用系统。

（11）业务备份系统。

（12）信息安全主管人员、各方面的负责人员、具体负责安全管理的当事人、业务负责人。

（13）涉及定级对象安全的所有管理制度和记录。

在本级定级对象测评时，定级对象中配置相同的安全设备、边界网络设备、网络互联设备、服务器、终端以及备份设备，每类应至少抽查两台作为测评对象。

4．第四级定级对象

第四级定级对象的等级测评，测评对象种类上完全覆盖，数量进行抽样，重点抽查不同种类的设备、设施、人员和文档等。抽查的测评对象种类主要考虑以下几个方面：

（1）主机房和全部辅机房（包括其环境、设备和设施等）。

（2）介质的存放环境。

（3）办公场地。

（4）整个系统的网络拓扑结构。

（5）安全设备，包括防火墙、入侵检测设备和防病毒网关等。

（6）边界网络设备（可能会包含安全设备），包括路由器、防火墙、认证网关和边界接入设备（如楼层交换机）等。

（7）主要网络互联设备，包括核心和汇聚层交换机。

（8）主要服务器（包括其操作系统和数据库）。

（9）管理终端和主要业务应用系统终端。

（10）全部应用系统。

（11）业务备份系统。

（12）信息安全主管人员、各方面的负责人员、具体负责安全管理的当事人、业务负责人。

（13）涉及定级对象安全的所有管理制度和记录。

在本级定级对象测评时，定级对象中配置相同的安全设备、边界网络设备、网络互联设备、服务器、终端以及备份设备，每类应至少抽查三台作为测评对象。

二、测评指标选择

由于等级保护对象承载的业务不同，对其的安全关注点会有所不同，有的更关注信息的安全性，即更关注对搭线窃听、假冒用户等可能导致信息泄密、非法篡改等；有的更关注业务的连续性，即更关注保证系统连续正常地运行，免受对系统未授权的修改、破坏而导致系统不可用引起业务中断。

不同级别的等级保护对象，其对业务信息的安全性要求和系统服务的连续性要求是有差异的，即使相同级别的等级保护对象，其对业务信息的安全性要求和系统服务的连续性要求也有差异。

等级保护对象定级后，可能形成的定级结果组合见表6-15。其安全技术要求及属性标识见表6-16。

表 6-15　等级保护对象定级结果组合

安全保护等级	定级结果的组合
第一级	S1A1
第二级	S1A2,S2A2,S2A1
第三级	S1A3,S2A3,S3A3,S3A2,S3A1
第四级	S1A4,S2A4,S3A4,S4A4,S4A3,S4A2,S4A1
第五级	S1A5,S2A5,S3A5,S4A5,S5A4,S5A3,S5A2,S5A1

表 6-16　安全要求及属性标识

技术 / 管理	分　类	安全控制点	属 性 标 识
安全技术要求	安全物理环境	物理位置选择	G
		物理访问控制	G
		防盗防破坏	G
		防雷击	G
		防火	G
		防水和防潮	G
		防静电	G
		温湿度控制	G
		电力供应	A
		电磁防护	S
	安全通信网络	网络架构	G
		通信传输	G
		可信验证	S
	安全区域边界	边界防护	G
		访问控制	G
		入侵防范	G
		可信验证	S
		恶意代码防范	G
		安全审计	G
	安全计算环境	身份鉴别	S
		访问控制	S
		安全审计	G
		可信验证	S
		入侵防范	G
		恶意代码防范	G
		数据完整性	S
		数据保密性	S
		数据备份恢复	A
		剩余信息保护	S
		个人信息保护	S

续表

技术/管理	分　类	安全控制点	属性标识
安全技术要求	安全管理中心	系统管理	G
		审计管理	G
		安全管理	G
		集中管控	G
安全管理要求	安全管理制度	安全策略	G
		管理制度	G
		制定和发布	G
		评审和修订	G
	安全管理机构	岗位设置	G
		人员配备	G
		授权和审批	G
		沟通和合作	G
	安全管理人员	人员录用	G
		人员离岗	G
		安全意识教育和培训	G
		外部人员访问管理	G
	安全建设管理	定级和备案	G
		安全方案设计	G
		产品采购和使用	G
		自行软件开发	G
		外包软件开发	G
		工程实施	G
		测试验收	G
		系统交付	G
		等级测评	G
		服务供应商管理	G
	安全运维管理	环境管理	G
		资产管理	G
		介质管理	G
		设备维护管理	G
		漏洞和风险管理	G
		网络与系统安全管理	G
		恶意代码防范管理	G
		配置管理	G
		密码管理	G
		变更管理	G
		备份与恢复管理	G
		安全事件处置	G
		应急预案管理	G
		外包运维管理	G

对于确定了级别的等级保护对象，应依据表6-15的定级结果，结合表6-16使用安全要求，按照以下过程进行安全要求的选择：

（1）根据等级保护对象的级别选择安全要求。方法是根据本标准，第一级选择第一级安全要求，第二级选择第二级安全要求，第三级选择第三级安全要求，第四级选择第四级安全要求，以此作为出发点。

（2）根据定级结果，基于表6-15和表6-16对安全要求进行调整。根据系统服务保证性等级选择相应级别的系统服务保证类（A类）安全要求；根据业务信息安全性等级选择相应级别的业务信息安全类（S类）安全要求；根据系统安全等级选择相应级别的安全通用要求（G类）和安全扩展要求（G类）。

（3）根据等级保护对象采用新技术和新应用的情况，选用相应级别的安全扩展要求作为补充。采用云计算技术的选用云计算安全扩展要求，采用移动互联技术的选用移动互联安全扩展要求，物联网选用物联网安全扩展要求，工业控制系统选用工业控制系统安全扩展要求，大数据平台、应用、资源等选用大数据安全扩展要求。

（4）针对不同行业或不同对象的特点，分析可能在某些方面的特殊安全保护能力要求，选择较高级别的安全要求或其他标准的补充安全要求。对于本标准中提出的安全要求无法实现或有更加有效的安全措施可以替代的，可以对安全要求进行调整，调整的原则是保证不降低整体安全保护能力。

总之，保证不同安全保护等级的对象具有相应级别的安全保护能力，是安全等级保护的核心。选用本标准中提供的安全通用要求和安全扩展要求是保证等级保护对象具备一定安全保护能力的一种途径和出发点，在此出发点的基础上，可以参考等级保护的其他相关标准和安全方面的其他相关标准，调整和补充安全要求，从而实现在满足等级保护安全要求基础上，又具有自身特点的保护。

三、测评方法

安全测评的主要方式包括：访谈、检查和测试。

（1）访谈。访谈是指测评人员通过与信息系统有关人员（个人/群体）进行交流、讨论等活动，获取相关证据表明信息系统安全保护措施是否落实的一种方法。在访谈的范围上，应基本覆盖所有的安全相关人员类型，在数量上可以抽样。

（2）检查。检查是指测评人员通过对测评对象进行观察、查验、分析等活动，获取证据以证明信息系统安全等级保护措施是否得以有效实施的一种方法。在检查范围上，应基本覆盖所有的对象种类（设备、文档、机制等），数量上可以抽样。

检查又可以分为实地查看、配置核查和文档审查，实地察看是指根据被测系统的实际情况，测评人员到系统运行现场通过实地的观察人员行为、技术设施和物理环境状况判断人员的安全意识、业务操作、管理程序和系统物理环境等方面的安全情况，测评其是否达到了相应等级的安全要求；配置核查是根据测评结果记录表格内容，利用上机验证的方式核查应用系统、主机系统、数据库系统以及网络设备的配置是否正确，是否与文档、相关设备和部件保持一致，对文档审核的内容进行核实（包括日志审计等）；文档审查是指核查基本要求规定的必须具有的制度、策略、操作规程等文档是否齐备，是否有完整的制度执行情况记录以及文件的完整性和这些文件之间的内部一致性。

（3）测试。测试是指测评人员通过对测评对象按照预定的方法/工具使其产生特定的响应等活动，查看、分析响应输出结果，它是获取证据以证明信息系统安全等级保护措施是否得以有效实施的一种方法。在测试范围上，应基本覆盖不同类型的机制，保证在数量上可以抽样。

四、工具测评

（一）系统备份和恢复措施

为防止在漏洞扫描和渗透测试过程中出现的异常情况，所有被评估系统均应在被评估之前作一次完整的系统备份或者关闭正在进行的操作，以便在系统发生灾难后及时恢复。

（1）操作系统类：制作系统应急盘，对系统信息、注册表、sam文件以及/etc中的配置文件以及其他含有重要系统配置信息和用户信息的目录和文件进行备份，并应该确保备份的自身安全。

（2）数据库系统类：对数据库系统进行数据转储，并妥善保护好备份数据。同时对数据库系统的配置信息和用户信息进行备份。

（3）网络应用系统类：对网络应用服务系统及其配置、用户信息、数据库等进行备份。

（4）网络设备类：对网络设备的配置文件进行备份。

（5）桌面系统类：备份用户信息、用户文档、电子邮件等信息资料。

（二）设备漏洞扫描

设备包括网络设备、安全设备、主机设备（操作系统），在使用扫描器对目标系统扫描的过程中，可能会出现以下风险：

（1）占用带宽（风险不高）。

（2）进程、系统崩溃。由于目标系统的多样性及脆弱性，或是目标系统上某些特殊服务本身存在的缺陷，对扫描器发送的探测包或者渗透测试工具发出的测试数据不能正常响应，可能会出现系统崩溃或程序进程的崩溃。

（3）登录界面锁死。扫描器可以对某些常用管理程序（Web、FTP、Telnet、SNMP、SSH、WebLogic）的登录口令进行弱口令猜测验证，如果目标系统对登录失败次数进行了限制，尝试登录次数超过限定次数，系统可能会锁死登录界面。

风险规避方法：

（1）根据目标系统的网络、应用状况，调整扫描测试时间段，采取避峰扫描。

（2）对扫描器扫描策略进行配置，适当调整扫描器的并发任务数和扫描的强度，可减少扫描器工作时占用的带宽，降低对目标系统影响。

（3）根据目标系统及目标系统上运行的管理程序，通过与测评委托方相关人员协商，定制针对本系统测试的扫描插件、端口等配置，尽量合理设置扫描强度，降低目标系统或进程崩溃的风险。

（4）如目标系统对登录某些相关程序的尝试次数进行了限制，在进行扫描时，可屏蔽暴力猜解功能，以避免登录界面锁死的情况发生。

（三）Web应用漏洞扫描

在使用Web应用漏洞扫描器对目标系统扫描的过程中，可能存在以下风险：

（1）占用带宽（风险不高）。

（2）登录界面锁死。Web应用漏洞扫描会对登录页面进行弱口令猜测，猜测过程可能会造成应用系统某些账号锁死。

风险规避方法：

（1）根据目标系统的网络、应用状况，调整扫描测试时间段，采取避峰扫描。

（2）如目标系统对登录某些相关程序的尝试次数进行了限制，在进行扫描时，可屏蔽暴力猜解功能，以避免登录界面锁死的情况发生。

（四）渗透测试说明

1. 渗透测试流程

渗透测试流程如图6-1所示。

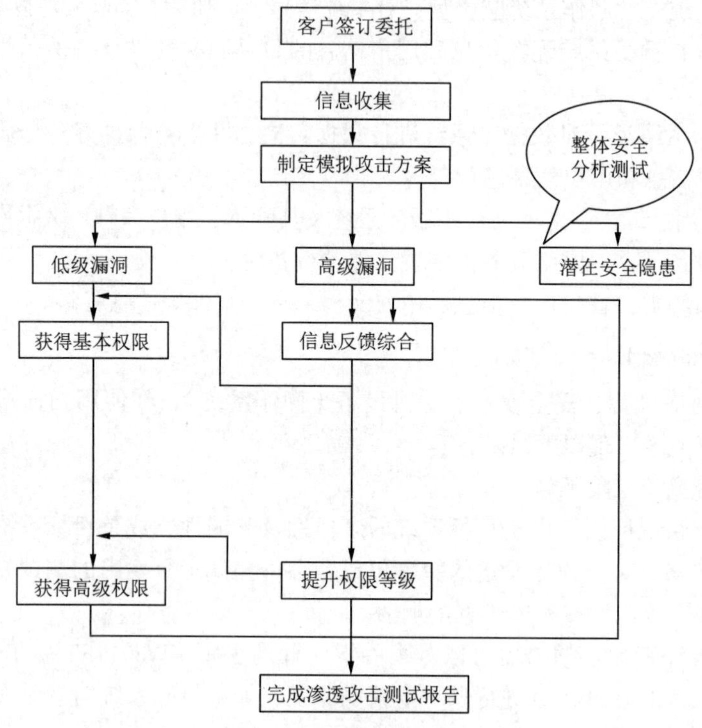

图6-1　渗透测试流程

信息收集分析几乎是所有入侵攻击的前提/前奏/基础。“知己知彼，百战不殆”，信息收集分析就是完成的这个任务。通过信息收集分析，攻击者（测试者）可以相应地、有针对性地制定入侵攻击的计划，提高入侵的成功率、减小暴露或被发现的概率。

信息收集的方法包括主机网络扫描、端口扫描、操作类型判别、应用判别、账号扫描、配置判别等。入侵攻击常用的工具包括Nmap、Nessus、Internet Scanner等。有时，操作系统中内置的许多工具（如Telnet）也可以成为非常有效的攻击入侵武器。

通过收集信息和分析，存在两种可能性，其一是目标系统存在重大弱点：测试者可以直接控制目标系统，这时测试者可以直接调查目标系统中的弱点分布、原因，形成最终的测试报告；其二是目标系统没有远程重大弱点，但是可以获得远程普通权限，这时测试者可以通过该普通权限进一步收集目标系统信息。接下来，尽最大努力获取本地权限，收集本地资料信息，寻求本地权限升级的机会。这些不停的信息收集分析、权限升级的结果构成了整个渗透测试过程的输出。

渗透测试结果输出将以报告（《渗透测试报告》）的形式提交，渗透测试也将作为综合安全评估的一个重要数据来源。

2．风险和规避措施

渗透测试过程的最大风险在于测试过程中对业务产生影响，为此采取以下措施来减小风险：

（1）在渗透测试中不使用含有拒绝服务的测试策略。

（2）渗透测试时间尽量安排在业务量不大的时段或者晚上。

（3）在渗透测试过程中如果出现被评估系统没有响应的情况，应当立即停止测试工作，与客户工作人员一起分析情况，在确定原因后，并待正确恢复系统，采取必要的预防措施（比如调整测试策略等）之后，才可以继续进行。

（4）渗透测试工程师与客户管理员保持良好沟通。随时协商解决出现的各种难题。

（五）工具接入点

对系统进行测评，涉及漏洞扫描工具、渗透性测试工具集等多种测试工具。为了发挥测评工具的作用，达到测评的目的，各种测评工具需要接入被测系统网络中，并配置合法的网络IP地址。

针对被测系统的网络边界和抽查设备、主机和业务应用系统的情况，需要在被测系统及其互联网络中设置各测试工具接入点。

五、测评内容与实施

等级测评的现场实施过程由单项测评和整体测评两部分构成。

对应《基本要求》各安全要求项的测评称为单项测评。整体测评是在单项测评的基础上，通过进一步分析定级对象安全保护功能的整体相关性，对定级对象实施的综合安全测评。

把测评指标和测评方式结合到信息系统的具体测评对象上，就构成了可以具体测评的工作单元。具体分为安全物理环境、安全通信网络、安全区域边界、安全计算环境、安全管理中心、安全管理制度、安全管理机构、安全管理人员、安全建设管理、安全运维管理等方面。

（一）安全物理环境测评

安全物理环境测评中，测评人员将以文档查阅与分析和现场观测等检查方法为主，访谈为辅来获取测评证据（如机房的温湿度情况），用于评测机房的安全保护能力。

安全物理环境测评涉及的测评对象主要为机房和相关的安全文档。其测评指标见表6-17。

（二）安全通信网络测评

安全通信网络测评中，技术检测人员将以安全配置核查、人工验证和网络监听与分析等方法为主，文档查阅与分析等方法为辅来获取必要证据，用于测评系统的安全保护能力。其测评指标见表6-18。

（三）安全区域边界测评

安全区域边界测评中，技术检测人员将以安全配置核查、人工验证和网络监听与分析等方法为主，文档查阅与分析等方法为辅来获取必要证据，用于测评系统的网络安全保护能力。其测评指标见表6-19。

（四）安全计算环境测评

安全计算环境测评中，技术检测人员主要关注服务器操作系统、数据库管理系统、网络设备、安全设备以及应用系统在身份鉴别、访问控制、安全审计等方面的安全保护能力，将以安全配置核查和人工验证为主，文档查阅和分析为辅来获取证据（如相关措施的部署和配置情况）。

安全计算环境测评包括：身份鉴别、访问控制、安全审计、入侵防范、恶意代码防范、数据完整性、数据保密性、数据备份恢复、剩余信息保护。具体涵盖服务器操作系统、数据库、中间件、应用系统、终端、网络安全设备等的测评，如图6-2所示。

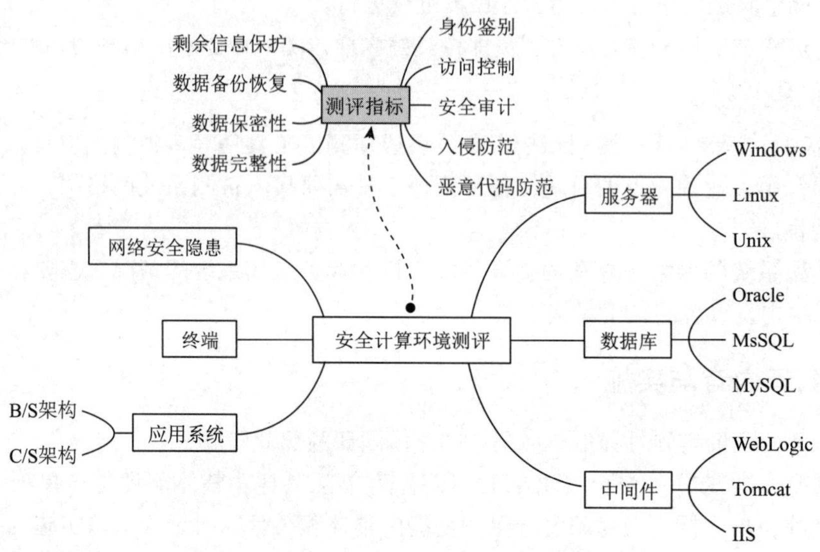

图6-2　安全计算环境测评对象及其测评指标

其中，服务器包括Windows测评指标（见表6-20）、Linux测评指标（见表6-21）、Unix测评指标（见表6-22）；数据库包括Oracle测评指标（见表6-23）、MsSQL测评指标（见表6-24）、MySQL测评指标（见表6-25）；中间件包括WebLogic测评指标（见表6-26）、Tomc测评指标（见表6-27）、IIS测评指标（见表6-28）；应用系统包括B/S架构测评指标（见表6-29）、C/S架构测评指标（见表6-30）；终端测评指标（见表6-31）；网络安全设备测评指标（见表6-32）。各表格也可参考附录C中的索引。

（五）安全管理中心测评

安全管理中心测评中，技术检测人员将以安全配置核查和人工验证为主，文档查阅和分析为辅来获取证据（如相关措施的部署和配置情况），用于评测系统的安全保护能力。安全管理中心测评指标见表6-33。

（六）安全管理制度测评

安全管理类测评中，技术检测人员将以文档查看和分析为主，访谈为辅获取证据，来评测项目委托单位安全管理类措施的落实情况。安全管理类测评主要涉及安全主管、安全管理人员、管理制度文档、各类操作规程文件和操作记录等。安全管理制度测评指标见表6-34。

（七）安全管理机构测评

安全管理机构测评主要涉及安全主管、相关管理制度以及相关工作/会议记录等技术检测对象。

（八）安全人员管理测评

安全管理人员测评主要涉及安全主管、相关管理制度以及相关工作/会议记录等检测对象。安全人员管理测评指标见表6-36。

（九）安全建设管理测评

安全建设管理测评主要涉及系统建设负责人、各类管理制度、操作规程文件和执行过程记录等技术检测对象。安全建设管理测评指标见表6-37。

（十）安全运维管理测评

安全运维管理测评主要涉及安全主管、各类运维人员、各类管理制度、操作规程文件和执行过程记录等技术检测对象。安全运维管理测评指标见表6-38。

（十一）云计算安全扩展要求测评

云计算安全扩展要求测评主要用于测评系统针对云计算安全扩展要求方面的安全保护能力。云计算安全扩展要求测评指标见表6-39。

（十二）移动互联安全扩展要求测评

移动互联安全扩展要求测评主要用于测评系统针对移动互联安全扩展要求方面的安全保护能力。移动互联安全扩展要求测评指标见表6-40。

（十三）物联网安全扩展要求测评

物联网安全扩展要求测评主要用于测评系统针对物联网安全扩展要求方面的安全保护能力。物联网安全扩展要求测评指标见表6-41。

（十四）工业控制安全扩展要求测评

工业控制安全扩展要求测评主要用于测评系统针对工业控制安全扩展要求方面的安全保护能力。工业控制安全扩展要求测评指标见表6-42。

六、风险分析方法

等级测评采用的风险分析过程包括：

（1）判断信息系统安全保护能力缺失（测评结果中的部分符合项和不符合项）被威胁利用导致安全事件发生的可能性，可能性的取值范围为高、中和低。

（2）判断安全事件对信息系统业务信息安全和系统服务安全造成的影响程度，影响程度取值范围为高、中和低。

（3）综合（1）和（2）的结果对信息系统面临的风险进行汇总和分等级，风险等级的取值范围为高、中和低。

（4）结合信息系统的安全保护等级对风险分析结果进行评价，即对国家安全、社会秩序、公共利益以及公民、法人和其他组织的合法权益造成的风险进行评价。

高风险判定指引见表6-43。

表 6-17　安全物理环境（通用要求）测评指标

序号	控制点	测评实施	符合判定	整改建议
1	物理位置的选择(1)	1. 应核查所在建筑物是否具有建筑物抗震设防审批文档；(是为符合) 2. 应核查机房是否不存在雨水渗漏；(是为符合) 3. 应核查门窗是否不存在因风导致的尘土严重；(是为符合) 4. 应核查屋顶、墙体、门窗和地面等是否不存在破损开裂。(是为符合)	符合：1、2、3、4 都符合 部分符合：1 不符合，2、3、4 都符合 不符合：2、3、4 任意一个不符合	—
2	物理位置的选择(2)	1. 查看机房位于大楼几层。 2. 如果机房位于建筑物顶层或地下室，应确定有无防水和防潮措施。(是为符合)	符合：1、2 都符合 不符合：1 或 2 不符合	—
3	物理访问控制	1. 机房出入口是否采用了电子门禁系统。(是为符合) 2. 应核查电子门禁系统是否可以鉴别、记录进入的人员信息。(是为符合)	符合：1、2 都符合 部分符合：1 符合，2 不符合 不符合：1 不符合	机房出入口配备电子门禁系统，通过电子门禁系统控制、鉴别、和记录进入
4	防盗窃和防破坏(1)	1. 查看设备是否放置在机柜内，是否进行了固定。(是为符合) 2. 查看设备上和设备的通信线上是否有标签，且标签清晰、明确、不易去除。(是为符合)	符合：1、2 都符合 部分符合：1 或 2 不符合 不符合：1、2 都不符合	—
5	防盗窃和防破坏(2)	应核查机房内通信线缆是否铺设在隐蔽安全处，如桥架、线槽中等。(是为符合)	符合：前述符合 不符合：前述不符合	—
6	防盗窃和防破坏(3)	1. 应核查机房内是否配置防盗报警系统或专人值守的视频监控系统。(是为符合) 2. 应核查防盗报警系统或视频监控系统是否启用。(是为符合)	符合：1 或 2 符合 不符合：1、2 都不符合	建议机房部署防盗报警系统或设置有专人值守的视频监控系统，如发生盗窃事件可及时告警或进行追溯，确保机房环境的安全可控
7	防雷击(1)	查看机房机柜、设施和设备内是否进行接地处理。(是为符合)	符合：前述符合 不符合：前述不符合	—
8	防雷击(2)	查看机房电力接入开关处是否安装有避雷保安器 / 防雷保安器，为几级防雷。(是为符合)	符合：前述符合 不符合：前述不符合	—
9	防火(1)	1. 查看机房内是否部署了自动消防系统。(是为符合) 2. 是否有定期巡检记录。(是为符合) 3. 能否自动检测火情、自动灭火、自动报警。(是为符合) 自动消防系统若设置为手动模式，但有专人值守，可判定等同于可自动灭火	符合：1、2、3 都符合 部分符合：1 符合，2 不符合或 3 不完全符合 不符合：1 不符合，或 3 完全不符合	建议机房设置火灾自动消防系统，能够自动检测火情、报警及灭火，相关消防设备如灭火器等应定期检查，确保防火措施持续有效
10	防火(2)	应核查机房验收文档是否明确相关建筑材料的耐火等级。(是为符合)	符合：前述符合 不符合：前述不符合	—

续表

序号	控制点	测评实施	符合判定	整改建议
11	防火（3）	1. 应访谈机房管理员是否进行了区域划分。（是为符合） 2. 应核查各区域间是否采取了防火措施进行隔离。（是为符合）	符合：1、2 都符合 部分符合：1 符合，2 不符合 不符合：1 不符合	—
12	防水和防潮（1）	查看机房内是否有窗户、换风口。是否有防水措施，能否防止雨水渗透进来。墙体是否没有开裂、渗水痕迹。（是为符合）	符合：前述符合 不符合：前述不符合	—
13	防水和防潮（2）	1. 应核查机房内是否采取了防止水蒸气结露的措施。（是为符合） 2. 应核查机房内是否采取了排泄地下积水，防止地下积水渗透的措施。地下积水防护可参考验收报告。（是为符合）	符合：是，无渗水 不符合：否，有渗水	—
14	防水和防潮（3）	1. 应核查机房内是否安装了对水敏感的检测装置。（是为符合） 2. 应核查防水检测和报警装置是否启用。（是为符合）	符合：1、2 都符合 不符合：1 或 2 不符合	—
15	防静电（1）	1. 应核查机房内是否安装了防静电地板或地面。（是为符合） 2. 应核查机房内是否采用了接地防静电措施。（是为符合）	符合：1、2 都符合 不符合：1、2 都不符合	—
16	防静电（2）	查看机房是否使用防静电产品。如静电消除器、佩戴防静电手环等。（是为符合）	符合：前述符合 不符合：前述不符合	—
17	温湿度控制	1. 应核查机房内是否配备了专用空调。（是为符合） 2. 应核查机房内温湿度是否在设备运行所允许的范围之内。（是为符合） A 级：温度夏季 23±2 ℃，冬季 20±2 ℃，湿度 45～65%； B 级：温度 15～30 ℃，湿度 40～70%； C 级：温度 15～28 ℃，湿度 30～80%	符合：1、2 都符合 部分符合：1 符合，2 不符合 不符合：1、2 都不符合	建议机房设置温湿度自动调节设备，确保机房温湿度的变化在设备运行所允许的范围之内
18	电力供应（1）	查看机房供电开关处是否安装了稳压设备和过电防护设备。（是为符合） 市电接入 UPS 前进行了配备，或机柜列头柜具有相关功能	符合：前述符合 不符合：前述不符合	—
19	电力供应（2）	1. 应核查是否配备 UPS 等后备电源系统。（是为符合） 2. 应核查 UPS 等后备电源系统是否满足设备在断电情况下的正常运行要求（不低于 2 h）。（是为符合）	符合：1、2 都符合 不符合：1、2 都不符合	建议配备容量合理的后备电源，并定期对相关设施进行定期巡检，确保在外部电力供应中断的情况下，备用供电设备能满足系统短期正常运行
20	电力供应（3）	1. 查看是否使用多路（至少双路）市电接入。（是为符合） 2. 应核查机房内是否设置了冗余或并行的电力电缆线路为计算机系统供电。（是为符合）	符合：1、2 都符合 不符合：1 或 2 不符合	—
21	电磁防护（1）	查看电源线和通信线路的走线情况，是否进行隔离铺设，如通信线缆上架，电源线在活动地板下方。（是为符合）	符合：前述符合 不符合：前述不符合	—
22	电磁防护（2）	应核查机房内是否为关键设备配备了电磁屏蔽装置。屏蔽机房、屏蔽机柜都可满足要求。（是为符合）	符合：前述符合 不符合：前述不符合	—

表 6-18　安全通信网络（通用要求）测评指标

序号	控制点	测 评 实 施	符 合 判 定	整 改 建 议
1	网络架构（1）	1. 应访谈核查业务高峰时期一段时间内主要网络设备的 CPU 使用率和内存使用率是否满足需要。（是为符合） 华为：display cpu-usage，display memory-usage 思科：show processes cpu，show processes memory 2. 应访谈核查网络设备是否从未出现过因设备性能问题导致的宕机情况。查看在线时长。（是为符合） 华为：display version 思科：show version 3. 应测试验证设备自身承载性能是否满足业务高峰期需求。（是为符合）	符合：1、2、3 都符合 部分符合：1 符合 不符合：1 不符合	建议更换性能满足业务高峰期需要的网络设备，并合理预计业务增长，制定合适的扩容计划
2	网络架构（2）	1. 应访谈管理员高峰时段流量使用情况，是否部署流量控制设备对关键业务系统流量进行控制或相关设备启用 QOS 配置。（是为符合） 2. 应检查综合网管系统业务高峰时段的带宽占用情况，是否满足业务高峰期需要，如无法满足则需要在主要网络设备上进行带宽配置。（是为符合） 3. 应测试验证网络各个部分的带宽是否满足业务高峰期需求。（是为符合）	符合：1、2、3 部分符合：部分区域符合 不符合：3 不符合	—
3	网络架构（3）	1. 应访谈核查是否依据部门工作职能、重要性和应用系统级别等划分不同的 VLAN。（是为符合） 华为：dis vlan all 思科：show vlan brief 等 2. 应核查相关网络设备配置信息，验证划分的网络区域是否与划分原则一致。（是为符合）	符合：1、2 部分符合：部分网段划分不合理 不符合：1 不符合或网段存在混用	建议对网络环境进行合理规划，根据各工作职能、重要性和所涉及信息的重要程度等因素，划分不同网络区域，便于各网络区域之间落实访问控制策略

续表

序号	控制点	测评实施	符合判定	整改建议
4	网络架构（4）	1. 应核查网络拓扑图是否与实际网络运行环境一致。（是为符合） 2. 应核查重要网络区域是否未部署在网络边界处。（是为符合） 3. 应核查重要网络区域与其他网络区域之间是否采取可靠的技术隔离手段，如网闸、防火墙和设备访问控制列表（ACL）等。（是为符合）	符合：1、2、3 部分符合：2、3 符合 不符合：2 或 3 不符合	（1）网络边界访问控制设备不可控。建议部署或租用自主控制的边界访问控制设备，且对相关设备进行合理配置，确保网络边界访问控制措施有效、可控。 （2）重要网络区域无边界访问控制措施。 边界访问控制设备包括但不限于防火墙、UTM，能实现相关访问控制功能的专用设备，且相关功能通过具备资格的检测机构检测，并出具检测报告，可视为等效措施。如通过路由器、交换机或者带 ACL 功能的负载均衡器等设备实现，应根据系统重要程度，设备性能压力等因素综合分析，酌情判断风险等级
5	网络架构（5）	访谈网络管理员和检查网络拓扑是否有关键网络设备、安全设备和关键计算设备的硬件冗余（主备或双活等）和通信线路冗余。（是为符合）	符合：前述符合 部分符合：部分线路或设备冗余 不符合：前述不符合	建议核心网络链路、关键网络设备、关键计算设备采用冗余设计和部署（如采用热备、负载均衡等部署方式），保证系统的高可用性
6	通信传输（1）	1. 应检查是否在数据传输过程中使用校验技术或密码技术来保证其完整性。（是为符合） 2. 应测试验证密码技术设备或组件能否保证通信过程中数据的完整性。（是为符合）	符合：1、2 部分符合：其他情况 不符合：1 或 2 不符合	建议采用校验技术或密码技术保证通信过程中数据的完整性，相关密码技术符合国家密码管理部门的规定
7	通信传输（2）	1. 应核查是否在通信过程中采取保密措施，具体采用哪些技术措施。（是为符合） 2. 应测试验证在通信过程中是否对数据进行加密（是为符合）。可使用 Sniffer、Wireshark 等工具进行抓包验证。	符合：1、2 部分符合：其他情况 不符合：1 或 2 不符合	建议采用密码技术确保重要敏感数据在传输过程中的保密性，相关密码技术符合国家密码管理部门的规定
8	可信验证	1. 应核查是否基于可信根对通信设备的系统引导程序、系统程序、重要配置参数和通信应用程序等进行可信验证。（是为符合） 2. 应核查是否在应用程序的关键执行环节进行动态可信验证。（是为符合） 3. 应测试验证当检测到通信设备的可信性受到破坏后是否进行报警。（是为符合） 4. 应测试验证结果是否以审计记录的形式送至安全管理中心。（是为符合）	一般情况默认不符合	—

表 6-19　安全区域边界（通用要求）测评指标

序号	控制点	测评实施	符合判定	整改建议
1	边界防护(1)	1. 应核查在网络边界处是否部署访问控制设备。(是为符合) 2. 应核查路由配置信息及边界设备配置信息，确认是否指定物理端口进行跨越边界的网络通信，指定端口是否配置并启用了安全策略。(是为符合) 3. 应采用其他技术手段核查或测试验证是否不存在其他未受控端口进行跨越边界的网络通信(是为符合)。如无线访问情况，可使用无线嗅探器、无线入侵检测/防御系统、手持式无线信号检测系统等工具进行检测	符合：1、2、3 部分符合：2、3 部分符合 不符合：2 或 3 不符合	建议合理规划网络架构，避免重要网络区域部署在边界处；重要网络区域与其他网络边界处，尤其是外部非安全可控网络、内部非重要网络区域之间边界处应部署访问控制设备，并合理配置相关控制策略，确保控制措施有效
2	边界防护(2)	1. 应访谈、核查是否采用技术措施或管理措施对非授权设备私自连到内部网络的行为进行管控，并验证其有效性(技术手段:内网安全管理系统、关闭未使用端口、IP/MAC 绑定)。(是为符合) 2. 应核查所有路由器和交换机等相关设备闲置登录端口是否均已关闭。(是为符合) 思科：show interfaces brief 华为：dis int bri 3. 如部署内网安全管理系统实现系统准入，应检查各终端设备是否统一进行了部署，是否存在不可控特殊权限接入设备。(是为符合) 4. 如采用 IP-MAC 绑定进行准入控制，应核查三层网络设备是否配置了 IP/MAC 绑定措施或接入层查看 MAC 绑定。(是为符合) 思科：show ip arp 华为：dis arp	符合：1 部分符合：3 部分符合 不符合：1 不符合	建议部署能够对违规内联行为进行检查、定位和阻断的安全准入产品
3	边界防护(3)	1. 应核查是否采用内网安全管理系统或技术措施防止内部用户存在非法外联行为。(是为符合) 2. 应核查是否限制终端设备相关端口的使用，如禁用双网卡、USB 接口、Modem、无线网络等，防止内部用户非授权外连行为。(是为符合) 补偿措施：如机房、网络等环境可控，非授权外联可能较小，相关设备上的 USB 接口、无线网卡等有管控措施，对网络异常进行监控及日志审查，可酌情降低风险等级	符合：1、2 部分符合：1 或 2 符合 不符合：1 和 2 不符合	建议部署能够对违规外联行为进行检查、定位和阻断的安全管理产品
4	边界防护(4)	1. 应访谈网络管理员是否有授权的无线网络，是否单独组网后接入到有线网络。(是为符合) 2. 应检查无线网络的部署方式，是否部署无线接入网关、无线网络控制器等。应检查该类型设备配置是否合理，如无线网络设备信道是否合理，用户口令是否具备足够强度、是否使用 WPA2 加密方式等。(是为符合) 3. 应核查网络中是否部署了对非授权无线设备管控措施，能够对非授权无线设备进行检查、屏蔽。如使用无线嗅探器、无线入侵检测/防御系统、手持式无线信号检测系统等工具进行检测、限制。(是为符合)	符合：单独组网未接入有线网络或 2、3 部分符合：2 或 3 符合 不符合：2 和 3 不符合	无特殊需要，内部核心网络不应与无线网络互联；若因业务需要，则建议加强对无线网络设备接入的管控，并通过边界设备对无线网络的接入设备对内部核心网络的访问进行限制，降低攻击者利用无线网络入侵内部核心网络

续表

序号	控制点	测评实施	符合判定	整改建议
5	访问控制（1）	1. 应核查在网络边界或区域之间是否部署访问控制设备并启用访问控制策略。（是为符合） 2. 应检查设备的访问控制策略是否为白名单机制，仅允许授权的用户访问网络资源，禁止其他所有的网络访问行为。（是为符合） 3. 应检查配置的访问控制策略是否实际应用到相应的接口的进或出方向。（是为符合） 思科：show run 华为：dis cu	符合：1、2、3 部分符合：1或2符合或1或3符合 不符合：1不符合	建议对重要网络区域与其他网络区域之间的边界进行梳理，明确访问地址、端口、协议等信息，并通过访问控制设备，合理配置相关控制策略，确保控制措施有效
6	访问控制（2）	1. 应访谈安全管理员访问控制策略配置情况，核查相关安全设备的访问控制策略与业务及管理需求的一致性，结合策略命中数分析策略是否有效。（是为符合） 2. 应检查访问控制策略中是否已禁止了全通策略或端口、地址限制范围过大的策略。（是为符合） 3. 应核查设备不同的访问控制策略之间的逻辑关系是否合理。（是为符合）	符合：1、2、3 部分符合：1或3 不符合：1、2、3不符合或全通	—
7	访问控制（3）	应核查设备的访问控制策略中是否设定了源地址、目的地址、源端口、目的端口和协议等相关配置参数。（是为符合）	符合：前述符合 部分符合：前述部分符合 不符合：前述不符合	—
8	访问控制（4）	应核查状态检测防火墙访问控制策略中是否明确设定源地址、目的地址、源端口、目的端口和协议。（是为符合）	符合：前述符合 不符合：前述不符合	—
9	访问控制（5）	1. 应核查在关键网络节点处是否部署访问控制设备。（是为符合） 2. 应检查访问控制设备是否配置了相关策略对应用协议和应用内容的访问控制，并对策略有效性进行测试。（是为符合）	符合：1、2 不符合：1不符合	—
10	入侵防范（1）	1. 应核查相关系统或组件是否能够检测从外部发起的网络攻击行为。（是为符合） 2. 应核查相关系统或组件的规则库版本或威胁情报库是否已经更新到最新版本。（是为符合） 3. 应核查相关系统或组件的配置信息或安全策略是否能够覆盖网络所有关键节点。（是为符合） 4. 应测试验证相关系统或组件的配置信息或安全策略是否有效。（是为符合） 补偿措施：如具备入侵检测能力（IDS），且监控措施较为完善，能够及时对入侵行为进行干预的，可酌情降低风险等级	符合：1、2、3、4 部分符合：1、3、4符合或3部分符合 不符合：1不符合	建议在关键网络节点（如互联网边界处）合理部署可对攻击行为进行检测、防止或限制的防护设备（如入侵防御设备、应用防火墙、抗DDoS攻击等设备），或购买云防、流量清洗等外部抗攻击服务

续表

序号	控制点	测评实施	符合判定	整改建议
11	入侵防范（2）	1. 应核查相关系统或组件是否能够检测从内部发起的网络攻击行为。（是为符合） 2. 应核查相关系统或组件的规则库版本或威胁情报库是否已经更新到最新版本。（是为符合） 3. 应核查相关系统或组件的配置信息或安全策略是否能够覆盖网络所有关键节点。（是为符合） 4. 应测试验证相关系统或组件的配置信息或安全策略是否有效。（是为符合）	符合：1、2、3、4 部分符合：1、3、4 符合或 3 部分符合 不符合：1 不符合	建议在关键网络节点处进行严格的访问控制措施，并部署相关的防护设备，检测、防止或限制从内部发起的网络攻击行为（包括其他内部网络区域对核心服务器区的攻击行为、服务器之间的攻击行为、内部网络向互联网目标发起攻击等）。对于服务器之间的内部攻击行为，建议合理划分网络区域，加强不同服务器之间的访问控制，部署主机入侵防范产品，或通过部署流量探针的方式，检测异常攻击流量
12	入侵防范（3）	1. 应核查是否部署网络回溯系统或抗 APT 攻击系统等，实现对新型网络攻击进行检测和分析。（是为符合） 2. 应检查相关系统或设备的规则库版本是否已经更新到最新版本。（是为符合） 3. 应测试验证是否对网络行为进行分析，实现对网络攻击特别是未知的新型网络攻击的检测和分析。（是为符合）	符合：1、2、3 部分符合：2 部分符合 不符合：其他	—
13	入侵防范（4）	1. 访谈网络管理员和查看网络拓扑图，查看在网络边界处是否部署了包含入侵防范功能的设备。若有查看其日志记录是否包括攻击源 IP、攻击类型、攻击目标、攻击时间等相关内容，查看设备采用何种方式进行报警。（是为符合） 2. 应测试验证相关系统或设备的报警策略是否有效。（是为符合）	符合：1、2 部分符合：1 或 2 不符合：其他	—
14	恶意代码和垃圾邮件防范（1）	1. 应核查在关键网络节点处是否部署防恶意代码产品，查看是否启用了恶意代码检测及阻断功能，并查看日志记录中是否有相关阻断信息。（是为符合） 2. 应核查防恶意代码产品运行是否正常，恶意代码库是否已经更新到最新及具体升级方式。（是为符合） 3. 应测试验证相关系统或设备的安全策略是否有效。（是为符合）	符合：1、2、3 部分符合：其他 不符合：1 不符合	建议在关键网络节点及主机操作系统上均部署恶意代码检测和清除产品，并及时更新恶意代码库，网络层与主机层恶意代码防范产品宜形成异构模式，有效检测及清除可能出现的恶意代码攻击

续表

序号	控制点	测评实施	符合判定	整改建议
15	恶意代码和垃圾邮件防范（2）	1. 应核查在关键网络节点处是否部署了防垃圾邮件产品等技术措施。（是为符合） 2. 应核查防垃圾邮件产品运行是否正常，防垃圾邮件规则库是否已经更新到最新。（是为符合） 3. 应测试验证相关系统或组件的安全策略是否有效。（是为符合）	符合：1、2、3 部分符合：其他 不符合：1 不符合	—
16	安全审计（1）	1. 应核查是否部署了综合安全审计系统或类似功能的系统平台。（是为符合） 2. 应核查安全审计范围是否覆盖到每个用户，并对重要的用户行为和重要安全事件进行了审计。（是为符合）	符合：1、2 部分符合：1 或 2 不符合：1、2 均不符合	建议在网络边界、关键网络节点，对重要的用户行为和重要安全事件进行日志审计，便于对相关事件或行为进行追溯
17	安全审计（2）	应核查审计记录信息是否包括事件的日期和时间、用户、事件类型、事件是否成功及其他与审计相关的信息。（是为符合）	符合：前述符合 不符合：前述不符合	—
18	安全审计（3）	1. 应检查是否采取了技术措施对审计记录进行保护。（是为符合） 2. 应检查审计记录的备份机制和备份策略是否合理。（是为符合）	符合：1、2 部分符合：1 不符合：1	—
19	安全审计（4）	应检查是否对远程访问用户及互联网访问用户行为单独进行审计分析，并核查审计分析的记录是否包含了用于管理远程访问行为、访问互联网用户行为必要的信息。（是为符合）	符合：前述符合 不符合：前述不符合	—
20	可信验证	1. 应核查是否基于可信根对边界设备的系统引导程序、系统程序、重要配置参数和边界防护应用程序等进行可信验证。（是为符合） 2. 应核查是否在应用程序的关键执行环节进行动态可信验证。（是为符合） 3. 应测试验证当检测到边界设备的可信性受到破坏后是否进行报警。（是为符合） 4. 应测试验证结果是否以审计记录的形式送至安全管理中心。（是为符合）	符合：1、2、3、4 一般情况默认不符合	—

表 6-20　安全计算环境（通用要求）：服务器 -Windows 测评指标

序号	控制点	测评实施	符合判定	整改建议
1	身份鉴别（1）	1. 用户需要输入用户名和密码才能登录。 2. Windows 默认用户名具有唯一性。 3. 选择“控制面板”→“用户账户”→“管理账户”可查看账户是否设置口令“密码保护”。（是为符合） 4. 选择“控制面板”→“管理工具”→“本地安全策略”→“账户策略”→“密码策略”。 （1）复杂度要求：已启用。 （2）密码长度最小值：长度最小值至少为 8 位。 （3）密码最短使用期限：不为 0，推荐 5。 （4）密码最长使用期限：不为 0，不超过 90。 （5）强制密码历史：至少记住 5 个密码以上。 5. 选择“计算机管理”→“本地用户和组”→“用户”，查看“账户属性”→“常规”，禁止勾选“密码永不过期”	符合：1、2、3、4、5 符合 部分符合：1、2、3、4、5 中有一个不符合为部分符合 不符合：1、2、3、4、5 不符合	建议删除或修改账户口令重命名默认账户，制定相关管理制度，规范口令的最小长度、复杂度与生命周期，并根据管理制度要求，合理配置账户口令复杂度和定期更换策略；此外，建议为不同设备配备不同的口令，避免一台设备口令被破解影响所有设备安全
2	身份鉴别（2）	1. 选择“控制面板”→“管理工具”→“本地安全策略”→“账户策略”→“账户锁定策略”。推荐值：账户锁定时间“30 分钟”；账户锁定阈值“5 次无效登录”；重置账户锁定计数器“30 分钟之后”。本策略对 Administrator 账户无效。 2. 右击桌面空白处→“个性化”→“屏幕保护程序”→查看“等待时间”的长短以及“在恢复时显示登录屏幕”选项打钩。推荐值：等待时间“15 分钟”。 3. 对远程用户的超时设置可查看如下设置：右击“此电脑”→“管理”→“本地用户和组”→“用户”，选择要被限制的用户，右击，选择“属性”，选择“会话”标签，查看活动会话限制和空闲会话限制有无设置时间，无则不符合。 4. 选择“本地组策略编辑器”→“管理模板”→“Windows 组件”→“远程桌面服务”→“远程桌面会话主机”→“会话时间限制”，“设置活动但空闲的远程桌面服务会话的时间限制”设置为启用，推荐时间为不超过 30 分钟	符合：1 符合，2、3、4 任意一个符合 部分符合：1 符合，或 2、3、4 任意一个为符合 不符合：1 不符合，2、3、4 都不符合	—
3	身份鉴别（3）	1. 是否启用 Telnet 服务。 2. 如果采用远程管理，则需要采用带加密管理的远程管理方式。在命令行输入“gpedit.msc”，弹出“本地组策略编辑器”窗口，查看“本地计算机策略”→“计算机配置”→“管理模板”→“Windows 组件”→“远程桌面服务”→“远程桌面会话主机”→“安全”中的“远程 (rdp) 连接要求使用指定的安全层”是否启用，并设置为 rdp 或 ssl 或协商。 3. 仅使用本地管理或 KVM 等硬件管理方式，此要求默认不适用	符合：1 未启用，2 启用 不符合：1 启用 不适用：3	建议尽可能避免通过不可控网络环境对网络设备、安全设备、操作系统、数据库等进行远程管理。如确有需要，则建议采取措施或使用加密机制（如 VPN 加密通道、开启 SSH、HTTPS 协议等），防止鉴别信息在网络传输过程中被窃听

续表

序号	控制点	测评实施	符合判定	整改建议
4	身份鉴别（4）	查看和询问系统管理员在登录操作系统的过程中使用了哪些身份鉴别方式，是否采用了两种或两种以上组合的鉴别技术，如口令、数字证书 UKEY、令牌、指纹等，是否有一种鉴别方式使用密码技术。（是为符合）	符合：前述符合 部分符合：前述部分符合 不符合：前述不符合	建议核心设备、操作系统等增加除用户名 / 口令以外的身份鉴别技术，如密码 / 令牌、生物鉴别方式等，实现双因子身份鉴别，增强身份鉴别的安全力度；对于使用堡垒机或统一身份认证机制实现双因素认证的场景，建议通过绑定等技术措施，确保设备只能通过该机制进行身份认证，无旁路现象存在
5	访问控制（1）	1. 应检查是否为用户分配账户和权限。（是为符合） 2. 检查相关设置情况。（设置符合各账户要求为符合）	符合：1、2 都符合 部分符合：1 或 2 符合 不符合：1、2 都不符合	—
6	访问控制（2）	选择“控制面板”→“用户账户”→“管理账户”，查看： 1. Administrator、Guest 账户是否重命名。Guest 账户是否禁用。（是为符合） 2. Administrator、Guest 账户是否设置了口令，即是否显示“密码保护”。（是为符合）	符合：1、2 都符合 部分符合：1 或 2 符合 不符合：1、2 都不符合	建议网络设备、安全设备、操作系统、数据库等重命名或删除默认管理员账户，修改默认密码，使其具备一定的强度，增强账户安全性
7	访问控制（3）	选择“计算机管理”→“系统工具”→“本地用户和组”→“用户”，查看： 1. 是否不存在多余、过期账户。查看右侧用户列表中的用户，询问各账户的用途，确认账户是否属于多余的、过期的账户。（是为符合） 2. 是否不存在共享账户。（是为符合）	符合：1、2 都符合 部分符合：1 或 2 符合 不符合：1、2 都不符合	—
8	访问控制（4）	有多个账户分属于不同组，处理不同的管理工作。例如：系统管理员负责操作系统的管理配置、数据库管理员负责数据库的操作配置、应用系统管理员（建议隶属于 Users 组）对中间件和应用系统进行管理	符合：1 符合 不符合：1 不符合	—
9	访问控制（5）	1. 应核查系统管理员是否依据安全策略配置了主体（各账户）对客体（功能模块、命令等）的访问规则。即对账户设置组。（是为符合） 2. 查看重点目录的权限配置，是否依据安全策略配置访问规则。（是为符合） 例如：tomcat 管理员可以查看、修改安装目录权限，同时应用系统部署的目录权限，禁止访问数据库的安装目录和数据目录，禁止访问操作系统的配置、日志权限	符合：1、2 都符合 部分符合：1 符合 不符合：1、2 都不符合	—

续表

序号	控制点	测评实施	符合判定	整改建议
10	访问控制（6）	Windows 系统访问控制主体为用户和进程级，客体为目录和文件级。 Users 组权限未更改，或未授予策略配置权限。	符合：前述符合 不符合：前述不符合	—
11	访问控制（7）	默认不符合	默认不符合	—
12	安全审计（1）	1. 选择“本地安全策略”→“安全设置→本地策略→审计策略”中的相关项目，右侧的详细信息窗格即显示审计策略的设置情况。推荐值：所有策略全部设置为“成功，失败”。 2. 询问并查看是否有第三方审计工具或系统。询问第三方审计工具或系统审计功能是否完善并启用。（是为符合）	符合：1 或 2 符合 部分符合：1 部分符合，或 2 部分符合 不符合：1、2 不符合	建议在核心设备、安全设备、操作系统、数据库、运维终端性能允许的前提下，开启用户操作类和安全事件类审计策略或使用第三方日志审计工具，实现对相关设备操作与安全行为的全面审计记录，保证发生安全问题时能够及时溯源
13	安全审计（2）	1. 在命令行输入“eventvwr.msc”，弹出“事件查看器”窗口，“事件查看器（本地）”→“Windows 日志”下包括“应用程序”“安全”“设置”“系统”几类记录事件类型，单击任意类型事件，查看日志文件是否满足此项要求。（是为符合） 2. 如果安装了第三方审计工具，则：查看审计记录是否包括日期、时间、类型、主体标识、客体标识和结果。（是为符合）	符合：上一项不为不符合，1 或 2 符合 不符合：上一项不符合，或 2 不符合	—
14	安全审计（3）	1. 如果日志数据本地保存，则询问审计记录备份周期，有无异地备份，在命令行输入“eventvwr.msc”，弹出“事件查看器”窗口，“事件查看器（本地）”→“Windows 日志”下包括“应用程序”“安全”“设置”“系统”几类记录事件类型，右击类型事件，选择下拉菜单中的“属性”，查看日志存储策略。 2. 如果日志数据存放在日志服务器或日志审计设备上并且审计策略合理，则该要求为符合	符合：1 或 2 符合 部分符合：1 部分符合，或 2 审计策略不合理 不符合：1、2 都不符合，或审计策略未配置	—
15	安全审计（4）	Windows 系统具备了在审计进程自我保护方面的功能	默认符合	—
16	入侵防范（1）	1. 查看“控制面板”→“添加或删除组件”或“卸载或更改程序”。 2. 选择“管理工具”→“服务器管理器”→“功能与角色”。（适用于 2008 及以后版本）	符合：1、2 都符合 不符合：1、2 都不符合	—

续表

序号	控制点	测 评 实 施	符 合 判 定	整 改 建 议
17	入侵防范（2）	1. 在命令行输入“services.msc”，打开系统服务管理界面，查看右侧的服务详细列表中多余的服务，如 alerter、registry registry servcie、message、task scheduler、server、print spooler、shell hardware detection 是否已启动。（是为符合） 2. 在命令行输入“netstat –an”，查看列表中的监听端口，是否包括高危端口，如 tcp 23、135、139、445、593、1025 端口，udp 135、137、138、445 端口，一些流行病毒的后门端口，如 tcp 2745、3127、6129 端口。（是为符合） 3. 在命令行输入“net share”，查看本地计算机上所有共享资源的信息，是否打开了默认共享，例如 C$、D$ 等。（是为符合） 4. 在命令行输入“firewall.cpl”，打开 Windows 防火墙界面，查看 Windows 防火墙是否启用，单击左侧列表中的“高级设置”，打开“高级安全 Windows 防火墙”窗口，单击左侧列表中的“入站规则”，右侧显示 Windows 防火墙的入站规则，查看入站规则中是否阻止访问多余的服务，或高危端口。（是为符合）	符合：1、2、3 均符合 部分符合：1、2、3 任意一个不符合 不符合：1、2、3 不符合 第 4 项可对 1、2、3 进行策略补充	建议网络设备、安全设备、操作系统等关闭不必要的服务和端口，降低安全隐患；根据自身应用需求，需要开启共享服务的，应合理设置相关配置，如设置账户权限等
18	入侵防范（3）	询问系统管理员终端的接入方式。 在命令行输入“firewall.cpl”，打开 Windows 防火墙界面，查看 Windows 防火墙是否启用，单击左侧列表中的“高级设置”，打开“高级安全 Windows 防火墙”窗口，单击左侧列表中的“入站规则”，双击右侧入站规则中的“远程桌面 - 用户模式（tcp-in）”，打开“远程桌面 - 用户模式（tcp-in）属性”窗口，选择“作用域”，查看相关项目。 查看 IP 筛选器对登录终端的接入地址限制。 在命令行输入“gpedit.msc”，弹出“本地组策略编辑器”窗口，查看“本地计算机策略”→“计算机配置”→“Windows 设置”→“安全设置”→“ip 安全策略”，在本地计算机双击右侧限制登录终端地址的相关策略，查看“IP 筛选器列表”和“IP 筛选器属性”	符合：前述符合 不符合：前述不符合	建议通过技术手段，对管理终端进行限制
19	入侵防范（4）	Microsoft 公司已对人机输入接口进行了有效性校验，对不符合信息会进行错误提示。	默认符合	—

续表

序号	控制点	测评实施	符合判定	整改建议
20	入侵防范（5）	访谈系统管理员是否定期对操作系统进行漏洞扫描，是否对扫描发现的漏洞进行评估和补丁更新测试，是否及时进行补丁更新。 在命令行输入“appwiz.cpl”,打开程序和功能界面,单击左侧列表中的“查看已安装的更新”,打开“已安装更新”界面，查看右侧列表中的补丁更新情况。（dos 下输入 systeminfo 查看）	符合：有安装补丁且补丁为最新符合 部分符合：其他为部分符合 不符合：没有安装补丁不符合	（1）互联网设备未修补已知重大漏洞。建议订阅安全厂商漏洞推送或本地安装安全软件，及时了解漏洞动态，在充分测试评估的基础上，弥补严重安全漏洞。 （2）内部设备存在可被利用的高危漏洞。建议在充分测试的情况下，及时对设备进行补丁更新，修补已知的高风险安全漏洞；此外，还应定期对设备进行漏扫，及时处理发现的风险漏洞，提高设备稳定性与安全性
21	入侵防范（6）	1. 访谈系统管理员是否安装了主机入侵检测软件，查看已安装的主机入侵检查系统的配置情况，是否具备报警功能。（是为符合） 2. 查看网络拓扑图，查看网络上是否部署了网络入侵检测系统（如 IDS），并且服务器间的访问流量全部镜像到网络入侵检测系统中。（是为符合）	符合：1 或 2 符合 不符合：1、2 都不符合	—
22	恶意代码防范	1. 查看系统中安装的防病毒软件，询问管理员病毒库更新策略，查看病毒库的最新版本更新日期是否超过一个星期。（是为符合） 2. 查看系统中是否安装了病毒特征库 / 行为特征库的软件。（是为符合） 3. 当发现病毒入侵行为时，是否能发现、阻断、报警等。（是为符合）	符合：1、3 或 2、3 符合 部分符合：1 和 2 符合但 3 不符合为部分符合 不符合：1、2、3 不符合	建议在关键网络节点及主机操作系统上均部署恶意代码检测和清除产品，并及时更新恶意代码库，网络层与主机层恶意代码防范产品宜形成异构模式，有效检测及清除可能出现的恶意代码攻击
23	可信验证	1. 核查服务器的启动，是否实现可信验证的检测过程，对那些系统引导程序、系统程序或重要配置参数进行可信验证。（是为符合） 2. 修改其中的重要系统程序之一和应用程序之一，核查是否能够检测到并进行报警。（是为符合） 3. 是否将验证结果形成审计记录送至安全管理中心。（是为符合）	符合：1、2、3 符合 部分符合：1 或 2、3 符合 不符合：1、2、3 不符合	—
24	数据完整性（1）	1. 如果是本地管理或 KVM 等硬件管理方式，此要求默认不适用。 2. 如果采用远程管理，则需要采用带加密管理的远程管理方式。在命令行输入“gpedit.msc”，弹出“本地组策略编辑器”窗口，查看“本地计算机策略”→“计算机配置”→“管理模板”→“Windows 组件”→“远程桌面服务”→“远程桌面会话主机”→“安全”中的“远程 (RDP) 连接要求使用指定的安全层”是否启用，并设置为 RDP 或 SSL 或协商	符合：2 启用了即为符合 不符合：2 未启用，为不符合 不适用：1	—
25	数据完整性（2）	Windows 操作系统默认对文件、数据的存储进行了完整性保护，保证数据存储的完整可用	操作系统默认符合。	—

续表

序号	控制点	测评实施	符合判定	整改建议
26	数据保密性（1）	1. 如果是本地管理或 KVM 等硬件管理方式，此要求默认不适用。 2. 如果采用远程管理，则需要采用带加密管理的远程管理方式。在命令行输入“gpedit.msc”，弹出“本地组策略编辑器”窗口，查看“本地计算机策略”→“计算机配置”→“管理模板”→“Windows 组件”→“远程桌面服务”→“远程桌面会话主机”→“安全”中的“远程 (rdp) 连接要求使用指定的安全层”是否启用，并设置为 RDP 或 SSL 或协商	符合：2 启用了即为符合 不符合：2 未启用，为不符合 不适用：1	—
27	数据保密性（2）	选择“控制面板”→“管理工具”→“本地安全策略”→“账户策略”→“密码策略”，查看“用可还原的加密来存储密码”是否为禁用。（是为符合） 默认为禁用状态，默认符合	符合：前述符合 不符合：前述不符合	—
28	数据备份恢复（1）	1. 应核查是否按照备份策略进行本地备份。（是为符合） 2. 应核查备份策略设置是否合理、配置是否正确。（是为符合） 3. 应核查备份结果是否与备份策略一致。（是为符合） 4. 应核查近期恢复测试记录是否能够进行正常的数据恢复。（是为符合） 此处备份方式分为三种：第一，物理机系统使用 Windows 自带的备份恢复功能；第二，虚拟化进行快照；第三，采用工具、设备进行备份	符合：1、2、3、4 符合 部分符合：1 符合，2、3、4 中有一个不符合为部分符合 不符合：1 不符合	—
29	数据备份恢复（2）	1. 是否采取了异地备份策略。（是为符合） 2. 是否为实时异地备份。（是为符合）	符合：1、2 都符合 部分符合：1 符合，2 不符合 不符合：1 不符合	—
30	数据备份恢复（3）	是否采取双机热备 / 集群部署。（是为符合）	符合：前述符合 不符合：前述不符合	—
31	剩余信息保护（1）	询问系统管理员，操作系统是否采取措施保证对存储介质（如硬盘或内存）中的用户鉴别信息进行及时清除，防止其他用户非授权获取该用户的鉴别信息。（是为符合） 补充：输入 secpol.msc，选择“本地安全策略”→“本地策略”→“安全选项”，查看“交互式登录：不显示上次登录”和“交互式登录：登录时不显示用户名”是否启用	符合：前述符合 部分符合：前述部分符合 不符合：前述不符合	—
32	剩余信息保护（2）	询问系统管理员，操作系统是否采取措施保证对存储介质（如硬盘或内存）中的用户鉴别信息进行及时清除，防止其他用户非授权获取该用户的敏感信息 补充： 1. 输入 secpol.msc，选择“本地安全策略”→“本地策略”→“安全选项”，查看“关机：清除虚拟内存页面文件”是否启用。（是为符合） 2. 选择“本地组策略编辑器”→“管理模板”→“Windows 组件”→“远程桌面服务”→“远程桌面会话主机”→“临时文件夹”，查看“在退出时不删除临时文件夹”是否为“未配置”或“已禁用”	符合：1、2 都符合 不符合：1 或 2 不符合	—

表 6-21　安全计算环境（通用要求）：服务器 -Linux 测评指标

序号	控制点	测 评 实 施	符 合 判 定	整 改 建 议
1	身份鉴别（1）	1. 查看 /etc/passwd 文件，是否没有相同 UID 的账户。可登录账户为 /bin/bash。（是为符合） 2. 查看 /etc/shadow 文件，检查可登录账户是否为空口令。第二字段为空即是空口令。（是为符合） 3. 查看 /etc/login.defs 文件，是否设置口令更换周期和长度；查看 /etc/pam.d/system-auth 文件，是否设置口令长度和复杂度。（是为符合） /etc/login.defs PASS_MAX_DAYS 90;PASS_MIN_DAYS 5;PASS_MIN_LEN 8 /etc/pam.d/system-auth password requisite pam_cracklib.so(pam_pwquality.so) try_first_pass retry=3 minlen=8 ucredit=-1 lcredit=-1 dcredit=-1 ocredit=-1 enforce_for_root /etc/security/pwquality.conf（CentOS7） minlen=8 dcredit=-1;ucredit=-1;lcredit=-1;ocredit=-1 minclass=4 使用 chage <username> 命令对各登录账户设置口令更换周期	符合：1、2、3 符合 部分符合：1、2、3 任意一个不符合 不符合：1、2、3 不符合	建议删除或修改账户口令重命名默认账户，制定相关管理制度，规范口令的最小长度、复杂度与生命周期，并根据管理制度要求，合理配置账户口令复杂度和定期更换策略；此外，建议为不同设备配备不同的口令，避免一台设备口令被破解影响所有设备安全
2	身份鉴别（2）	1. 查看 /etc/pam.d/system-auth 和 /etc/pam.d/password-auth 文件，是否存在 account required /lib/security/pam_tally2.so(pam_tally.so) deny=5 no_magic_root reset 或 CentOS7 auth required pam_faillock.so preauth silent audit deny=5 even_deny_root unlock_time=600 auth sufficient pam_unix.so nullok try_first_pass auth [default=die] pam_faillock.so authfail audit deny=5 even_deny_root unlock_time=600 auth sufficient pam_faillock.so authsucc audit deny=5 even_deny_root unlock_time=600 account required pam_faillock.so deny=5 表示 5 次登录失败则锁定账户，有此项则满足。 2. 查看 /etc/profile 文件 TMOUT 环境变量：TMOUT=600	符合：1、2 符合 部分符合：1 或 2 不符合 不符合：1、2 不符合	—
3	身份鉴别（3）	输入 ss -tunlp | cat 或 lsof -i:21、lsof -i:22、lsof -i:23 命令，查看 21（ftp）、22（ssh）、23（telnet）端口的运行情况	符合：前述符合 不符合：前述不符合	建议尽可能避免通过不可控网络环境对网络设备、安全设备、操作系统、数据库等进行远程管理。如确有需要，则建议采取措施或使用加密机制（如 VPN 加密通道、开启 SSH、HTTPS 协议等），防止鉴别信息在网络传输过程中被窃听

续表

序号	控制点	测 评 实 施	符 合 判 定	整 改 建 议
4	身份鉴别（4）	检查操作系统登录是否采用口令 + 令牌、usb key 等方式进行身份鉴别，有无 CA 认证服务器或其他身份认证手段，如存在其他认证方式，尝试进行其他认证方式的身份登录验证。（当存在两种或以上身份登录方式为符合）	符合：前述符合 不符合：前述不符合	建议核心设备、操作系统等增加除用户名 / 口令以外的身份鉴别技术，如密码 / 令牌、生物鉴别方式等，实现双因子身份鉴别，增强身份鉴别的安全力度；对于使用堡垒机或统一身份认证机制实现双因素认证的场景，建议通过绑定等技术措施，确保设备只能通过该机制进行身份认证，无旁路现象存在
5	访问控制（1）	首先查看可登录账户，查看账户所在的组， 1. 是否存在多个登录账户（非 root）。（是为符合） 2. 是否存在一个登录账户（非 root）。（是为符合） 3. 是否只有一个 root 账户进行管理。（是为符合） 例如：应用服务器需要操作系统管理账户、应用管理账户（应用系统的部署、配置修改，中间件的部署、配置调整等工作）	符合：1 符合 部分符合：2 符合 不符合：3 符合	—
6	访问控制（2）	1. 查看 /etc/shadow 下用户，如 uucp、nuucp、lp、adm、sync、shutdown、halt、news、operator、gopher 等系统默认账户的使用情况。（账户默认禁用） 2. 查看 root 账户是否被限制远程登录。（是为符合） 3. root 口令复杂度要求：长度不少于 8 位，由大小写字母、数字、特殊字符组成	符合：1、2、3 均符合 部分符合：1 和 3 都符合，2 不符合 不符合：1、3 均不符合	建议网络设备、安全设备、操作系统、数据库等重命名或删除默认管理员账户，修改默认密码，使其具备一定的强度，增强账户安全性
7	访问控制（3）	1. 若无需服务，禁止系统默认账户登录。 2. 检查是否不存在多余或过期的账户。（是为符合） 3. 应访谈网络管理员、安全管理员、系统管理员不同用户是否采用不同账户登录系统。（是为符合） mysql、www、oracle、zabbix 不能够删除，属于服务账户	符合：1、2、3 都符合 部分符合：1、2、3 任意一个不符合 不符合：1、2、3 都不符合	—
8	访问控制（4）	1. 查看 /etc/passwd 文件中的非默认账户，询问各账户的权限，是否实现管理用户的权限分离。（是为符合） 2. 查看 /etc/sudoers 文件，核查 root 级账户的权限都授予哪些账户（root 级账户：可以创建管理员级别账户）	符合：1、2 均符合 部分符合：1 或 2 不符合 不符合：1、2 都不符合；仅有一个管理员账户 root；一般账户具有超级管理员权限	—

续表

序号	控制点	测评实施	符合判定	整改建议
9	访问控制（5）	1. 访谈系统管理员，是否指定授权人对操作系统访问控制权限进行设置。（是为符合） 2. 核查账户权限配置，是否依据安全策略配置各账户的访问规则。（是为符合） 例如，tomcat 管理员可以查看、修改安装目录权限，同时应用系统部署的目录权限，禁止访问数据库的安装目录和数据目录，禁止访问操作系统的配置、日志权限	符合：1、2 都符合 部分符合：1 符合，2 不符合 不符合：1、2 都不符合	—
10	访问控制（6）	Linux 访问控制主体为用户和进程级，客体为文件和目录级。 使用“ls -l < 文件名 >”命令，查看重要文件和目录权限设置是否合理。如： #ls -l /etc/passwd #644 #ls -l /etc/shadow #000 应用系统部署目录、中间件安装目录、数据库安装和数据存储目录，目录 755，可执行文件 755，普通文件 644，配置文件 640	符合：前述符合 不符合：前述不符合	—
11	访问控制（7）	查看 /etc/selinux/config 文件中的 selinux 参数的设定。推荐值：SELINUX=enforcing SELINUXTYPE=targeted	符合：前述符合 不符合：前述不符合	—
12	安全审计（1）	1. 查看 rsyslog 和 auditd 进程是否开启。（是为符合） ps -ef |grep auditd/rsyslog (CentOS6)service auditd/rsyslog status : auditd/rsyslog (pid xxx) is running... (CentOS7)systemctl status auditd/rsyslog : Active: active (running) 2. 若未开启系统安全审计功能，则确认是否部署了第三方安全审计工具，并且能够覆盖到每个用户的行为和安全事件。（是为符合）	符合：1 或 2 符合 部分符合：2 审计覆盖不够全面 不符合：1、2 都不符合	建议在核心设备、安全设备、操作系统、数据库、运维终端性能允许的前提下，开启用户操作类和安全事件类审计策略或使用第三方日志审计工具，实现对相关设备操作与安全行为的全面审计记录，保证发生安全问题时能够及时溯源
13	安全审计（2）	1. 上一项 1 是否符合。（是为符合） 2. 上一项 2 是否符合，查看审计记录的相关信息是否全面。基本要求：日期和时间、用户、事件类型、事件是否成功。（是为符合）	符合：1 或 2 符合 不符合：1、2 都不符合	—
14	安全审计（3）	1. 查看“ls -dl /var/log/”mark 值是否不高于 755。（是为符合） 2. 是否进行本地备份，且备份目录 mark 值不高于 755，文件不高于 644。（是为符合） 3. 访谈审计记录的存储、备份和保护的措施，是否将操作系统日志定时发送到日志审计设备 / 日志服务器上，如使用 syslog 方式或 snmp 方式将日志发送到日志服务器。（是为符合） 4. 如果部署了日志服务器，登录日志服务器查看被测操作系统的日志是否在收集的范围内。（是为符合） 5. 备份时间不少于 180 天	符合：1、2、5 都符合；1、3、4、5 都符合 部分符合：1、2 都符合或 1、3、4 都符合，5 不符合 不符合：1 不符合；1 符合，2 不符合；1 符合，3 或 4 不符合	—

续表

序号	控制点	测评实施	符合判定	整改建议
15	安全审计（4）	1. 除 root、系统管理员、审计管理员外，是否有其他账户可使用“(sudo) service auditd/rsyslog stop”命令，停止审计进程。（是为符合） 2. 测试使用非安全审计员中断审计进程，查看审计进程的访问权限是否设置合理。（是为符合） 3. 查看是否有第三方软件对被测操作系统的审计进程进行监控和保护。（是为符合）	符合：1、2 都符合，或 3 符合 不符合：1、2、3 不符合	—
16	入侵防范（1）	使用 cat /etc/redhat-release 查看系统版本，使用 rpm -qa 查看操作系统中已安装的程序包。 常见软件包：vsftp、telnet、nfs、rpc、samba、ldap、数据库（MySQL、Oracle 等）、中间件（tomcat、weblogic、apache、nginx 等）、tcpdump	符合：前述符合 不符合：前述不符合	—
17	入侵防范（2）	1. 使用 (CentOS6)service --status-all|grep running/(CentOS7)systemctl list-units --type=service 查看系统正在运行的服务，是否存在不需要的服务。（是为符合） 2. 使用 ss -tunlp | cat 查看端口使用情况，是否存在高危端口。（是为符合）	符合：1、2 都符合 不符合：1、2 都不符合	建议网络设备、安全设备、操作系统等关闭不必要的服务和端口，降低安全隐患；根据自身应用需求，需要开启共享服务的，应合理设置相关配置，如设置账户权限等
18	入侵防范（3）	1. 查看在 /etc/hosts.deny 中是否有“ALL:ALL”，禁用所有的请求；在 /etc/hosts.allow 中，是否有如下配置 sshd:192.168.1.0/24。（是为符合） 2. 是否采用了从防火墙设置了对接入终端的限制。（是为符合）	符合：1 或 2 符合 部分符合：地址限制较大 不符合：1、2 都不符合	建议通过技术手段，对管理终端进行限制
19	入侵防范（4）	检测数据有效性检验功能，查看人机接口输入或通信接口输入的内容，应符合系统设定要求。	默认符合	—
20	入侵防范（5）	1. 查看甲方自查的漏扫报告或通过第三方检查的漏扫报告，无高风险漏洞。 2. 系统补丁更新是否具有测试环境和相关流程文件。（是为符合）	符合：1、2 都符合 不符合：1、2 都不符合	（1）互联网设备未修补已知重大漏洞。建议订阅安全厂商漏洞推送或本地安装安全软件，及时了解漏洞动态，在充分测试评估的基础上，弥补严重安全漏洞。 （2）内部设备存在可被利用高危漏洞。建议在充分测试的情况下，及时对设备进行补丁更新，修补已知的高风险安全漏洞；此外，还应定期对设备进行漏扫，及时处理发现的风险漏洞，提高设备稳定性与安全性

续表

序号	控制点	测评实施	符合判定	整改建议
21	入侵防范（6）	1. 查看防火墙运行状态（service iptables status/systemctl status firewalld），并查看安全日志中是否包含大量入侵信息（more /var/log/secure |grep refused）。（是为符合） 2. 访谈系统管理员是否安装了主机入侵检测软件，查看已安装的主机入侵检查系统的配置情况，是否具备报警功能。（是为符合） 3. 查看网络拓扑图，查看网络上是否部署了网络入侵检测系统（如 IDS），并且服务器间的访问流量全部镜像到网络入侵检测系统中。（是为符合）	符合：2 或 3 符合 部分符合：1 符合 不符合：1、2、3 都不符合	—
22	恶意代码防范	1. 查看系统中安装的防病毒软件，询问管理员病毒库更新策略，查看病毒库的最新版本更新日期是否超过一个星期。（是为符合） 2. 查看系统中安装了采用何种病毒特征库 / 行为特征库的软件。（病毒库等最新为符合） 3. 当发现病毒入侵行为时，如何发现，如何有效阻断等，报警机制等。（有有效报警机制为符合）	符合：1、3 或 2、3 符合 部分符合：1 和 2 符合但 3 不符合为部分符合 不符合：1、2、3 不符合	建议在关键网络节点及主机操作系统上均部署恶意代码检测和清除产品，并及时更新恶意代码库，网络层与主机层恶意代码防范产品宜形成异构模式，有效检测及清除可能出现的恶意代码攻击
23	可信验证	1. 核查服务器的启动，是否实现可信验证的检测过程，查看对那些系统引导程序、系统程序或重要配置参数进行可信验证。（是为符合） 2. 修改其中的重要系统程序之一和应用程序之一，核查是否能够检测到并进行报警。（是为符合） 3. 是否将验证结果形成审计记录送至安全管理中心。（是为符合）	符合：1、2、3 符合 部分符合：1 或 2、3 符合 不符合：1、2、3 不符合 默认不符合	—
24	数据完整性（1）	1. 仅使用本地登录进行管理。 2. 使用 SSH，未使用 Telnet 进行远程登录管理	符合：2 符合 不符合：2 都不符合 不适用：1 符合	—
25	数据完整性（2）	Linux 操作系统默认对文件、数据的存储进行了完整性保护，保证数据存储的完整可用	默认符合	—
26	数据保密性（1）	1. 仅使用本地登录进行管理。 2. 使用 SSH，未使用 Telnet，进行远程登录管理	符合：2 符合 不符合：2 都不符合 不适用：1 符合	—
27	数据保密性（2）	查看 /etc/shadow 文件，可登录账户的口令字段不为 \$1\$...。推荐使用 \$5\$、\$6\$。 \$1\$ 是用 MD5 加密的 \$2\$ 是用 Blowfish 加密的 \$5\$ 是用 SHA-256 加密的 \$6\$ 是用 SHA-512 加密的	符合：前述符合 不符合：前述不符合	—

续表

序号	控制点	测评实施	符合判定	整改建议
28	数据备份恢复（1）	1. 应核查是否按照备份策略进行本地备份。（是为符合） 2. 应核查备份策略设置是否合理、配置是否正确。（是为符合） 3. 应核查备份结果是否与备份策略一致。（是为符合） 4. 应核查近期恢复测试记录是否能够进行正常的数据恢复。（是为符合） 此处备份方式分为三种：第一，物理机系统使用类似“tar cvpzf backup.tgz –exclude=/proc –exclude=/lost+found –exclude=/backup.tgz –exclude=/mnt –exclude=/sys /”命令进行备份；第二，虚拟化进行快照；第三，采用工具、设备进行备份	符合：1、2、3、4 符合 部分符合：1 符合，2、3、4 中有一个不符合为部分符合 不符合：1 不符合	—
29	数据备份恢复（2）	1. 是否采取了异地备份策略。（是为符合） 2. 是否为实时异地备份。（是为符合）	符合：1、2 都符合 部分符合：1 符合，2 不符合 不符合：1 不符合	—
30	数据备份恢复（3）	是否采取双机热备 / 集群部署。（是为符合）	符合：前述符合 不符合：前述不符合	—
31	剩余信息保护（1）	默认符合	默认符合	—
32	剩余信息保护（2）	通过查看 /etc/profile 文件， 1. HISTSIZE=0 记录了历史命令信息数量。 2. HISTFILESIZE=0 日志文件记录历史命令的数量	符合：1 或 2 符合 不符合：1、2 都不符合	—

表 6-22　安全计算环境（通用要求）：服务器 -Unix 测评指标

<table>
<tr><th>序号</th><th>控制点</th><th>测 评 实 施</th><th>符 合 判 定</th><th>整 改 建 议</th></tr>
<tr><td>1</td><td>身份鉴别（1）</td><td>1. 在 root 权限下，使用命令查看 cat /etc/passwd 文件，查看系统是否存在空口令。使用 logins -p 查看，存在则不符合。
2. 应查看用户列表，查看是否存在同名账户，#pwck -s，可查看系统是否存在同名用户，存在则不符合。
3. 以 root 身份登录系统，查看 cat /etc/default/security，记录 MIN_PASSWORD_LENGTH 的配置，关于密码复杂度的设置，查看文档中 PASSWORD_MIN_UPPER_CASE_CHARS=N，PASSWORD_MIN_SPECIAL_CHARS=N 等关于最少有几个大小写、数字、特殊字符等的设置，可酌情设置</td><td>符合：1、2、3 都符合
部分符合：1、2、3 任意一个不符合
不符合：1、2、3 都不符合</td><td>建议删除或修改账户口令重命名默认账户，制定相关管理制度，规范口令的最小长度、复杂度与生命周期，并根据管理制度要求，合理配置账户口令复杂度和定期更换策略;此外，建议为不同设备配备不同的口令，避免一台设备口令被破解影响所有设备安全</td></tr>
<tr><td>2</td><td>身份鉴别（2）</td><td>1. 以 root 身份登录系统，检查失败登录锁定策略。
more /tcb/files/auth/system/default，检查 t_maxtrie 和 t_logdelay 变量内容，如果有设定，它将改变默认的五次设定，失败尝试时间间隔。
2. 应检查并记录系统是否启用了用户超时自动注销功能（是为符合）。
执行 #more /etc/profile|grep TMOUT 查看设置的值，以秒为单位
（或 cat ~/.profile）</td><td>符合：1、2 符合
部分符合：1、2 任意一个不符合
不符合：1、2 都不符合</td><td>—</td></tr>
<tr><td>3</td><td>身份鉴别（3）</td><td>应检查并记录系统的远程管理方式，以及远程管理软件的版本。
以 root 身份登录系统，查看系统文件，cat /etc/securetty，应当包括 console 或者 /dev/null，此情况下为默认使用终端登录，不使用 telnet 或者 rlogin 登录；或检查系统中是否存在 /etc/rc.d/rc2.d/sshd 或 ps -ef|grep sshd，或者用 netstat -an|grep 22 命令检查 ssh(22) 端口是否开放。（是为符合）</td><td>符合：前述符合
不符合：前述不符合</td><td>建议尽可能避免通过不可控网络环境对网络设备、安全设备、操作系统、数据库等进行远程管理。如确有需要，则建议采取措施或使用加密机制（如 VPN 加密通道、开启 SSH、HTTPS 协议等），防止鉴别信息在网络传输过程中被窃听</td></tr>
<tr><td>4</td><td>身份鉴别（4）</td><td>检查操作系统登录是否采用口令 + 令牌、usb key 等方式进行身份鉴别，有无 CA 认证服务器或其他身份认证手段，如存在其他认证方式，尝试进行其他认证方式的身份登录验证，当存在两种或以上身份登录方式为符合</td><td>符合：前述符合
不符合：前述不符合</td><td>建议核心设备、操作系统等增加除用户名 / 口令以外的身份鉴别技术，如密码 / 令牌、生物鉴别方式等，实现双因子身份鉴别，增强身份鉴别的安全力度；对于使用堡垒机或统一身份认证机制实现双因素认证的场景，建议通过绑定等技术措施，确保设备只能通过该机制进行身份认证，无旁路现象存在</td></tr>
</table>

续表

序号	控制点	测评实施	符合判定	整改建议
5	访问控制（1）	首先查看可登录账户，查看账户所在的组， 1. 是否存在多个登录账户。（是为符合） 2. 是否存在一个登录账户。（是为符合） 3. 一般检查 /etc/passwd 、/etc/group /etc/default/security /etc/profile /etc/hosts.allow /etc/hosts.deny 文件 默认配置如下（可参照此）： # ls -al /etc/passwd、ls -al /etc/group	符合：1 符合 部分符合：2 符合 不符合：3 符合	—
6	访问控制（2）	1. 应检查并记录系统中存在的账号并记录账号的用途 #more /etc/passwd 记录用户自建账号和被更改的系统默认账号，记录 UID=0 的账号或 #logins -d | grep '0' 2. 应查看 sys，bin，uucp，nuucp，daemon，guest 等系统默认账户是否被禁用	符合：1、2、3 均符合 部分符合：1 和 3 都符合，2 不符合 不符合：1、3 均不符合	建议网络设备、安全设备、操作系统、数据库等重命名或删除默认管理员账户，修改默认密码，使其具备一定的强度，增强账户安全性
7	访问控制（3）	1. 若无需服务，禁止系统默认账户登录。 2. 检查是否不存在多余或过期的账户。（是为符合） 3. 通过 # more /etc/passwd 询问管理员是否存在无用或共享账户，并记录情况，有共享账户为不符合	符合：1、2、3 都符合 部分符合：1、2、3 任意一个不符合 不符合：1、2、3 都不符合	—
8	访问控制（4）	应查看各管理员所拥有的 shell 权限看是否过高，（是为符合） #cat /etc/passwd |grep –v sh	符合：前述符合 不符合：前述不符合；仅有一个管理员账户 root；一般账户具有超级管理员权限	—
9	访问控制（5）	1. 访谈系统管理员，是否指定授权人对操作系统访问控制权限进行设置。（是为符合） 2. 核查账户权限配置，是否依据安全策略配置各账户的访问规则。（是为符合）	符合：1、2 都符合 部分符合：1 符合，2 不符合 不符合：1、2 都不符合	—
10	访问控制（6）	Unix 访问控制主体为用户和进程级，客体为文件和目录级。 应检查并记录操作系统重要文件和目录的读写权和属主 查看系统命令文件和配置文件的访问许可有无被更改。例如： #ls -l /usr/etc /usr/bin /bin /sbin /etc /etc/default/security /etc/group /etc/passwd #find / -type f -perm -4000 -exec ls -lg {} \\; 访问许可如果被更改为不符合	符合：前述符合 不符合：前述不符合	—
11	访问控制（7）	询问是否设置主体和客体的安全标记（是为符合）	符合：前述符合 不符合：前述不符合	—

续表

序号	控制点	测评实施	符合判定	整改建议
12	安全审计（1）	1. 应检查并记录操作系统的 syslogd 是否启动。执行 #ps -ef |grep syslogd，查看系统是否运行 syslogd 进程，审计开启默认审计所有用户；执行命令 audit query，检查审计系统是否打开，审计开启默认审计所有用户；more /etc/rc.config.d/auditing 是否启用安全审计。检查 /etc/rc.config.d/netdaemons 文件是否存在 INETD_ARGS=-l。（是为符合） 2. 应检查系统日志配置文件是否对重要的系统管理行为配置了日志策略。 #more /etc/syslog.conf 查看系统配置的日志策略，默认配置还是有更改项；应查看审计事件的配置情况 # more /etc/security/audit/events， 例如：ACCT_Disable，ACCT_Enable，PROC_Privilege，USER_Create，USER_Login，USER_Logout，FILE_Acl 等，如果没有配置，则系统没有对系统管理、特权行为和安全行为进行审计	符合：1 或 2 符合 部分符合：2 审计覆盖不够全面 不符合：1、2 都不符合	建议在核心设备、安全设备、操作系统、数据库、运维终端性能允许的前提下，开启用户操作类和安全事件类审计策略或使用第三方日志审计工具，实现对相关设备操作与安全行为的全面审计记录，保证发生安全问题时能够及时溯源
13	安全审计（2）	1. 上一项 1 是否符合。（是为符合） 2. 上一项 2 是否符合，查看审计记录的相关信息是否全面。基本要求：日期和时间、用户、事件类型、事件是否成功。（是为符合）	符合：1 或 2 符合 不符合：1、2 都不符合	—
14	安全审计（3）	1. 以 root 身份登录 hp unix，查看日志访问权限 #ls -l /adm/wtmp /adm/utmp 或者 /etc/utmp /var/adm/btmp 查看日志文件的访问权限检查审计日志的备份情况，如配置日志服务器等 日志文件不允许更改为符合 2. 访谈审计记录的存储、备份和保护的措施，是否将操作系统日志定时发送到日志审计设备 / 日志服务器上，如使用 syslog 方式或 snmp 方式将日志发送到日志服务器。（是为符合） 3. 如果部署了日志服务器，登录日志服务器查看被测操作系统的日志是否在收集的范围内。（是为符合） 4. 备份时间不少于 180 天	符合：1、4 都符合；1、2、3 都符合 部分符合：1 符合或 1、2、3 都符合，4 不符合 不符合：1 不符合；1 符合，2 不符合；1 符合，2 或 3 不符合	—
15	安全审计（4）	1. auditd 是审计的守护进程，syslogd 是日志守护进程，查看系统进程是否启动，ps -aux|grep auditd 以及 ps -aux|grep syslogd 运行则满足。 2. 测试使用非安全审计员中断审计进程，查看审计进程的访问权限是否设置合理。（是为符合） 3. 查看是否有第三方软件对被测操作系统的审计进程进行监控和保护。（是为符合）	符合：1、2 都符合，或 3 符合 不符合：1、2、3 不符合	—

续表

序号	控制点	测评实施	符合判定	整改建议
16	入侵防范（1）	应检查并记录系统版本、内核版本、SSH 版本、SENDMAIL 版本、FTP 版本；询问并检查系统补丁安装情况 #swlist -l fileset #swlist -l patch #ls -l /var/adm/sw/save/ #uname -a 操作系统版本； #telnet localhost 22 查看 ssh 服务版本 #telnet localhost 25 查看 sendmail 服务版本 #telnet localhost 21 查看 ftp 服务版本 常见软件包：vsftp、telnet、nfs、rpc、samba、ldap、数据库（MySQL、Oracle 等）、中间件（tomcat、weblogic、apache、nginx 等）、tcpdump ① 使用 #uname -a 命令获得系统信息； ② 在 10.x 上使用 #swlist –l product | grep PH??_* 命令 ③ 在 11.x 上使用 #swlist -l patch 命令 ④ 根据系统类型与补丁清单进行对照。	符合：前述符合 不符合：前述不符合	—
17	入侵防范（2）	1. 应检查并记录系统开启的网络端口 #netstat –an #netstat –a 记录系统开启的 TCP 和 UDP 端口，并进行记录，判断是否包含多余的端口开放。（是为符合） 2. 检查 more /etc/inetd.conf 文件，查看其中的相关条目是否已被注释掉，或者已被删除。（前面加了 # 号为符合，没有 # 为不符合）	符合：1、2 都符合 不符合：1、2 都不符合	建议网络设备、安全设备、操作系统等关闭不必要的服务和端口，降低安全隐患；根据自身应用需求，需要开启共享服务的，应合理设置相关配置，如设置账户权限等
18	入侵防范（3）	1. 应检查并记录系统网络访问控制配置文件的内容。 #more /var/adm/inetd.sec #more /etc/hosts.allow #more /etc/hosts.deny 查看系统是否基于 IP 地址、网络端口、时间对系统访问进行控制。（是为符合） 2. 应检查并记录操作系统是否允许 root 远程登录。 # 查看是否允许 root 远程登录，执行 #more /etc/securetty 是否只包含 console。 如开启 SSH 查看 SSH 配置文件 /opt/ssh/etc/sshd_config 中是否加入如：permitRootLogin = no（是为符合）	符合：1 或 2 符合 部分符合：地址限制较大 不符合：1、2 都不符合	建议通过技术手段，对管理终端进行限制

续表

序号	控制点	测评实施	符合判定	整改建议
19	入侵防范	默认符合	默认符合	
20	入侵防范（4）	1. 查看甲方自查的漏扫报告或通过第三方检查的漏扫报告，有无高风险漏洞。（无为符合） 2. 系统补丁更新是否具有测试环境和相关流程文件。（是为符合）	符合：1、2 都符合 不符合：1、2 都不符合	（1）互联网设备未修补已知重大漏洞。建议订阅安全厂商漏洞推送或本地安装安全软件，及时了解漏洞动态，在充分测试评估的基础上，弥补严重安全漏洞。 （2）内部设备存在可被利用高危漏洞。建议在充分测试的情况下，及时对设备进行补丁更新，修补已知的高风险安全漏洞；此外，还应定期对设备进行漏扫，及时处理发现的风险漏洞，提高设备稳定性与安全性
21	入侵防范（5）	1. 检查是否安装了主机防火墙。 2. 访谈系统管理员是否安装了主机入侵检测软件，查看已安装的主机入侵检查系统的配置情况，是否具备报警功能。（是为符合） 3. 查看网络拓扑图，查看网络上是否部署了网络入侵检测系统（如 IDS），并且服务器间的访问流量全部镜像到网络入侵检测系统中。（是为符合）	符合：2 或 3 符合 部分符合：1 符合 不符合：1、2、3 都不符合	—
22	恶意代码防范	1. 查看系统中适用于 HP-UX 的杀毒软件，询问管理员病毒库更新策略，查看病毒库的最新版本更新日期是否未超过一个星期。（是为符合） 2. 查看系统中安装了采用何种病毒特征库 / 行为特征库的软件。（病毒库等为最新为符合） 3. 当发现病毒入侵行为时，如何发现，如何有效阻断等，报警机制等（具有报警机制为符合）	符合：1、3 或 2、3 符合 部分符合：1 和 2 符合但 3 不符合为部分符合 不符合：1、2、3 不符合	建议在关键网络节点及主机操作系统上均部署恶意代码检测和清除产品，并及时更新恶意代码库，网络层与主机层恶意代码防范产品宜形成异构模式，有效检测及清除可能出现的恶意代码攻击
23	可信验证	1. 核查服务器的启动，是否实现可信验证的检测过程，查看对那些系统引导程序、系统程序或重要配置参数进行可信验证。（是为符合） 2. 修改其中的重要系统程序之一和应用程序之一，核查是否能够检测到并进行报警。（是为符合） 3. 是否将验证结果形成审计记录送至安全管理中心。（是为符合）	符合：1、2、3 符合 部分符合：1 或 2、3 符合 不符合：1、2、3 不符合 默认不符合	—
24	数据完整性（1）	1. 仅使用本地登录进行管理。 2. 使用 SSH，未使用 Telnet，进行远程登录管理	符合：2 符合 不符合：2 都不符合 不适用：1 符合	—

续表

序号	控制点	测 评 实 施	符 合 判 定	整 改 建 议
25	数据完整性（2）	Unix 操作系统默认对文件、数据的存储进行了完整性保护，保证数据存储的完整可用	默认符合	—
26	数据保密性（1）	1. 仅使用本地登录进行管理。 2. 使用 SSH，未使用 Telnet，进行远程登录管理	符合：2 符合 不符合：2 都不符合 不适用：1 符合	—
27	数据保密性（2）	询问管理员主机的重要数据采用何种算法保证数据存储过程中的保密性（算法不为高风险算法为符合）		—
28	数据备份恢复（1）	1. 应核查是否按照备份策略进行本地备份。（是为符合） 2. 应核查备份策略设置是否合理、配置是否正确。（是为符合） 3. 应核查备份结果是否与备份策略一致。（是为符合） 4. 应核查近期恢复测试记录是否能够进行正常的数据恢复。（是为符合） 此处备份方式分为三种：第一，物理机系统使用类似“tar cvpzf backup.tgz –exclude=/proc –exclude=/lost+found –exclude=/backup.tgz –exclude=/mnt –exclude=/sys /”命令进行备份；第二，虚拟化进行快照；第三，采用工具、设备进行备份	符合：1、2、3、4 符合 部分符合：1 符合，2、3、4 中有一个不符合为部分符合 不符合：1 不符合	—
29	数据备份恢复（2）	1. 是否采取了异地备份策略。（是为符合） 2. 是否为实时异地备份。（是为符合）	符合：1、2 都符合 部分符合：1 符合，2 不符合 不符合：1 不符合	—
30	数据备份恢复（3）	是否采取双机热备 / 集群部署。（是为符合）	符合：前述符合 不符合：前述不符合	—
31	剩余信息保护（1）	默认符合（查看 cat /etc/default/security 中 DISPLAY_LAST_LOGIN）	默认符合	—
32	剩余信息保护（2）	检查 /etc/environment 文件查看 1. HISTSIZE=0 记录了历史命令信息数量。 2. HISTFILESIZE=0 日志文件记录历史命令的数量	符合：1 或 2 符合 不符合：1、2 都不符合	—

表 6-23　安全计算环境（通用要求）：数据库 -Oracle 测评指标

序号	控制点	测评实施	符合判定	整改建议
1	身份鉴别（1）	执行“select * from dba_profiles where PROFILE='DEFAULT';”查看相关参数是否符合要求。 1. PASSWORD_VERIFY_FUNCTION=VERIFY_FUNCTION_11G 2. PASSWORD_LIFE_TIME=90 3. PASSWORD_REUSE_TIME=30 4. PASSWORD_REUSE_MAX=5 5. PASSWORD_GRACE_TIME=7 注：一般账户的策略使用 PROFILE=DEFAULT 的设置。	符合：1、2、3、4、5 都符合 部分符合：1 符合，2、3、4、5 任意一个不符合 不符合：1 不符合	建议删除或修改账户口令重命名默认账户，制定相关管理制度，规范口令的最小长度、复杂度与生命周期，并根据管理制度要求，合理配置账户口令复杂度和定期更换策略；此外，建议为不同设备配备不同的口令，避免一台设备口令被破解影响所有设备安全
2	身份鉴别（2）	执行“select * from dba_profiles where PROFILE='DEFAULT';”查看相关参数是否符合要求。 1. FAILED_LOGIN_ATTEMPTS=5 2. PASSWORD_LOCK_TIME=1/48 单位为天 3. IDLE_TIME=30 查看超时设置。 注：一般账户的策略使用 PROFILE=DEFAULT 的设置	符合：1、2、3 都符合 部分符合：1 符合，2 不符合，或 3 不符合 不符合：1、3 都不符合	—
3	身份鉴别（3）	Oracle 默认符合	默认符合	建议尽可能避免通过不可控网络环境对网络设备、安全设备、操作系统、数据库等进行远程管理。如确有需要，则建议采取措施或使用加密机制（如 VPN 加密通道、开启 SSH、HTTPS 协议等），防止鉴别信息在网络传输过程中被窃听
4	身份鉴别（4）	1. 应核查是否采用动态口令、数字证书、生物技术和设备指纹等两种或两种以上组合的鉴别技术对用户身份进行鉴别。（是为符合） 2. 应核查其中一种鉴别技术是否使用密码技术来实现。（是为符合） 注：可使用外部认证的方法，类似“Client”→“Radius”→“Server” https://bbs.csdn.net/topics/300234597	符合：1、2 都符合 部分符合：1 符合，2 不符合 不符合：1 不符合	建议核心设备、操作系统等增加除用户名 / 口令以外的身份鉴别技术，如密码 / 令牌、生物鉴别方式等，实现双因子身份鉴别，增强身份鉴别的安全力度；对于使用堡垒机或统一身份认证机制实现双因素认证的场景，建议通过绑定等技术措施，确保设备只能通过该机制进行身份认证，无旁路现象存在

续表

序号	控制点	测 评 实 施	符 合 判 定	整 改 建 议
5	访问控制（1）	执行“select * from dba_users;”查看账户列表。 1. 系统默认账户除 SYSMAN、SYSTEM、SYS、MGMT_VIEW、DBSNMP 外，其他都为禁用。 2. 是否存在至少一个非系统默认账户。（是为符合）	符合：1、2 都符合 部分符合：1 符合，2 存在共享账户 不符合：1 或 2 不符合	—
6	访问控制（2）	执行“select * from dba_users;”查看账户列表。 1. 询问验证是否存在默认口令（账号 / 口令）： sys/change_on_install system/manager dbsnmp/dbsnmp sysman/oem_temp https://blog.csdn.net/weiruoao/article/details/39177795 https://blog.csdn.net/qq_30007885/article/details/87276059（是为符合） 2. 密码复杂度符合要求。	符合：1、2 都符合 不符合：1 或 2 不符合	建议网络设备、安全设备、操作系统、数据库等重命名或删除默认管理员账户，修改默认密码，使其具备一定的强度，增强账户安全性
7	访问控制（3）	执行“select * from dba_users;”查看账户列表。 1. 询问各账户用途，是否存在未禁用的多余、过期账户。（是为符合） 2. 询问是否存在共享账户。（是为符合）	符合：1、2 都符合 部分符合：1、2 任意一个不符合 不符合：1、2 都不符合	—
8	访问控制（4）	执行“SELECT RP.*,DU.ACCOUNT_STATUS FROM DBA_ROLE_PRIVS RP INNER JOIN DBA_USERS DU ON RP.GRANTEE = DU.USERNAME AND DU.ACCOUNT_STATUS='OPEN' ORDER BY RP.GRANTEE;”查看账户权限设置。 1. 系统默认账户权限不超过参照表。 2. 自定义普通账户需要 CONNECT、RESOURCE 基本权限，无需 DBA 权限。 3. 自定义安全管理账户权限符合最小权限原则。 注：系统默认账户权限可参照“系统默认账户权限”表单	符合：1、2、3 都符合 部分符合：1、2、3 任意一个不符合 不符合：1、2、3 都不符合	—
9	访问控制（5）	1. 询问数据库管理员，数据库系统是否由特定账户（如数据库管理员账户 system）进行配置访问控制策略。访问控制策略指不同账户对不同表的访问权限。（是为符合） 2. select * from user_sys_privs; 查询当前用户被授予的系统权限。（根据实际用户权限判定是否符合要求） 3. select * from user_tab_privs; 查询当前用户被授予的对象权限。（根据实际用户权限判定是否符合要求） 注：GRANTEE 接受该权限的用户名 OWNER 对象的拥有者 GRANTOR 赋予权限的用户	符合：1、2、3 都符合 部分符合：1、2、3 任意一个不符合 不符合：1、2、3 都不符合	—

续表

序号	控制点	测评实施	符合判定	整改建议
10	访问控制（6）	1. select * from user_sys_privs; 查询当前用户被授予的系统权限。（根据实际用户权限判定是否符合要求） 2. select * from user_tab_privs; 查询当前用户被授予的对象权限。（根据实际用户权限判定是否符合要求） 注：GRANTEE 接受该权限的用户名 OWNER 对象的拥有者 GRANTOR 赋予权限的用户	符合：1、2 都符合 部分符合：1 或 2 符合 不符合：1、2 都不符合	—
11	访问控制（7）	1. 检查是否安装 Oracle Lable Security 模块（是为符合） 2. 查看是否创建策略：SELECT policy_name,status form DBA_SA_POLICIES（是为符合） 3. 查看是否创建级别：SELECT * form dba_sa_levels ORDER BY（是为符合）level_number 4. 查看标签创建情况：select * from dba_sa_labels。 5. 询问重要数据存储表格名称。 6. 查看策略与模式 | 表的对应关系：select * from dba_sa_tables policles，判断是否针对重要信息资源设置敏感标签。 一般都是不符合。	默认不符合	—
12	安全审计（1）	通过 show parameter audit; 1. 查看 audit_trail VALUE 值是否不为 none。（是为符合） 2. 查看 audit_sys_operations VALUE 值是否为 TURE.（审计记录 sysdba 或 sysoper 连接数据库的用户所发布的每条语句）（是为符合） 3. 查看重要的对象审计是否开启。（是为符合） SQL 语句：SELECT * FROM DBA_STMT_AUDIT_OPTS ORDER BY AUDIT_OPTION; SELECT * FROM DBA_PRIV_AUDIT_OPTS ORDER BY PRIVILEGE; 检查内容：ALTER SYSTEM、ALTER ANY ROLE、ALTER PROFILE、CREATE USER、DROP ANY TABLE、CREATE SESSION 等。	符合：1、2、3 都符合 部分符合：1、2 都符合，3 不全面 不符合：1 或 2 不符合	建议在核心设备、安全设备、操作系统、数据库、运维终端性能允许的前提下，开启用户操作类和安全事件类审计策略或使用第三方日志审计工具，实现对相关设备操作与安全行为的全面审计记录，保证发生安全问题时能够及时溯源
13	安全审计（2）	如果数据库开启审计，默认符合	符合：前述符合 不符合：前述不符合	数据库开启审计，能够对审计进程进行保护，防止未经授权的中断
14	安全审计（3）	1. 应核查是否采取了保护措施对审计记录进行保护。（是为符合） 2. 应核查是否采取技术措施对审计记录进行定期备份，并核查其备份策略。（是为符合）	符合：1、2 符合 部分符合：1 或 2 符合 不符合：1、2 都不符合	—
15	安全审计（4）	如果数据库开启审计，默认符合	符合：前述符合 不符合：前述不符合	—

续表

序号	控制点	测评实施	符合判定	整改建议
16	入侵防范（1）	1. 应核查是否遵循最小安装原则。（是为符合） 2. 应核查是否未安装非必要的组件和应用程序。（是为符合）	符合：1、2 符合 部分符合：1 或 2 符合 不符合：1、2 都不符合	—
17	入侵防范（2）	默认符合	默认符合	建议网络设备、安全设备、操作系统等关闭不必要的服务和端口，降低安全隐患；根据自身应用需求，需要开启共享服务的，应合理设置相关配置，如设置账户权限等
18	入侵防范（3）	1. 查看 oracle 安装路径下 ./dbhome_1/NETWORK/ADMIN/sqlnet.ora 文件，是否有如下配置： tcp.validnode_checking=yes 开启 ip 限制功能 tcp.invited_nodes=(192.168.1.135, 192.168.1.156) 允许访问数据库的 ip 地址列表，多个 IP 地址用逗号分开 tcp.excluded_nodes=(192.168.1.123) 禁止访问数据库的 ip 地址列表。（是为符合） 2. 使用服务器防火墙对 Oracle 数据库的远程访问 IP 地址进行限制。	符合：1 或 2 符合 部分符合：地址限制范围过大 不符合：1、2 都不符合	建议通过技术手段，对管理终端进行限制
19	入侵防范（4）	默认符合	默认符合	—
20	入侵防范（5）	1. 查看甲方自查的漏扫报告或通过第三方检查的漏扫报告，无高风险漏洞。 2. 数据库补丁更新是否具有测试环境和相关流程文件。（是为符合）	符合：1、2 都符合 不符合：1、2 都不符合	（1）互联网设备未修补已知重大漏洞。建议订阅安全厂商漏洞推送或本地安装安全软件，及时了解漏洞动态，在充分测试评估的基础上，弥补严重安全漏洞。 （2）内部设备存在可被利用高危漏洞。建议在充分测试的情况下，及时对设备进行补丁更新，修补已知的高风险安全漏洞；此外，还应定期对设备进行漏扫，及时处理发现的风险漏洞，提高设备稳定性与安全性
21	入侵防范（6）	数据库不涉及此内容，不适用	不适用	—
22	可信验证	默认不符合	默认不符合	—

续表

序号	控制点	测评实施	符合判定	整改建议

23	数据完整性（1）	查看 oracle 安装目录下的 NETWORK\ADMIN\sqlnet.ora 文件，存在
		#data encryption
		SQLNET.CRYPTO_CHECKSUM_SERVER = REQUIRED 即符合。
		推荐配置：
		SQLNET.AUTHENTICATION_SERVICES= (NTS)
		NAMES.DIRECTORY_PATH= (TNSNAMES, EZCONNECT)
		SQLNET.ENCRYPTION_SERVER = REQUIRED # 开启加密
		SQLNET.ENCRYPTION_TYPES_SERVER = AES128 # 采用 AES 对称加密算法
		SQLNET.CRYPTO_CHECKSUM_SERVER = REQUIRED # 需要对数据完整性进行验证
		SQLNET.CRYPTO_CHECKSUM_TYPES_SERVER = MD5
			符合：前述符合
			不符合：前述不符合
				—

24	数据完整性（2）	默认符合	默认符合	—

25	数据保密性（1）	查看 oracle 安装目录下的 NETWORK\ADMIN\sqlnet.ora 文件，存在
		#data encryption
		SQLNET.ENCRYPTION_SERVER = REQUIRED
		SQLNET.ENCRYPTION_TYPES_SERVER = AES128 即符合。
		推荐配置：
		SQLNET.AUTHENTICATION_SERVICES= (NTS)
		NAMES.DIRECTORY_PATH= (TNSNAMES, EZCONNECT)
		SQLNET.ENCRYPTION_SERVER = REQUIRED # 开启加密
		SQLNET.ENCRYPTION_TYPES_SERVER = AES128 # 采用 AES 对称加密算法
		SQLNET.CRYPTO_CHECKSUM_SERVER = REQUIRED # 需要对数据完整性进行验证
		SQLNET.CRYPTO_CHECKSUM_TYPES_SERVER = MD5
		鉴别信息默认加密
			符合：前述符合
			不符合：前述不符合
				—

26	数据保密性（2）	1. select * from sys.user$; 查看管理用户的 PASSWORD 字段和 SPARE4 字段是否采用加密措施。（是为符合） 2. 询问业务数据在存储过程中是否采用加密措施。（是为符合） 注：Oracle 11g 版本的加密口令寄存在 SYS. USER$ 表中的 SPARE4 列中，而 PASSWORD 列中仍保存早年版本加密口令。	符合：1 或 2 符合 不符合：1、2 都不符合	—

续表

序号	控制点	测评实施	符合判定	整改建议
27	数据备份恢复（1）	1. 应核查是否按照备份策略进行本地备份。（是为符合） 2. 应核查备份策略设置是否合理、配置是否正确。（是为符合） 3. 应核查备份结果是否与备份策略一致。（是为符合） 4. 应核查近期恢复测试记录是否能够进行正常的数据恢复，具有相关记录。（是为符合） 备份策略推荐值： 每天增量备份，每周全量备份	符合：1、2、3、4 符合 部分符合：1 符合，2、3、4 任意一个不符合 不符合：1 不符合	—
28	数据备份恢复（2）	1. 是否采取了异地备份策略。（是为符合） 2. 是否为实时异地备份。（是为符合）	符合：1、2 都符合 部分符合：1 符合，2 不符合 不符合：1 不符合	—
29	数据备份恢复（3）	是否采取双机热备 / 集群部署。（是为符合）	符合：前述符合 不符合：前述不符合	—
30	剩余信息保护（1）	默认符合	默认符合	—
31	剩余信息保护（2）	默认符合	默认符合	—
32	个人信息保护（1）	不适用	不适用	—
33	个人信息保护（2）	不适用	不适用	—

表 6-24　安全计算环境（通用要求）：数据库 -MsSQL 测评指标

序号	控制点	测 评 实 施	符 合 判 定	整 改 建 议
1	身份鉴别（1）	使用工具 SSMS（SQL server management studio）查看相关配置。 1. 若使用 Windows 本地账户的登录。本地操作系统是否配置了密码复杂度、更换周期要求。禁用操作系统 Administrator 账户本地登录。（是为符合） 2. 选择“安全性”→“登录名”，双击打开各个用户，查看“属性”→“常规”界面中的“强制实施密码策略”，且查看操作系统是否配置了密码复杂度要求。（是为符合） 3. 选择“安全性”→“登录名”，双击打开各个用户，查看“属性”→“常规”界面中的“强制密码过期”项是否被勾选，且查看操作系统是否配置了密码更换周期要求。（业务连接账户可不勾选，但业务账户与管理账户不相同） MS 和 NT 开头用户可以无视。其中 MS 开头登录名为 Microsoft 登录名，默认禁用登录；NT 开头登录名为 Windows 服务账户，默认采用 Windows 集成登录方式，无需密码	符合：1、2、3 都符合 部分符合：1、2、3 任意一个不符合 不符合：1、2、3 都不符合	建议删除或修改账户口令重命名默认账户，制定相关管理制度，规范口令的最小长度、复杂度与生命周期，并根据管理制度要求，合理配置账户口令复杂度和定期更换策略；此外，建议为不同设备配备不同的口令，避免一台设备口令被破解影响所有设备安全
2	身份鉴别（2）	1. MsSQL 登录失败处理功能引用 Windows 操作系统的“账户锁定策略”，此处参照 Windows 登录失败处理功能进行判定。 2. MsSQL 无登录超时退出功能	符合：无 部分符合：1 符合 不符合：1 不符合 2 默认不符合	—
3	身份鉴别（3）	2008 及之后的版本默认情况下，客户端未声明强制进行加密通信，MsSQL 仅对身份验证过程进行 SSL 加密	默认符合	建议尽可能避免通过不可控网络环境对网络设备、安全设备、操作系统、数据库等进行远程管理。如确有需要，则建议采取措施或使用加密机制（如 VPN 加密通道、开启 SSH、HTTPS 协议等），防止鉴别信息在网络传输过程中被窃听
4	身份鉴别（4）	1. 应核查是否采用动态口令、数字证书、生物技术和设备指纹等两种或两种以上组合的鉴别技术对用户身份进行鉴别。（是为符合） 2. 应核查其中一种鉴别技术是否使用密码技术来实现。（是为符合） 注：MsSQL 可配置账户证书实现双因素认证	符合：1、2 都符合 部分符合：1 符合，2 不符合 不符合：1 不符合	建议核心设备、操作系统等增加除用户名 / 口令以外的身份鉴别技术，如密码 / 令牌、生物鉴别方式等，实现双因子身份鉴别，增强身份鉴别的安全力度；对于使用堡垒机或统一身份认证机制实现双因素认证的场景，建议通过绑定等技术措施，确保设备只能通过该机制进行身份认证，无旁路现象存在

续表

序号	控制点	测 评 实 施	符 合 判 定	整 改 建 议
5	访问控制(1)	使用工具 SSMS 查看“安全性”→“登录名”，双击打开各个账户。 1. 禁用操作系统 Administrator 账户本地登录。 2. 是否存在不少于一个登录账户（非 sa）。（是为符合） 3. 仅一个 sa 账户进行管理	符合：1、2 都符合 部分符合：1 符合，2 不符合 不符合：1、2 都不符合	—
6	访问控制(2)	使用工具 SSMS 查看“安全性”→“登录名”各账户。 1. 应核查是否已经重命名 sa 账户。（是为符合） 2. 应核查是否已修改 sa 账户的默认口令。复杂度参照 Windows 系统。（是为符合）	符合：1、2 都符合 部分符合：2 符合，1 不符合 不符合：1、2 都不符合	建议网络设备、安全设备、操作系统、数据库等重命名或删除默认管理员账户，修改默认密码，使其具备一定的强度，增强账户安全性
7	访问控制(3)	使用工具 SSMS 查看“安全性”→“登录名”各账户“属性”下的状态“登录名”选项。 1. 询问各账户用途，是否存在未禁用的多余、过期账户。（存在为不符合） 2. 询问是否存在共享账户。（存在为不符合） 注：其中 MS 开头登录名为 Microsoft 登录名，默认禁用登录，NT 开头登录名为 Windows 登录名，默认采用 Windows 集成登录方式，无需密码	符合：1、2 都符合 部分符合：1、2 任意一个不符合 不符合：1、2 都不符合	—
8	访问控制(4)	使用工具 SSMS 查看【安全性】→【登录名】各账户【属性】下的状态【登录名】选项。询问各账户用途，查看相关的权限设置（包括服务器角色、用户映射、安全对象）。 1. 非安全管理账户是否仅属于服务器角色：dbcreator、public。（是为符合） 2. 非安全管理账户用户映射是否仅对所需的数据库具有基本的数据库角色成员身份。（是为符合） 3. 非安全管理账户安全对象是否不具有任何的授予、授予并允许转授权限。（是为符合） 4. 安全管理账户权限符合最小权限原则	符合：1、2、3、4 都符合 部分符合：1、2、3、4 任意一个不符合 不符合：1、2、3、4 都不符合	—
9	访问控制(5)	使用工具 SSMS 查看“安全性”→“登录名”各账户“属性”下的状态“登录名”选项。询问各账户用途，查看相关的权限设置（包括服务器角色、用户映射、安全对象）。 账户用户映射是否仅对所需的数据库具有基本的数据库角色成员身份。（是为符合）	符合：前述符合 不符合：前述不符合	—
10	访问控制(6)	MsSQL 访问控制粒度达到了，主体为用户级，客体为数据库表级	默认符合	—
11	访问控制(7)	MsSQL 数据库无安全标记功能，默认不符合	默认不符合	—

续表

序号	控制点	测评实施	符合判定	整改建议
12	安全审计（1）	使用工具 SSMS 选择对象资源管理器，右击“服务器”→“属性”→“安全性”。 1. “登录审核”是否勾选“成功和失败登录”。（是为符合） 2. 是否勾选“启用 C2 审核跟踪”。（是为符合） 3. 选择“服务器”→“方面”→“服务器审核”，DefaultTraceEnabled 选项结果是否为 true。（是为符合） 注：C2 审核可能导致数据库关闭	符合：1、2、3 都符合 部分符合：1 为失败的登录，2 未勾选，3 为 false 不符合：1 为无、2、3 都不符合	建议在核心设备、安全设备、操作系统、数据库、运维终端性能允许的前提下，开启用户操作类和安全事件类审计策略或使用第三方日志审计工具，实现对相关设备操作与安全行为的全面审计记录，保证发生安全问题时能够及时溯源
13	安全审计（2）	只要开启了审计，审计记录默认符合。 是否开启审计功能。（是为符合）	符合：前述符合 不符合：前述不符合	—
14	安全审计（3）	1. “事件查看器（本地）”→“Windows 日志”→“应用程序”，右击“属性”，查看日志存储策略。推荐大小：不小于 64MB。Windows 系统审计日志保护是否符合要求。（是为符合） 2. 数据库事务日志是否进行了备份，备份策略是否为每天增量备份，每周全量备份。（是为符合） 3. 备份时间不少于 180 天。 审计默认位置“服务器”→“属性”→“数据库设置”	符合：1、2、3 都符合 部分符合：1、2 都符合，3 不符合 不符合：1 或 2 不符合	—
15	安全审计（4）	只要开启了审计，审计记录默认符合。 是否开启审计功能。（是为符合）	符合：前述符合 不符合：前述不符合	—
16	入侵防范（1）	1. 应核查是否遵循最小安装原则。（是为符合） 2. 应核查是否未安装非必要的组件和应用程序。（是为符合）	默认符合	—
17	入侵防范（2）	1. 应核查是否关闭了非必要的系统服务和默认共享。（是为符合） 2. 应核查是否不存在非必要的高危端口。（是为符合）	默认符合	建议网络设备、安全设备、操作系统等关闭不必要的服务和端口，降低安全隐患；根据自身应用需求，需要开启共享服务的，应合理设置相关配置，如设置账户权限等
18	入侵防范（3）	MsSQL 本身不具有终端接入限制功能，由 Windows 服务器实现。 1. 防火墙入站规则对 MsSQL 服务端口进行限制。 2. 选择“本地组策略”→“计算机配置”→“Windows 设置”→“安全设置”→“IP 安全策略”，定制规则，限制 IP 地址对 MsSQL 服务端口进行访问	符合：1 或 2 符合 部分符合：地址限制范围过大 不符合：1、2 都不符合	建议通过技术手段，对管理终端进行限制
19	入侵防范（4）	默认符合	默认符合	—

续表

序号	控制点	测评实施	符合判定	整改建议
20	入侵防范(5)	1. 查看甲方自查的漏扫报告或通过第三方检查的漏扫报告，有无高风险漏洞。 2. 数据库补丁更新是否具有测试环境和相关流程文件	符合：1、2 都符合 不符合：1、2 都不符合	(1)互联网设备未修补已知重大漏洞。建议订阅安全厂商漏洞推送或本地安装安全软件，及时了解漏洞动态，在充分测试评估的基础上，弥补严重安全漏洞。 (2)内部设备存在可被利用高危漏洞。建议在充分测试的情况下，及时对设备进行补丁更新，修补已知的高风险安全漏洞；此外，还应定期对设备进行漏扫，及时处理发现的风险漏洞，提高设备稳定性与安全性
21	入侵防范(6)	数据库不涉及此内容，不适用	不适用	—
22	可信验证	默认不符合	默认不符合	—
23	数据完整性(1)	1. 使用工具 SSMS 选择对象资源管理器，右击“服务器”→“方面”→“服务器协议设置”，查看 ForceEncryption 选项是否为 True。(是为符合) 2. 打开 SQL Server 配置管理器，右击“SQL Server 网络配置”→“SQL Server 的协议”→“属性”→“标志”，查看“强行加密”选项是否为是。(是为符合) 注：其实根据实际验证发现，这两个配置同步，修改其中一个，另一个也会进行相应变动	符合：1 或 2 符合 不符合：1、2 都不符合	—
24	数据完整性(2)	数据库默认符合	默认符合	—
25	数据保密性(1)	1. 使用工具 SSMS 选择对象资源管理器，右击“服务器”→“方面”→“服务器协议设置”，查看 ForceEncryption 选项是否为 True。(是为符合) 2. 打开 SQL Server 配置管理器，右击“SQL Server 网络配置”→“SQL Server 的协议”→“属性”→“标志”，查看‘强行加密’选项是否为是。(是为符合) 注：其实根据实际验证发现，这两个配置同步，修改其中一个，另一个也会进行相应变动	符合：1 或 2 符合 不符合：1、2 都不符合	—
26	数据保密性(2)	使用工具 SSMS 打开对象资源管理器，选中相应数据库，右击，选择“任务”→“管理数据库加密”命令， “将数据库加密设置为 ON”是否勾选。(是为符合)	符合：1 符合 不符合：1 不符合	—

续表

序号	控制点	测评实施	符合判定	整改建议
27	数据备份恢复（1）	使用工具 SSMS 1. 选择对象资源管理器下“管理”→“维护计划”，查看是否存在具体备份计划。（是为符合） 2. 备份计划是否合理。推荐值：每天增量备份，每周全量备份。（是为符合） 3. 查看备份目录下的备份文件，是否与制定的备份计划相同。（是为符合） 4. 核查近期恢复测试记录是否能够进行正常的数据恢复，具有相关记录。（是为符合）	符合：1、2、3、4 符合 部分符合：1 符合，2、3、4 任意一个不符合 不符合：1 不符合	—
28	数据备份恢复（2）	使用工具 SSMS 打开对象资源管理器，选中相应数据库，右击，选择“属性”→“镜像”命令， 1. 服务器网络地址中“镜像服务器”IP 地址是否为异地。（是为符合） 2. 状态是否为“正在同步 / 已同步”。（是为符合） 3. 使用第三方工具实现异地实时备份	符合：1、2 都符合，或 3 符合 不符合：1、3 都不符合	—
29	数据备份恢复（3）	是否采取双机热备 / 集群部署。（是为符合）	符合：前述符合 不符合：前述不符合	—
30	剩余信息保护（1）	指标 a：SQL Server 2008 之后开始提供 common criteria compliance（通用准则配置）功能，其中的残留信息保护（RIP）配置要求数据库将内存重新分配给新资源之前，用已知的位模式覆盖内存分配，可实现部分剩余信息保护功能	默认部分符合	—
31	剩余信息保护（2）	指标 b：SQL Server 2008 之后开始提供 common criteria compliance（通用准则配置）功能，其中的残留信息保护（RIP）配置要求数据库将内存重新分配给新资源之前，用已知的位模式覆盖内存分配，可实现部分剩余信息保护功能	默认部分符合	—
32	个人信息保护（1）	指标 a：数据库不涉及此内容，不适用	不适用	—
33	个人信息保护（2）	指标 b：数据库不涉及此内容，不适用	不适用	—

表 6-25　安全计算环境（通用要求）：数据库 -MySQL 测评指标

序号	控制点	测 评 实 施	符 合 判 定	整 改 建 议
1	身份鉴别（1）	1. my.cnf 文件中是否存在 skip-grant-tables 配置，存在则不符合。 2. 执行“select * from mysql.user where length(password)=0 or password is null;”，查看是否存在空口令账户。存在则不符合 3. 执行“select user, host from mysql.user;”查看是否存在同名账户。存在则不符合 4. 执行“show variables like 'validate%'/'%password%';”查看密码复杂度配置。推荐值：validate_password_length 8；validate_password_mixed_case_count 1；validate_password_number_count 1；validate_password_special_char_count 1 5. 执行“show variables like 'validate%'/'%password%';”查看密码复杂度配置。推荐值：default_password_lifetime 90 注：① MySQL 5.7 版本及以后已经没有 password 这个字段了，password 字段改成了 authentication_string。 ② MySQL 从 5.6.6 开始引入密码自动过期的新功能，并在 5.7.4 版本中改进了用户密码过期时间这个特性。现在可以通过一个全局变量 default_password_lifetime 来设置一个全局的自动密码过期策略	符合：1、2、3、4、5 都符合为符合 部分符合：1、2、3、4、5 任意一个不符合 不符合：1、2、3、4、5 都不符合	建议删除或修改账户口令重命名默认账户，制定相关管理制度，规范口令的最小长度、复杂度与生命周期，并根据管理制度要求，合理配置账户口令复杂度和定期更换策略；此外，建议为不同设备配备不同的口令，避免一台设备口令被破解，影响所有设备安全

2	身份鉴别（2）	1. 执行“show variables like '%connection_control%';”
		或核查 my.cnf 文件，应设置如下参数：
		connection_control_failed_connections_threshold=5；connection_control_min_connection_delay=1800000。
		2. 执行“show variables like 'interactive_timeout';”，查看客户端超时设置。
		注：登录失败处理功能需安装插件：install plugin CONNECTION_CONTROL soname 'connection_control.so';
		install plugin CONNECTION_CONTROL_FAILED_LOGIN_ATTEMPTS soname 'connection_control.so';
		connection_control_failed_connections_threshold=5 # 登录失败次数限制
		connection_control_min_connection_delay=108000 # 限制重试时间，此处为毫秒，注意按需求换算
			符合：1、2 都符合
			部分符合：1 或 2 符合
			不符合：1、2 都不符合
				—

续表

序号	控制点	测 评 实 施	符 合 判 定	整 改 建 议
3	身份鉴别（3）	默认符合	默认符合	建议尽可能避免通过不可控网络环境对网络设备、安全设备、操作系统、数据库等进行远程管理。如确有需要，则建议采取措施或使用加密机制（如 VPN 加密通道、开启 SSH、HTTPS 协议等），防止鉴别信息在网络传输过程中被窃听
4	身份鉴别（4）	1. 账户参数：ssl_type='X509'。要求账户远程登录必须使用证书进行认证。再加上口令可判定为使用了双因素身份认证。或 MySQL 使用其他插件实现双因素身份认证。 2. 使用堡垒机代理实现双因素身份认证，常见的双因素认证方式有用户名、口令 +（数字证书 Ukey、令牌、指纹）等。堡垒机代理可直接对 MySQL 进行远程管理，或通过远程登录服务器，再对 MySQL 进行管理。 3. 除口令外的认证方式使用了密码技术	符合：1、3 都符合，或 2、3 都符合 部分符合：1 或 2 符合，3 不符合 不符合：1、2、3 都不符合	建议核心设备、操作系统等增加除用户名 / 口令以外的身份鉴别技术，如密码 / 令牌、生物鉴别方式等，实现双因子身份鉴别，增强身份鉴别的安全力度；对于使用堡垒机或统一身份认证机制实现双因素认证的场景，建议通过绑定等技术措施，确保设备只能通过该机制进行身份认证，无旁路现象存在
5	访问控制（1）	1. 是否存在至少一个非 root 管理账户。（是为符合） 2. 执行“show grants for 'root'@'localhost';”查看各账户权限设置是否合理。（'root'@'localhost' 为 user+host 字段）（是为符合）	符合：1、2 都符合 部分符合：1 符合，2 不符合 不符合：1 不符合	—
6	访问控制（2）	1. 查看 root 账户是否被限制远程登录。（是为符合） 2. root 口令复杂度要求：长度不少于 8 位，由大小写字母、数字、特殊字符组成	符合：1、2 都符合 不符合：1、2 都不符合	建议网络设备、安全设备、操作系统、数据库等重命名或删除默认管理员账户，修改默认密码，使其具备一定的强度，增强账户安全性
7	访问控（3）	1. 执行“select host,user from mysql.user where user='';”查看是否存在账户名为空的账户。（是为不符合） 2. 执行“select host,user from mysql.user”，依次核查列出的账户，是否存在无关的账户。（是为不符合） 3. 访谈是否存在使用同一账户进行管理的情况。（是为不符合）	符合：1、2、3 都符合 部分符合：1、2、3 任意一个不符合 不符合：1、2、3 都不符合	—
8	访问控制（4）	1. MySQL 5 无角色权限分配功能，MySQL 8 具有角色权限分配功能。 2. 执行“show grants for 'root'@'localhost';”，查看各账户权限设置是否合理。（'root'@'localhost' 为 user+host 字段）如除 root 外，任何用户不应有 user 表的存取权限；禁止将 file、process、super、execute 权限授予管理员以外的账户。（是为符合）	符合：1、2 都符合 部分符合：1 或 2 符合 不符合：1、2 都不符合	—

续表

序号	控制点	测评实施	符合判定	整改建议
9	访问控制（5）	1. 访谈管理员是否制定了访问控制策略。（是为符合） 2. 执行语句： select * from mysql.user;————用户权限 select * from mysql.db;————数据库权限 select * from mysql.tables_priv;————表权限 select * from mysql.columns_priv;————字段权限。 输出的权限列是否与管理员制定的访问控制策略及规则一致。（是为符合） 3. 验证是否存在越权访问的情形。（是为不符合）	符合：1、2、3 都符合 部分符合：1、2、3 任意一个符合 不符合：1、2、3 都不符合	—
10	访问控制（6）	执行“select * from mysql.db/tables_priv/columns_priv”，查看是否存在规则。（是为符合）	符合：前述符合 不符合：前述不符合	—
11	访问控制（7）	MySQL 未提供安全标记功能，默认不符合	默认不符合	—
12	安全审计（1）	1. 执行“show variables like '%audit%';”，查看是否开启了审计。查看输出的日志内容是否覆盖到所有用户，记录审计记录覆盖内容．查看 /etc/my.cnf 文件；是否配置 server_audit_events='CONNECT,QUERY,TABLE,QUERY_DDL,QUERY_DML,QUERY_DCL' server_audit_logging=ON（是为符合） 2. 核查是否采取第三方工具增强 MySQL 日志功能。若有，记录第三方审计工具的审计内容是否覆盖到每个用户，及重要的用户行为和重要安全事件。（是为符合） 注：MySQL 企业版、McAfee 审计插件、MariaDB 审计插件	符合：1 或 2 符合 不符合：1、2 都不符合	建议在核心设备、安全设备、操作系统、数据库、运维终端性能允许的前提下，开启用户操作类和安全事件类审计策略或使用第三方日志审计工具，实现对相关设备操作与安全行为的全面审计记录，保证发生安全问题时能够及时溯源
13	安全审计（2）	1. 是否开启审计功能。执行“show variables like'log_%';”查看 server_audit_file_path 参数，审计文件是否记录了事件的日期和时间、用户、事件类型、事件是否成功等信息。（是为符合） 2. 核查是否采取第三方工具增强 MySQL 日志功能。若有，记录第三方审计工具的审计内容，查看是否包括事件的日期和时间、用户、事件类型、事件是否成功及其他与审计相关的信息。（是为符合）	符合：1 或 2 符合 部分符合：2 记录内容不全面 不符合：1、2 都不符合	—
14	安全审计（3）	1. 查看数据库审计文件权限。Linux：mark 值是否不高于 644；Windows：除 MySQL 进程，其他账户不可修改、删除。（是为符合） 2. 是否进行本地备份，并查看备份目录权限。Linux：mark 值不高于 755，文件不高于 644；Windows：除 MySQL 进程，其他账户不可修改、删除。（是为符合） 3. 备份时间不少于 180 天	符合：1、2、3 都符合 部分符合：1、2 都符合，3 不符合 不符合：1 或 2 不符合	—

续表

序号	控制点	测评实施	符合判定	整改建议
15	安全审计（4）	询问是否严格限制管理员、审计员权限。即普通账户是否还具有 Super_priv 权限	符合：前述符合 不符合：前述不符合	—
16	入侵防范（1）	仅安装 MySQL 数据库服务，不安装 Workbench 管理软件	符合：前述符合 不符合：前述不符合	—
17	入侵防范（2）	1. 应核查是否关闭了非必要的系统服务和默认共享。 2. 应核查是否不存在非必要的高危端口	默认符合	建议网络设备、安全设备、操作系统等关闭不必要的服务和端口，降低安全隐患；根据自身应用需求，需要开启共享服务的，应合理设置相关配置，如设置账户权限等
18	入侵防范（3）	1. 当 user 表中的 Host 值不为本地主机时，应指定特定 IP 地址 /IP 地址段，不应为 %。 2. 使用服务器防火墙对 MySQL 数据库的远程访问 IP 地址进行限制	符合：1 或 2 符合 部分符合：地址限制范围过大 不符合：1、2 都不符合	建议通过技术手段，对管理终端进行限制
19	入侵防范（4）	MySQL 数据库具有数据校验功能	默认符合	—
20	入侵防范（5）	1. 查看甲方自查的漏扫报告或通过第三方检查的漏扫报告，是否无高风险漏洞。（是为符合） 2. 数据库补丁更新是否具有测试环境和相关流程文件。（是为符合）	符合：1、2 都符合 不符合：1、2 都不符合	（1）互联网设备未修补已知重大漏洞。建议订阅安全厂商漏洞推送或本地安装安全软件，及时了解漏洞动态，在充分测试评估的基础上，弥补严重安全漏洞。 （2）内部设备存在可被利用高危漏洞。建议在充分测试的情况下，及时对设备进行补丁更新，修补已知的高风险安全漏洞；此外，还应定期对设备进行漏扫，及时处理发现的风险漏洞，提高设备稳定性与安全性
21	入侵防范（6）	数据库不涉及此内容，不适用	不适用	—
22	可信验证	默认不符合	默认不符合	—

续表

序号	控制点	测评实施	符合判定	整改建议
23	数据完整性（1）	1. 执行“show variables like 'require_secure_transport';”，查看是否开启强制远程连接使用 SSL。推荐值：require_secure_transport=ON。（开启为符合） 2. 执行“show variables like '%have_ssl%';”，查看是否开启 SSL 远程连接加密。推荐值：have_ssl=YES。（开启为符合） 3. 执行“select host,user,ssl_type from mysql.user;”查看远程连接账户是否必须使用 SSL 进行远程连接。推荐值：ssl_type 不为空。（是为符合） 4. 应用和数据库服务器为同一台，无其他数据交换需求，且数据库采用本地管理。 注： ssl_type='ANY'：单向认证（必须使用 SSL 登录，不验证证书）。 ssl_type='X509'：双向认证（必须使用 SSL 登录，并且验证证书）	符合：1 符合，或 2、3 都符合 不符合：1、2、3 都不符合 不适用：4	—
24	数据完整性（2）	执行“show variables like 'sql_mode';”，查看 sql_mode 值是否包含 STRICT_ALL_TABLES/STRICT_TRANS_TABLES。（包含为符合）	符合：前述符合 不符合：前述不符合	—
25	数据保密性（1）	1. 执行“show variables like 'require_secure_transport';”，查看是否开启强制远程连接使用 SSL。推荐值：require_secure_transport=ON。（开启为符合） 2. 执行“show variables like '%have_ssl%';”，查看是否开启 SSL 远程连接加密。推荐值：have_ssl=YES。（开启为符合） 3. 执行“select host,user,ssl_type from mysql.user;”查看远程连接账户是否必须使用 SSL 进行远程连接。推荐值：ssl_type 不为空。（是为符合） 4. 如果应用和数据库服务器为同一台，无其他数据交换需求，且数据库采用本地管理。 注： ssl_type='ANY'：单向认证（必须使用 SSL 登录，不验证证书）。 ssl_type='X509'：双向认证（必须使用 SSL 登录，并且验证证书）	符合：1 符合，或 2、3 都符合 不符合：1、2、3 都不符合 不适用：4	—
26	数据保密性（2）	执行“select user, host, plugin, authentication_string from mysql.user;”，查看 plugin 字段值，推荐为： 1. MySQL5:plugin=mysql_native_password 2. MySQL8:plugin=caching_sha2_password 或 mysql_native_password 3. 应用系统中的账户口令是否使用散列算法（国密、SHA-256 及以上版本）、对称加密算法、非对称加密算法。（是为符合）	符合：1 或 2 符合，且 3 符合 不符合：1、2、3 都不符合	—

续表

序号	控制点	测评实施	符合判定	整改建议
27	数据备份恢复（1）	1. 应核查是否按照备份策略进行本地备份。（是为符合） 2. 应核查备份策略设置是否合理、配置是否正确。（是为符合） 3. 应核查备份结果是否与备份策略一致。（是为符合） 4. 应核查近期恢复测试记录是否能够进行正常的数据恢复，具有相关记录。（是为符合） 备份策略推荐值： 每天增量备份，每周全量备份	符合：1、2、3、4 符合 部分符合：1 符合，2、3、4 任意一个不符合 不符合：1 不符合	—
28	数据备份恢复（2）	1. 是否采取了异地备份策略。（是为符合） 2. 是否为实时异地备份。（是为符合）	符合：1、2 都符合 部分符合：1 符合，2 不符合 不符合：1 不符合	—
29	数据备份恢复（3）	是否采取双机热备 / 集群部署。（是为符合）	符合：前述符合 不符合：前述不符合	—
30	剩余信息保护（1）	指标 a：数据库不涉及此内容，不适用	不适用	—
31	剩余信息保护（2）	指标 b：数据库不涉及此内容，不适用	不适用	—
32	个人信息保护（1）	指标 a：数据库不涉及此内容，不适用	不适用	—
33	个人信息保护（2）	指标 b：数据库不涉及此内容，不适用	不适用	—

表 6-26　安全计算环境（通用要求）：中间件 -WebLogic 测评指标

序号	控制点	测评实施	符合判定	整改建议
1	身份鉴别（1）	1. WebLogic 控制台必须使用账号 + 口令进行登录。 2. 不可新增同名账户，账户具有唯一性。位置：安全领域 (Security Realms) → myrealm →用户和组 (Users and Groups)。 3. 查看口令的复杂度要求（默认设置为长度最小为 8 位）。口令复杂度位置：安全领域 (Security Realms) → myrealm →提供程序 (Providers) →口令验证 (Password Validation) → SystemPasswordValidator →提供程序特定 (Provider Specific)。 4. 查看口令的定期更换要求。无更换周期设置，仅人为进行定期更换口令。 **不适用情况：** 5. 查看 /user_projects/domains/base_domain/config/config.xml 文件，若存在 <console-enabled>false</console-enabled> 标签，WebLogic 控制台已关闭，则该项不适用	符合：1、2、3、4 都符合 部分符合：1 或 2 或 3 或 4 符合 不符合：1、2、3、4 都不符合 不适用：5 满足	建议删除或修改账户口令重命名默认账户，制定相关管理制度，规范口令的最小长度、复杂度与生命周期，并根据管理制度要求，合理配置账户口令复杂度和定期更换策略；此外，建议为不同设备配备不同的口令，避免一台设备口令被破解影响所有设备安全
2	身份鉴别（2）	1. WebLogic 控制台默认启用了登录失败处理功能。 2. 查看登录失败处理设置。位置：安全领域 (Security Realms) → myrealm →配置 (Configuration) →用户封锁 (User Lockout)。 3. 查看管理操作超时设置的数值。位置：首选项→共享的首选项 (Shared Preferences)。 **不适用情况：** 4. 查看 /user_projects/domains/base_domain/config/config.xml 文件，若存在 <console-enabled>false</console-enabled> 标签，WebLogic 控制台已关闭，则该项不适用	符合：1、2、3 都符合 部分符合：1 或 2 或 3 符合 不符合：1、2、3 都不符合 不适用：4 满足	—
3	身份鉴别（3）	1. 管理控制台是否使用 https 协议进行访问。下面是两种配置方法，推荐使用方法（1）。 （1）位置：base_domain →配置 (Configuration) →一般信息 (General)，“启用管理端口”已勾选。 （2）位置：base_domain →环境 (Environment) →服务器 (Server) → AdminServer →配置 (Configuration) →一般信息 (General)，“启用监听端口”未勾选，“启用 SSL 监听端口”已勾选。 **不适用情况：** 2. 查看 /user_projects/domains/base_domain/config/config.xml 文件，若存在 <console-enabled>false</console-enabled> 标签，WebLogic 控制台已关闭，则该项不适用	符合：1 符合 不符合：1 不符合 不适用：2 满足	建议尽可能避免通过不可控网络环境对网络设备、安全设备、操作系统、数据库等进行远程管理。如确有需要，则建议采取措施或使用加密机制（如 VPN 加密通道、开启 SSH、HTTPS 协议等），防止鉴别信息在网络传输过程中被窃听

续表

序号	控制点	测评实施	符合判定	整改建议
4	身份鉴别（4）	1. WebLogic 控制台必须使用账号 + 口令进行登录； 2. 查看是否启用双向证书认证。位置：base_domain → 环境 (Environment) → 服务器 (Server) → AdminServer → 配置 (Configuration) → SSL → 高级 (Advanced)，“双向客户机证书行为：”推荐值请求客户机证书并强制使用 (Client Certs Requested and Enforced)。 不适用情况： 3. 查看 /user_projects/domains/base_domain/config/config.xml 文件，若存在 <console-enabled>false</console-enabled> 标签，WebLogic 控制台已关闭，则该项不适用	符合：1、2 都符合 部分符合：1 或 2 符合 不符合：1、2 都不符合 不适用：3 满足	建议核心设备、操作系统等增加除用户名/口令以外的身份鉴别技术，如密码/令牌、生物鉴别方式等，实现双因子身份鉴别，增强身份鉴别的安全力度；对于使用堡垒机或统一身份认证机制实现双因素认证的场景，建议通过绑定等技术措施，确保设备只能通过该机制进行身份认证，无旁路现象存在
5	访问控制（1）	1. 查看是否提供账户和组对用户权限进行设置。位置：安全领域 (Security Realms) → myrealm →用户和组 (Users and Groups)。 2. 匿名账户不可访问控制台。weblogic 为初始部署时新增管理员账户，可使用其他名字；默认账户 OracleSystemUser 用于安装上层产品，无访问 WLS 资源的权限，初始密码与部署时新增管理员账户相同；默认账户 LCMUser 用于配置更新，删除会出现问题，默认口令不可知，可修改口令。 不适用情况： 3. 查看 /user_projects/domains/base_domain/config/config.xml 文件，若存在 <console-enabled>false</console-enabled> 标签，WebLogic 控制台已关闭，则该项不适用	符合：1、2 都符合 部分符合：1 或 2 符合 不符合：1、2 都不符合 不适用：3 满足	—
6	访问控制（2）	1. 查看是否存在默认账户。位置：安全领域 (Security Realms) → myrealm →用户和组 (Users and Groups)。默认账户为 OracleSystemUser、LCMUser。 2. OracleSystemUser 初始密码与部署时新增管理员账户相同；LCMUser 默认口令不可知，可修改口令。 不适用情况： 3. 查看 /user_projects/domains/base_domain/config/config.xml 文件，若存在 <console-enabled>false</console-enabled> 标签，WebLogic 控制台已关闭，则该项不适用	符合：1、2 都符合 部分符合：1 或 2 符合 不符合：1、2 都不符合 不适用：3 满足	建议网络设备、安全设备、操作系统、数据库等重命名或删除默认管理员账户，修改默认密码，使其具备一定的强度，增强账户安全性
7	访问控制（3）	1. 查看是否存在多余或过期账户。位置：安全领域 (Security Realms) → myrealm →用户和组 (Users and Groups)。默认账户为 OracleSystemUser、LCMUser。 2. 查看用户和账户是否一一对应。 不适用情况： 3. 查看 /user_projects/domains/base_domain/config/config.xml 文件，若存在 <console-enabled>false</console-enabled> 标签，WebLogic 控制台已关闭，则该项不适用	符合：1、2 都符合 部分符合：1 或 2 符合 不符合：1、2 都不符合 不适用：3 满足	—

续表

序号	控制点	测 评 实 施	符 合 判 定	整 改 建 议
8	访问控制（4）	位置：安全领域 (Security Realms) → myrealm →用户和组 (Users and Groups)。 1. WebLogic 控制台默认使用组对账户权限进行划分。 2. 查看是否对账户设置了组，实现权限分离。（是为符合） 3. 查看账户权限是否符合最小权限原则。（是为符合） **不适用情况：** 4. 查看 /user_projects/domains/base_domain/config/config.xml 文件，若存在 <console-enabled>false</console-enabled> 标签，WebLogic 控制台已关闭，则该项不适用	符合：1、2、3 都符合 部分符合：1 或 2 或 3 符合 不符合：1、2、3 都不符合 不适用：4 满足	—
9	访问控制（5）	1. WebLogic 控制台由管理员对账户进行授权，对相关配置进行访问与设置。 2. 查看是否依据安全策略对账户设置的组（及相关权限）进行了配置。（是为符合） 3. WebLogic 账户不可越权访问。 **不适用情况：** 4. 查看 /user_projects/domains/base_domain/config/config.xml 文件，若存在 <console-enabled>false</console-enabled> 标签，WebLogic 控制台已关闭，则该项不适用	符合：1、2、3 都符合 部分符合：1 或 2 或 3 符合 不符合：1、2、3 都不符合 不适用：4 满足	—
10	访问控制（6）	WebLogic 访问控制粒度，主体为用户级，客体为文件级	默认符合	—
11	访问控制（7）	中间件不涉及该问题，不适用	不适用	—
12	安全审计（1）	1. 查看是否开启了审计功能。位置：base_domain → 环境 (Environment) → 服务器 (Server) → AdminServer → 日志记录 (Logging) → HTTP，“启用 HTTP 访问日志文件”是否勾选。（是为符合） 2. WebLogic 审计范围默认覆盖所有用户。 3. 查看是否启用调试功能中 WebLogic 的 security 选项及全部子选项。位置：base_domain →环境 (Environment) →服务器 (Server) → AdminServer →调试 (Debug)。（是为符合）	符合：1、2、3 都符合 部分符合：1 或 2 或 3 符合 不符合：1、2、3 都不符合	建议在核心设备、安全设备、操作系统、数据库、运维终端性能允许的前提下，开启用户操作类和安全事件类审计策略或使用第三方日志审计工具，实现对相关设备操作与安全行为的全面审计记录，保证发生安全问题时能够及时溯源
13	安全审计（2）	WebLogic 可记录事件日期和时间、IP 源地址、事件类型、是否成功、操作内容等信息。WebLogic 默认符合	默认符合	—
14	安全审计（3）	是否使用日志服务器或日志审计设备等收集 WebLogic 审计记录。（是为符合）	符合：前述符合 不符合：前述不符合	—
15	安全审计（4）	只要开启审计策略，审计进程无法单独中断	符合：前述符合 不符合：前述不符合	—
16	可信验证	中间件不涉及该问题，不适用	不适用	—

续表

序号	控制点	测评实施	符合判定	整改建议
17	数据完整性（1）	1. 管理控制台是否使用 https 协议进行访问。下面是两种配置方法，推荐使用方法（1）。 （1）位置：base_domain →配置 (Configuration) →一般信息 (General)，“启用管理端口”已勾选。 （2）位置：base_domain →环境 (Environment) →服务器 (Server) → AdminServer →配置 (Configuration) →一般信息 (General),“启用监听端口”未勾选,“启用 SSL 监听端口”已勾选。 **不适用情况：** 2. 查看 /user_projects/domains/base_domain/config/config.xml 文件，若存在 <console-enabled>false</console-enabled> 标签，WebLogic 控制台已关闭，则该项不适用	符合：1 符合 不符合：1 不符合 不适用：2 满足	建议采用校验技术或密码技术保证通信过程中数据的完整性，相关密码技术应符合国家密码管理主管部门的规定
18	数据完整性（2）	中间件不涉及该问题，不适用	不适用	—
19	数据保密性（1）	1. 管理控制台是否使用 https 协议进行访问。下面是两种配置方法，推荐使用方法（1）。 （1）位置：base_domain →配置 (Configuration) →一般信息 (General)，“启用管理端口”已勾选。 （2）位置：base_domain →环境 (Environment) →服务器 (Server) → AdminServer →配置 (Configuration) →一般信息 (General),“启用监听端口”未勾选,“启用 SSL 监听端口”已勾选。 **不适用情况：** 2. 查看 /user_projects/domains/base_domain/config/config.xml 文件，若存在 <console-enabled>false</console-enabled> 标签，WebLogic 控制台已关闭，则该项不适用	符合：1 符合 不符合：1 不符合 不适用：2 满足	建议采用密码技术确保重要敏感数据在传输过程中的保密性，相关密码技术应符合国家密码管理主管部门的规定
20	数据保密性（2）	WebLogic 使用 AES 对鉴别数据进行加密，并使用 text 文本类型文件进行存储，默认符合	默认符合	采用密码技术保证重要数据在存储过程中的保密性，且相关密码技术符合国家密码管理主管部门的规定
21	剩余信息保护（1）	指标 a：中间件不涉及该问题，不适用	不适用	—
22	剩余信息保护（2）	指标 b：中间件不涉及该问题，不适用	不适用	—

表 6-27　安全计算环境（通用要求）：中间件 -Tomcat 测评指标

序号	控制点	测 评 实 施	符 合 判 定	整 改 建 议
1	身份鉴别（1）	查看 /conf/tomcat-users.xml 文件： 1. 是否有未注释的 role 和 user 标签。（否为符合） 2. 是否有相同账户名。（否为符合） 3. 是否存在 password="" 的情况。（否为符合） 4. tomcat 无口令复杂度、定期更换配置，仅由管理员人工设置。 **不适用情况：** 5. 若 Tomcat 设置已屏蔽 Tomcat 控制台，则该项不适用	符合：1、2、3、4 都符合 部分符合：1 符合，2 或 3 或 4 符合 不符合：1 符合，2、3、4 都不符合 不适用：5 满足	建议删除或修改账户口令重命名默认账户，制定相关管理制度，规范口令的最小长度、复杂度与生命周期，并根据管理制度要求，合理配置账户口令复杂度和定期更换策略；此外，建议为不同设备配备不同的口令，避免一台设备口令被破解影响所有设备安全
2	身份鉴别（2）	1. 查看 Tomcat 管理控制台是否具有登录失败处理功能；（Tomcat 默认具有登录失败处理功能）（是为符合） 2. 查看 /conf/web.xml、/webapps/ROOT/WEB-INF/web.xml、/webapps/manager/WEB-INF/web.xml、/webapps/host-manager/WEB-INF/web.xml 文件中是否具有有效的 <session-timeout>30</session-timeout> 设置。（是为符合） **不适用情况：** 3. 若 Tomcat 设置已屏蔽 Tomcat 控制台，则该项不适用	符合：1、2 都符合 部分符合：1 或 2 符合 不符合：1、2 都不符合 不适用：3 满足	—
3	身份鉴别（3）	1. 管理控制台是否使用 https 协议进行访问。（是为符合） **不适用情况：** 2. 若 Tomcat 设置已屏蔽 Tomcat 控制台，则该项不适用。 3. 若 /webapps/manager/META-INF/context.xml、/webapps/host-manager/META-INF/context.xml 文件中有 <Valve className="org.apache.catalina.valves.RemoteAddrValve" allow="127\.\d+\.\d+\.\d+|::1|0:0:0:0:0:0:0:1" /> 内容，表示 Tomcat 控制台仅能本地登录，则该项不适用	符合：1 符合 不符合：1 不符合 不适用：2、3 任意一项满足	建议尽可能避免通过不可控网络环境对网络设备、安全设备、操作系统、数据库等进行远程管理。如确有需要，则建议采取措施或使用加密机制（如 VPN 加密通道、开启 SSH、HTTPS 协议等），防止鉴别信息在网络传输过程中被窃听
4	身份鉴别	1. 查看 /conf/tomcat-users.xml 文件是否有未注释的 role 和 user 标签； 2. 查看 /conf/server.xml 文件，<Connector port="8443" protocol="HTTP/1.1" SSLEnabled="true" maxThreads="150" scheme="https" secure="true" keystoreFile="conf/server.jks" keystorePass="582629" clientAuth="true" truststoreFile="conf/server.jks" keystorePass="582629" sslProtocol="TLS" />。 **不适用情况：** 3. 若 Tomcat 设置已屏蔽 Tomcat 控制台，则该项不适用	符合：1、2 都符合 部分符合：1 符合，2 不符合 不符合：1、2 都不符合 不适用：3 满足	建议核心设备、操作系统等增加除用户名 / 口令以外的身份鉴别技术，如密码 / 令牌、生物鉴别方式等，实现双因子身份鉴别，增强身份鉴别的安全力度；对于使用堡垒机或统一身份认证机制实现双因素认证的场景，建议通过绑定等技术措施，确保设备只能通过该机制进行身份认证，无旁路现象存在

续表

序号	控制点	测 评 实 施	符 合 判 定	整 改 建 议
5	访问控制（1）	查看 /conf/tomcat-users.xml 文件， 1. 是否通过设置 user 标签，为每个用户分配不同的账户，并限制账户权限。（是为符合） 2. 是否限制、删除默认账户 tomcat、admin、manager、role1。（是为符合） **不适用情况：** 3. 若 Tomcat 设置已屏蔽 Tomcat 控制台，则该项不适用	符合：1、2 都符合 部分符合：1 符合，2 不符合 不符合：1、2 都不符合 不适用：3 满足	—
6	访问控制（2）	查看 /conf/tomcat-users.xml 文件， 1. 是否删除或重命名默认账户。（是为符合） 2. 是否对默认账户口令进行修改。（是为符合） **不适用情况：** 3. 若 Tomcat 设置已屏蔽 Tomcat 控制台，则该项不适用	符合：1、2 都符合 部分符合：1 或 2 符合 不符合：1、2 都不符合 不适用：3 满足	建议网络设备、安全设备、操作系统、数据库等重命名或删除默认管理员账户，修改默认密码，使其具备一定的强度，增强账户安全性
7	访问控制（3）	1. 查看 /conf/tomcat-users.xml 文件，是否不存在多余或过期账户，管理员用户与账户是否一一对应。（是为符合） 2. 验证多余、过期账户是否已被删除或停用。（是为符合） **不适用情况：** 3. 若 Tomcat 设置已屏蔽 Tomcat 控制台，则该项不适用	符合：1、2 都符合 部分符合：1 或 2 符合 不符合：1、2 都不符合 不适用：3 满足	—
8	访问控制（4）	1. 查看是否定义了不同的角色。（是为符合） 2. 查看是否对每个账户设置不同的角色，实现权限分离。（是为符合） 3. 查看每个用户的权限是否为其工作任务所需的最小权限。（是为符合） **不适用情况：** 4. 若 Tomcat 设置已屏蔽 Tomcat 控制台，则该项不适用	符合：1、2、3 都符合 部分符合：1 或 2 或 3 符合 不符合：1、2、3 都不符合 不适用：4 满足	—
9	访问控制（5）	1. 核查是否由授权主体（如管理用户）负责配置访问控制策略。（是否符合） 2. 核查访问应用的地址限制。（设置了地址限制，限制范围和要求一致为符合） 3. 核查是否允许“目录遍历”操作。（不允许为符合） **不适用情况：** 4. 若 Tomcat 设置已屏蔽 Tomcat 控制台，则该项不适用	符合：1、2、3 都符合 部分符合：1 或 2 或 3 符合 不符合：1、2、3 都不符合 不适用：4 满足	—
10	访问控制（6）	指标 a：中间件不涉及该问题，不适用	不适用	—
11	访问控制（7）	指标 b：中间件不涉及该问题，不适用	不适用	—

续表

序号	控制点	测评实施	符合判定	整改建议
12	安全审计（1）	查看 /conf/logging.properties 文件， 1. 开启 Catalina 引擎的日志文件：catalina.org.apache.juli.FileHandler.level = FINE 2. 开启内部代码丢出的日志：localhost.org.apache.juli.FileHandler.level = FINE 3. 开启 manager 应用日志：manager.org.apache.juli.FileHandler.level = FINE 4. 开启控制台输出的日志：java.util.logging.ConsoleHandler.level = FINE 5. 查看 /conf/server.xml 文件是否取消 <valve classname="org.apache.catalina.valves.AccessLogValve" Directory="logs" prefix="localhost_access_log." Suffix=".txt" Pattern="common" resloveHosts="false" /> 标签的注释	符合：1、2、3、4、5 都符合 部分符合：1 或 2 或 3 或 4 或 5 符合 不符合：1、2、3、4、5 都不符合	建议在核心设备、安全设备、操作系统、数据库、运维终端性能允许的前提下，开启用户操作类和安全事件类审计策略或使用第三方日志审计工具，实现对相关设备操作与安全行为的全面审计记录，保证发生安全问题时能够及时溯源
13	安全审计（2）	查看 /conf/server.xml 文件，是否注释 <Valve className="org.apache.catalina.valves.AccessLogValve" directory="logs" prefix="localhost_access_log" suffix=".txt" pattern="%h %l %u %t "%r" %s %b" /> 标签。若未注释，Tomcat 默认符合	符合：前述符合 不符合：前述不符合	—
14	安全审计（3）	是否使用日志服务器或日志审计设备等收集 Tomcat 审计记录。（是为符合）	符合：前述符合 不符合：前述不符合	—
15	安全审计（4）	Tomcat 审计进程随 Tomcat 主程序一起运行，无法单独中断，该项默认符合。	默认符合	—
16	可信验证	中间件不涉及该问题，不适用	不适用	—
17	数据完整性（1）	1. Tomcat 是否开启 https 协议，进行控制台登录管理。取消 <Connector port="8443" protocol="org.apache.coyote.http11.Http11Protocol" maxThreads="150" SSLEnabled="true" scheme="https" secure="true" clientAuth="false" sslProtocol="TLS" keystoreFile="（keystore 证书文件完整路径）" keystorePass="（keystore 密码）" /> 标签的注释。（是为符合） **不适用情况：** 2. 若 Tomcat 设置已屏蔽 Tomcat 控制台，则该项不适用	符合：1 符合 不符合：1 不符合 不适用：2 满足	建议采用校验技术或密码技术保证通信过程中数据的完整性，相关密码技术应符合国家密码管理主管部门的规定
18	数据完整性（2）	中间件不涉及该问题，不适用	不适用	—

续表

序号	控制点	测评实施	符合判定	整改建议
19	数据保密性（1）	1. Tomcat 帮助文档对启用 SSL/TLS 协议进行了描述，可保证数据传输的保密性；（默认符合） 2. Tomcat 是否开启 https 协议，进行控制台登录管理。取消 <Connector port="8443" protocol="org.apache.coyote.http11.Http11Protocol" maxThreads="150" SSLEnabled="true" scheme="https" secure="true" clientAuth="false" sslProtocol="TLS" keystoreFile="（keystore 证书文件完整路径）" keystorePass="（keystore 密码）" /> 标签的注释。（是为符合） **不适用情况：** 3. 若 Tomcat 设置已屏蔽 Tomcat 控制台，则该项不适用	符合：1、2 都符合 部分符合：1 或 2 符合 不符合：1、2 都不符合 不适用：3 满足	建议采用密码技术确保重要敏感数据在传输过程中的保密性，相关密码技术应符合国家密码管理主管部门的规定
20	数据保密性（2）	1. Tomcat 鉴别数据使用 text 文本类型文件进行存储，默认不符合。 **不适用情况：** 2. 若 Tomcat 设置已屏蔽 Tomcat 控制台，则该项不适用	符合：1 符合 不符合：1 不符合 不适用：2 满足	采用密码技术保证重要数据在存储过程中的保密性，且相关密码技术符合国家密码管理主管部门的规定
21	剩余信息保护（1）	指标 a：中间件不涉及该问题，不适用	不适用	—
22	剩余信息保护（2）	指标 b：中间件不涉及该问题，不适用	不适用	—

表 6-28　安全计算环境（通用要求）：中间件 -IIS 测评指标

序号	控制点	测评实施	符合判定	整改建议
1	身份鉴别(1)	指标 a：IIS 软件的身份鉴别功能由 Windows 操作系统实现，该项不适用	不适用	建议删除或修改账户口令重命名默认账户，制定相关管理制度，规范口令的最小长度、复杂度与生命周期，并根据管理制度要求，合理配置账户口令复杂度和定期更换策略；此外，建议为不同设备配备不同的口令，避免一台设备口令被破解影响所有设备安全
2	身份鉴别(2)	指标 b：IIS 软件的身份鉴别功能由 Windows 操作系统实现，该项不适用	不适用	—
3	身份鉴别(3)	指标 c：IIS 软件的身份鉴别功能由 Windows 操作系统实现，该项不适用	不适用	建议尽可能避免通过不可控网络环境对网络设备、安全设备、操作系统、数据库等进行远程管理。如确有需要，则建议采取措施或使用加密机制（如 VPN 加密通道、开启 SSH、HTTPS 协议等），防止鉴别信息在网络传输过程中被窃听
4	身份鉴别(4)	指标 d：IIS 软件的身份鉴别功能由 Windows 操作系统实现，该项不适用	不适用	建议核心设备、操作系统等增加除用户名 / 口令以外的身份鉴别技术，如密码 / 令牌、生物鉴别方式等，实现双因子身份鉴别，增强身份鉴别的安全力度；对于使用堡垒机或统一身份认证机制实现双因素认证的场景，建议通过绑定等技术措施，确保设备只能通过该机制进行身份认证，无旁路现象存在
5	访问控制(1)	1. 应核查访问应用的 IP 地址限制。(设置了地址限制,限制范围和要求一致为符合) 2. 应核查不允许“写入”“目录浏览”操作。 注：“目录浏览”在 (1)(Server 2008) IIS7：“服务器管理器” → “角色” → “角色服务”。 (2) IIS6：“IIS 管理器” → “网站”右键属性。(写入权限也在此处)	符合：1、2 都符合 部分符合：1 或 2 符合 不符合：1、2 都不符合 互联网应用系统 1 不用检查考虑	—

续表

序号	控制点	测 评 实 施	符 合 判 定	整 改 建 议
6	访问控制(2)	指标 a：中间件不涉及该问题，不适用	不适用	建议网络设备、安全设备、操作系统、数据库等重命名或删除默认管理员账户，修改默认密码，使其具备一定的强度，增强账户安全性
7	访问控制(3)	指标 b：中间件不涉及该问题，不适用	不适用	—
8	访问控制(4)	指标 c：中间件不涉及该问题，不适用	不适用	—
9	访问控制(5)	指标 d：中间件不涉及该问题，不适用	不适用	—
10	访问控制(6)	指标 e：中间件不涉及该问题，不适用	不适用	—
11	访问控制(7)	指标 f：中间件不涉及该问题，不适用	不适用	—
12	安全审计(1)	1. 检查“管理工具”→“Internet 信息服务 (IIS) 管理器”→默认站点→ IIS 区域中是否存在“日志”功能。(是为符合) 2. 日志文件格式是否使用 W3C 格式。(是为符合)	符合：1、2 都符合 部分符合：1 符合，2 不符合 不符合：1 不符合	建议在核心设备、安全设备、操作系统、数据库、运维终端性能允许的前提下，开启用户操作类和安全事件类审计策略或使用第三方日志审计工具，实现对相关设备操作与安全行为的全面审计记录，保证发生安全问题时能够及时溯源
13	安全审计(2)	1. 检查“管理工具”→“Internet 信息服务 (IIS) 管理器”→默认站点→ IIS 区域中是否存在“日志”功能。(是为符合) 2. 日志文件格式是否使用 W3C 格式。(是为符合) 3. 日志文件格式字段是否包含：日期、时间、客户端 IP 地址、方法、URI 资源、URI 查询、协议状态。(是为符合)	符合：1、2、3 都符合 部分符合：1 符合，2 或 3 符合 不符合：1 不符合	—
14	安全审计(3)	1. 检查“管理工具”→“Internet 信息服务 (IIS) 管理器”→默认站点→ IIS 区域中是否存在“日志”功能。(是为符合) 2. 查看“%SystemDrive%\inetpub\logs\LogFiles”目录权限，是否仅限制 SYSTEM、Administrators 和其他授权用户或用户组，具有对该文件夹的访问控制权限。(是为符合) 3. 是否采取技术措施对审计记录进行定期备份，并核查其备份策略。(是为符合)	符合：1、2、3 都符合 部分符合：1 符合，2 或 3 符合 不符合：1 不符合；1 符合，2、3 都不符合	—
15	安全审计(4)	由 Windows 操作系统机制保护审计进程，该项默认符合	默认符合	—
16	可信验证	中间件不涉及该问题，不适用	不适用	—

续表

序号	控制点	测评实施	符合判定	整改建议
17	数据完整性（1）	IIS 配置管理需在服务器本地进行，该项不适用	不适用	建议采用校验技术或密码技术保证通信过程中数据的完整性，相关密码技术应符合国家密码管理主管部门的规定
18	数据完整性（2）	IIS 不涉及该问题，不适用	不适用	—
19	数据保密性（1）	IIS 配置管理需在服务器本地进行，该项不适用	不适用	建议采用密码技术确保重要敏感数据在传输过程中的保密性，相关密码技术应符合国家密码管理主管部门的规定
20	数据保密性（2）	IIS 不涉及该问题，不适用	不适用	采用密码技术保证重要数据在存储过程中的保密性，且相关密码技术符合国家密码管理主管部门的规定
21	剩余信息保护（1）	指标 a：IIS 配置管理需在服务器本地进行，该项不适用	不适用	—
22	剩余信息保护（2）	指标 b：IIS 配置管理需在服务器本地进行，该项不适用	不适用	—

表 6-29　安全计算环境（通用要求）：应用系统 -B/S 架构测评指标

序号	控制点	测 评 实 施	符 合 判 定	整 改 建 议
1	身份鉴别（1）	1. 是否提供了专用登录控制模块。（是为符合） 2. 是否在新建同名账户时，提示账户已存在。（是为符合） 3. 是否提供了口令复杂度、最小长度、更换周期的策略，或是否在代码中实现口令复杂度、最小长度、更换周期策略。（是为符合） 4. 是否对口令复杂度、最小长度、更换周期策略进行有效检测。（是为符合）	符合：1、2、3、4 都符合 部分符合：1 或 2 或 3 或 4 符合 不符合：1、2、3、4 都不符合	（1）口令策略缺失。建议应用系统对用户的账户口令长度、复杂度进行校验，如要求系统账户口令至少 8 位，由数字、字母或特殊字符中 2 种方式组成；对于如 PIN 码等特殊用途的口令，应设置弱口令库，通过对比方式，提高用户口令质量。 （2）系统存在弱口令。建议应用系统通过口令长度、复杂度校验、常用 / 弱口令库比对等方式，提高应用系统口令质量
2	身份鉴别（2）	1. 是否配置并启用了登录失败处理功能。（是为符合） 2. 是否配置并启用了限制非法登录功能，非法登录达到一定次数后采取特定动作，如账户锁定等。（是为符合） 3. 是否配置并启用了登录连接超时及自动退出功能。（是为符合）	符合：1、2、3 都符合 部分符合：1 或 2 或 3 符合 不符合：1、2、3 都不符合	建议应用系统提供登录失败处理功能（如账户锁定、多重认证等），防止攻击者进行口令暴力破解
3	身份鉴别（3）	是否采用加密等安全方式对系统进行远程管理，防止鉴别信息在网络传输过程中被窃听（是为符合）	符合：前述符合 不符合：前述不符合	互联网可访问的应用系统，建议用户身份鉴别信息采用加密方式传输，防止鉴别信息在网络传输过程中被窃听
4	身份鉴别（4）	1. 是否采用动态口令、数字证书、生物技术和设备指纹等两种或两种以上组合的鉴别技术对用户身份进行鉴别。（是为符合） 2. 其中一种鉴别技术是否使用密码技术来实现。（是为符合）	符合：1、2 都符合 部分符合：1 或 2 符合 不符合：1、2 都不符合	建议应用系统增加除用户名 / 口令以外的身份鉴别技术，如密码 / 令牌、生物鉴别方式等，实现双因子身份鉴别，增强身份鉴别的安全力度
5	访问控制（1）	1. 是否为用户分配了账户和权限及相关配置情况。（是为符合） 2. 是否已禁用或限制匿名、默认账户的访问权限。（是为符合）	符合：1、2 都符合 部分符合：1 或 2 符合 不符合：1、2 都不符合	建议完善访问控制措施，对系统重要页面、功能模块进行访问控制，确保应用系统不存在访问控制失效情况
6	访问控制（2）	1. 是否已经重命名默认账户或默认账户已被删除。（是为符合） 2. 是否已修改默认账户的默认口令。（是为符合）	符合：1、2 都符合 部分符合：1 或 2 符合 不符合：1、2 都不符合	建议应用系统重命名或删除默认管理员账户，修改默认密码，使其具备一定的强度，增强账户安全性

续表

序号	控制点	测评实施	符合判定	整改建议
7	访问控制（3）	1. 是否不存在多余或过期账户，管理员用户与账户之间是否一一对应。（是为符合） 2. 验证多余的、过期的账户是否被删除或停用。（是为符合）	符合：1、2都符合 部分符合：1或2符合 不符合：1、2都不符合	—
8	访问控制（4）	1. 是否进行角色划分。（是为符合） 2. 管理用户的权限是否已进行分离。（是为符合） 3. 管理用户权限是否为其工作任务所需的最小权限。（是为符合）	符合：1、2、3都符合 部分符合：1或2或3符合 不符合：1、2、3都不符合	—
9	访问控制（5）	1. 是否由授权主体（如管理用户）负责配置访问控制策略。（是为符合） 2. 授权主体是否依据安全策略配置了主体对客体的访问规则。（是为符合） 3. 验证用户是否没有可越权访问情形。（是为符合）	符合：1、2、3都符合 部分符合：1或2或3符合 不符合：1、2、3都不符合	建议完善访问控制措施，对系统重要页面、功能模块进行重新进行身份、权限鉴别，确保应用系统不存在访问控制失效情况
10	访问控制（6）	访问控制策略的控制粒度是否达到主体为用户级或进程级，客体为文件、数据库表、记录或字段级。（是为符合）	符合：1符合 不符合：1不符合	—
11	访问控制（7）	1. 是否对主体、客体设置了安全标记。（是为符合） 2. 验证是否依据主体、客体安全标记控制主体对客体访问的强制访问控制策略。（是为符合）	符合：1、2都符合 部分符合：1或2符合 不符合：1、2都不符合	—
12	安全审计（1）	1. 是否提供并开启了安全审计功能。（是为符合） 2. 安全审计范围是否覆盖到每个用户。（是为符合） 3. 是否对重要的用户行为和重要安全事件进行审计。（是为符合）	符合：1、2、3都符合 部分符合：1或2或3符合 不符合：1、2、3都不符合	建议应用系统完善审计模块，对重要用户操作、行为进行日志审计，审计范围不仅针对前端用户的操作、行为，也包括后台管理员的重要操作
13	安全审计（2）	审计记录信息是否包括事件的日期和时间、用户、事件类型、事件是否成功及其他与审计相关的信息。（是为符合）	符合：1符合 不符合：1不符合	—
14	安全审计（3）	1. 审计记录是否可被修改、删除、清空、覆盖。（是为符合） 2. 是否采取技术措施对审计记录进行定期备份，并核查其备份策略。（是为符合）	符合：1、2都符合 部分符合：1或2符合 不符合：1、2都不符合	建议对应用系统重要操作类、安全类等日志进行妥善保存，避免受到未预期的删除、修改或覆盖等，留存时间不少于六个月，符合法律法规的相关要求
15	安全审计（4）	验证通过非审计管理员的其他账户来中断审计进程，验证审计进程是否受到保护。（是为符合）	符合：1符合 不符合：1不符合	—
16	入侵防范（1）	指标a：应用系统不涉及该问题，不适用	不适用	—
17	入侵防范（2）	指标b：应用系统不涉及该问题，不适用	不适用	—

续表

序号	控制点	测评实施	符合判定	整改建议
18	入侵防范（3）	1. 应核查应用系统 / 中间件配置文件或参数是否对终端接入范围进行限制。（是为符合） 2. 互联网系统无需客户地址限制，但具有管理端，仍需对管理端进行地址限制。 3. 互联网系统无需客户地址限制，且无管理端，无需地址限制，此项不适用	符合：1 符合 不符合：1 不符合	—
19	入侵防范（4）	1. 系统设计文档的内容是否包括数据有效性检验功能的内容或模块。（是为符合） 2. 验证是否对人机接口或通信接口输入的内容进行有效性检验。（是为符合）	符合：1、2 都符合 部分符合：1 或 2 符合 不符合：1、2 都不符合	建议通过修改代码的方式，对数据有效性进行校验，提交应用系统的安全性，防止相关漏洞的出现
20	入侵防范（5）	1. 通过渗透测试核查是否不存在高风险漏洞。（是为符合） 2. 是否在经过充分测试评估后及时修补漏洞。（是为符合）	符合：1、2 都符合 部分符合：1 符合，2 不符合 不符合：1、2 都不符合	建议定期对应用系统进行漏洞扫描、渗透测试等技术检测，对可能存在的已知漏洞、逻辑漏洞，在重复测试评估后及时进行修补，降低安全隐患
21	入侵防范（6）	应用系统不涉及该问题，不适用	不适用	—
22	可信验证	1. 应用系统本身使用了可信根技术进行可信验证。 2. 应用系统使用网页防篡改进行了保护。 3. 操作系统实现了可信验证，并且对应用系统也进行了可信验证保护	符合：1、2、3 任一符合 不符合：1、2、3 都不符合	—
23	数据完整性（1）	1. 核查系统设计文档，鉴别数据、重要业务数据、重要审计数据、重要配置数据、重要视频数据和重要个人信息等在传输过程中是否采用了校验技术或密码技术保证完整性。（是为符合） 2. 验证在传输过程中对鉴别数据、重要业务数据、重要审计数据、重要配置数据、重要视频数据和重要个人信息等进行篡改，是否能够检测到数据在传输过程中的完整性受到破坏并能够及时恢复。（是为符合）	符合：1、2 都符合 不符合：1、2 任一不符合	建议采用校验技术或密码技术保证通信过程中数据的完整性，相关密码技术应符合国家密码管理主管部门的规定
24	数据完整性（2）	1. 核查系统设计文档，是否采用了校验技术或密码技术保证鉴别数据、重要业务数据、重要审计数据、重要配置数据、重要视频数据和重要个人信息等在存储过程中的完整性。（是为符合） 2. 是否采用技术措施（如数据安全保护等）保证鉴别数据、重要业务数据、重要审计数据、重要配置数据、重要视频数据和重要个人信息等在存储过程中的完整性。（是为符合） 3. 验证在存储过程中对鉴别数据、重要业务数据、重要审计数据、重要配置数据、重要视频数据和重要个人信息等进行篡改，是否能够检测到数据在存储过程中的完整性受到破坏并能够及时恢复。（是为符合）	符合：1、2、3 都符合 部分符合：1 或 2 或 3 符合 不符合：1、2、3 都不符合	—

续表

序号	控制点	测 评 实 施	符 合 判 定	整 改 建 议
25	数据保密性（1）	1. 核查系统设计文档，鉴别数据、重要业务数据和重要个人信息等在传输过程中是否采用密码技术保证保密性。（是为符合） 2. 通过嗅探等方式抓取传输过程中的数据包，鉴别数据、重要业务数据和重要个人信息等在传输过程中是否进行了加密处理。（是为符合）	符合：1、2 都符合 不符合：1、2 任一不符合	建议采用密码技术确保重要敏感数据在传输过程中的保密性，相关密码技术应符合国家密码管理主管部门的规定
26	数据保密性（2）	1. 是否采用密码技术保证鉴别数据、重要业务数据和重要个人信息等在存储过程中的保密性。（是为符合） 2. 是否采用技术措施（如数据安全保护系统等）保证鉴别数据、重要业务数据和重要个人信息等在存储过程中的保密性。（是为符合） 3. 验证是否对指定的数据进行加密处理。（是为符合）	符合：1、2、3 都符合 部分符合：1 或 2 或 3 符合 不符合：1、2、3 都不符合	采用密码技术保证重要数据在存储过程中的保密性，且相关密码技术符合国家密码管理主管部门的规定
27	数据备份恢复（1）	1. 是否按照备份策略进行本地备份。（是为符合） 2. 备份策略设置是否合理、配置是否正确。（是为符合） 3. 备份结果是否与备份策略一致。（是为符合） 4. 近期恢复测试记录是否能够进行正常的数据恢复。（是为符合）	符合：1、2、3、4 都符合 部分符合：1 或 2 或 3 或 4 符合 不符合：1、2、3、4 都不符合	建议建立备份恢复机制，定期对重要数据进行备份以及恢复测试，确保在出现数据破坏时，可利用备份数据进行恢复，此外，应对备份文件妥善保存，不要放在互联网网盘、开源代码平台等不可控环境中，避免重要信息泄露
28	数据备份恢复（2）	是否提供异地实时备份功能，并通过网络将重要配置数据、重要业务数据实时备份至备份场地。（是为符合）	符合：前述符合 不符合：前述不符合	建议设置异地灾备机房，并利用通信网络将重要数据实时备份至备份场地；灾备机房的距离应满足行业主管部门的相关要求（例如金融行业应符合 JR/T 0071 的相关要求）
29	数据备份恢复（3）	应用系统服务器是否采用热冗余方式部署。（是为符合）	符合：前述符合 不符合：前述不符合	建议对重要数据处理系统采用热冗余技术，提高系统的可用性
30	剩余信息保护（1）	核查相关配置信息或系统设计文档，用户的鉴别信息所在的存储空间被释放或重新分配前是否得到完全清除。（是为符合）	符合：前述符合 不符合：前述不符合	建议完善鉴别信息释放 / 清除机制，确保在执行释放 / 清除相关操作后，鉴别信息得到完全释放 / 清除
31	剩余信息保护（2）	核查相关配置信息或系统设计文档，敏感数据所在的存储空间被释放或重新分配给其他用户前是否得到完全清除。（是为符合）	符合：前述符合 不符合：前述不符合	建议完善敏感数据释放 / 清除机制，确保在执行释放 / 清除相关操作后，敏感数据得到完全释放 / 清除

续表

序号	控制点	测评实施	符合判定	整改建议
32	个人信息保护（1）	1. 采集的用户个人信息是否是业务应用必需的。（是为符合） 2. 是否制定了有关用户个人信息保护的管理制度和流程。（是为符合）	符合：1、2 都符合 部分符合：1 或 2 符合 不符合：1、2 都不符合	建议根据国家、行业主管部门以及标准的相关规定（如《信息安全技术 个人信息安全规范》），明确向用户表明采集信息的内容、用途以及相关的安全责任，并在用户同意、授权的情况下采集、保存业务必需的用户个人信息
33	个人信息保护（2）	1. 是否采用技术措施限制对用户个人信息的访问和使用。（是为符合） 2. 是否制定了有关用户个人信息保护的管理制度和流程。（是为符合）	符合：1、2 都符合 部分符合：1 或 2 符合 不符合：1、2 都不符合	建议根据国家、行业主管部门以及标准的相关规定（如《信息安全技术个人信息安全规范》），通过技术和管理手段，防止未授权访问和非法使用用户个人信息

表 6-30　安全计算环境（通用要求）：应用系统 -C/S 架构测评指标

序号	控制点	测评实施	符合判定	整改建议
1	身份鉴别（1）	1. 是否提供了专用登录控制模块。（是为符合） 2. 是否在新建同名账户时，提示账户已存在。（是为符合） 3. 是否提供了口令复杂度、最小长度、更换周期的策略，或是否在代码中实现口令复杂度、最小长度、更换周期策略。（是为符合） 4. 是否对口令复杂度、最小长度、更换周期策略有效进行检测。（是为符合）	符合：1、2、3、4 都符合 部分符合：1 或 2 或 3 或 4 符合 不符合：1、2、3、4 都不符合	（1）口令策略缺失。建议应用系统对用户的账户口令长度、复杂度进行校验，如要求系统账户口令至少 8 位，由数字、字母或特殊字符中 2 种方式组成；对于如 PIN 码等特殊用途的口令，应设置弱口令库，通过对比方式，提高用户口令质量。 （2）系统存在弱口令。建议应用系统通过口令长度、复杂度校验、常用 / 弱口令库比对等方式，提高应用系统口令质量
2	身份鉴别（2）	1. 是否配置并启用了登录失败处理功能。（是为符合） 2. 是否配置并启用了限制非法登录功能，非法登录达到一定次数后采取特定动作，如账户锁定等。（是为符合） 3. 是否配置并启用了登录连接超时及自动退出功能。（是为符合）	符合：1、2、3 都符合 部分符合：1 或 2 或 3 符合 不符合：1、2、3 都不符合	建议应用系统提供登录失败处理功能（如账户锁定、多重认证等），防止攻击者进行口令暴力破解
3	身份鉴别（3）	是否采用加密等安全方式对系统进行远程管理，防止鉴别信息在网络传输过程中被窃听。（是为符合）	符合：1 符合 不符合：1 不符合	互联网可访问的应用系统，建议用户身份鉴别信息采用加密方式传输，防止鉴别信息在网络传输过程中被窃听
4	身份鉴别（4）	1. 是否采用动态口令、数字证书、生物技术和设备指纹等两种或两种以上组合的鉴别技术对用户身份进行鉴别。（是为符合） 2. 其中一种鉴别技术是否使用密码技术来实现。（是为符合）	符合：1、2 都符合 部分符合：1 或 2 符合 不符合：1、2 都不符合	建议应用系统增加除用户名 / 口令以外的身份鉴别技术，如密码 / 令牌、生物鉴别方式等，实现双因子身份鉴别，增强身份鉴别的安全力度
5	访问控制（1）	1. 是否为用户分配了账户和权限及相关配置情况。（是为符合） 2. 是否已禁用或限制匿名、默认账户的访问权限。（是为符合）	符合：1、2 都符合 部分符合：1 或 2 符合 不符合：1、2 都不符合	建议完善访问控制措施，对系统重要页面、功能模块进行访问控制，确保应用系统不存在访问控制失效情况
6	访问控制（2）	1. 是否已经重命名默认账户或默认账户已被删除。（是为符合） 2. 是否已修改默认账户的默认口令。（是为符合）	符合：1、2 都符合 部分符合：1 或 2 符合 不符合：1、2 都不符合	建议应用系统重命名或删除默认管理员账户，修改默认密码，使其具备一定的强度，增强账户安全性
7	访问控制（3）	1. 是否不存在多余或过期账户，管理员用户与账户之间是否一一对应。（是为符合） 2. 验证多余的、过期的账户是否被删除或停用。（是为符合）	符合：1、2 都符合 部分符合：1 或 2 符合 不符合：1、2 都不符合	—

续表

序号	控制点	测评实施	符合判定	整改建议
8	访问控制（4）	1. 是否进行角色划分。（是为符合） 2. 管理用户的权限是否已进行分离。（是为符合） 3. 管理用户权限是否为其工作任务所需的最小权限。（是为符合）	符合：1、2、3 都符合 部分符合：1 或 2 或 3 符合 不符合：1、2、3 都不符合	—
9	访问控制（5）	1. 是否由授权主体（如管理用户）负责配置访问控制策略。（是为符合） 2. 授权主体是否依据安全策略配置了主体对客体的访问规则。（是为符合） 3. 验证用户是否没有可越权访问情形。（是为符合）	符合：1、2、3 都符合 部分符合：1 或 2 或 3 符合 不符合：1、2、3 都不符合	建议完善访问控制措施，对系统重要页面、功能模块进行重新进行身份、权限鉴别，确保应用系统不存在访问控制失效情况
10	访问控制（6）	访问控制策略的控制粒度是否达到主体为用户级或进程级，客体为文件、数据库表、记录或字段级。（是为符合）	符合：1 符合 不符合：1 不符合	—
11	访问控制（7）	1. 是否对主体、客体设置了安全标记。（是为符合） 2. 验证是否依据主体、客体安全标记控制主体对客体访问的强制访问控制策略。（是为符合）	符合：1、2 都符合 部分符合：1 或 2 符合 不符合：1、2 都不符合	—
12	安全审计（1）	1. 是否提供并开启了安全审计功能。（是为符合） 2. 安全审计范围是否覆盖到每个用户。（是为符合） 3. 是否对重要的用户行为和重要安全事件进行审计。（是为符合）	符合：1、2、3 都符合 部分符合：1 或 2 或 3 符合 不符合：1、2、3 都不符合	建议应用系统完善审计模块，对重要用户操作、行为进行日志审计，审计范围不仅针对前端用户的操作、行为，也包括后台管理员的重要操作
13	安全审计（2）	审计记录信息是否包括事件的日期和时间、用户、事件类型、事件是否成功及其他与审计相关的信息。（是为符合）	符合：1 符合 不符合：1 不符合	—
14	安全审计（3）	1. 审计记录是否可被修改、删除、清空、覆盖。（是为符合） 2. 是否采取技术措施对审计记录进行定期备份，并核查其备份策略。（是为符合）	符合：1、2 都符合 部分符合：1 或 2 符合 不符合：1、2 都不符合	建议对应用系统重要操作类、安全类等日志进行妥善保存，避免受到未预期的删除、修改或覆盖等，留存时间不少于六个月，符合法律法规的相关要求
15	安全审计（4）	验证通过非审计管理员的其他账户来中断审计进程，验证审计进程是否受到保护（是为符合）	符合：前述符合 不符合：前述不符合	—
16	入侵防范（1）	指标 a：应用系统不涉及该问题，不适用	不适用	—
17	入侵防范（2）	指标 b：应用系统不涉及该问题，不适用	不适用	—

续表

序号	控制点	测评实施	符合判定	整改建议
18	入侵防范(3)	1. 应核查应用系统 / 中间件配置文件或参数是否对终端接入范围进行限制。(是为符合) 2. 互联网系统无需客户地址限制，但具有管理端，仍需对管理端进行地址限制。 3. 互联网系统无需客户地址限制，且无管理端，无需地址限制，此项不适用	符合：前述符合 不符合：前述不符合	—
19	入侵防范(4)	1. 系统设计文档的内容是否包括数据有效性检验功能的内容或模块。(是为符合) 2. 验证是否对人机接口或通信接口输入的内容进行有效性检验。(是为符合)	符合：1、2 都符合 部分符合：1 或 2 符合 不符合：1、2 都不符合	建议通过修改代码的方式，对数据有效性进行校验，提交应用系统的安全性，防止相关漏洞的出现
20	入侵防范(5)	1. 通过渗透测试核查是否不存在高风险漏洞。(是为符合) 2. 是否在经过充分测试评估后及时修补漏洞。(是为符合)	符合：1、2 都符合 部分符合：1 符合，2 不符合 不符合：1、2 都不符合	建议定期对应用系统进行漏洞扫描、渗透测试等技术检测，对可能存在的已知漏洞、逻辑漏洞，在重复测试评估后及时进行修补，降低安全隐患
21	入侵防范(6)	应用系统不涉及该问题，不适用	不适用	—
22	可信验证	1. 应用系统本身使用了可信根技术进行可信验证。 2. 应用系统使用网页防篡改进行了保护。 3. 操作系统实现了可信验证，并且对应用系统也进行了可信验证保护	符合：1、2、3 任一符合 不符合：1、2、3 都不符合	—
23	数据完整性(1)	1. 核查系统设计文档，鉴别数据、重要业务数据、重要审计数据、重要配置数据、重要视频数据和重要个人信息等在传输过程中是否采用了校验技术或密码技术保证完整性。(是为符合) 2. 验证在传输过程中对鉴别数据、重要业务数据、重要审计数据、重要配置数据、重要视频数据和重要个人信息等进行篡改，是否能够检测到数据在传输过程中的完整性受到破坏并能够及时恢复。(是为符合)	符合：1、2 都符合 不符合：1、2 任一不符合	建议采用校验技术或密码技术保证通信过程中数据的完整性，相关密码技术应符合国家密码管理主管部门的规定
24	数据完整性(2)	1. 核查系统设计文档，是否采用了校验技术或密码技术保证鉴别数据、重要业务数据、重要审计数据、重要配置数据、重要视频数据和重要个人信息等在存储过程中的完整性。(是为符合) 2. 是否采用技术措施（如数据安全保护等）保证鉴别数据、重要业务数据、重要审计数据、重要配置数据、重要视频数据和重要个人信息等在存储过程中的完整性。(是为符合) 3. 验证在存储过程中对鉴别数据、重要业务数据、重要审计数据、重要配置数据、重要视频数据和重要个人信息等进行篡改，是否能够检测到数据在存储过程中的完整性受到破坏并能够及时恢复。(是为符合)	符合：1、2、3 都符合 部分符合：1 或 2 或 3 符合 不符合：1、2、3 都不符合	—

续表

序号	控制点	测 评 实 施	符 合 判 定	整 改 建 议
25	数据保密性（1）	1. 核查系统设计文档，鉴别数据、重要业务数据和重要个人信息等在传输过程中是否采用密码技术保证保密性。（是为符合） 2. 通过嗅探等方式抓取传输过程中的数据包，鉴别数据、重要业务数据和重要个人信息等在传输过程中是否进行了加密处理。（是为符合）	符合：1、2 都符合 不符合：1、2 任一不符合	建议采用密码技术确保重要敏感数据在传输过程中的保密性，相关密码技术应符合国家密码管理主管部门的规定
26	数据保密性（2）	1. 是否采用密码技术保证鉴别数据、重要业务数据和重要个人信息等在存储过程中的保密性。 2. 是否采用技术措施（如数据安全保护系统等）保证鉴别数据、重要业务数据和重要个人信息等在存储过程中的保密性。 3. 验证是否对指定的数据进行加密处理	符合：1、2、3 都符合 部分符合：1 或 2 或 3 符合 不符合：1、2、3 都不符合	采用密码技术保证重要数据在存储过程中的保密性，且相关密码技术符合国家密码管理主管部门的规定
27	数据备份恢复（1）	1. 是否按照备份策略进行本地备份。 2. 备份策略设置是否合理、配置是否正确。 3. 备份结果是否与备份策略一致。（是为符合） 4. 近期恢复测试记录是否能够进行正常的数据恢复。（是为符合）	符合：1、2、3、4 都符合 部分符合：1 或 2 或 3 或 4 符合 不符合：1、2、3、4 都不符合	建议建立备份恢复机制，定期对重要数据进行备份以及恢复测试，确保在出现数据破坏时，可利用备份数据进行恢复，此外，应对备份文件妥善保存，不要放在互联网网盘、开源代码平台等不可控环境中，避免重要信息泄露
28	数据备份恢复（2）	是否提供异地实时备份功能，并通过网络将重要配置数据、重要业务数据实时备份至备份场地。（是为符合）	符合：前述符合 不符合：前述不符合	建议设置异地灾备机房，并利用通信网络将重要数据实时备份至备份场地；灾备机房的距离应满足行业主管部门的相关要求（例如金融行业应符合 JR/T 0071 的相关要求）
29	数据备份恢复（3）	应用系统服务器是否采用热冗余方式部署。（是为符合）	符合：前述符合 不符合：前述不符合	建议对重要数据处理系统采用热冗余技术，提高系统的可用性
30	剩余信息保护（1）	核查相关配置信息或系统设计文档，用户的鉴别信息所在的存储空间被释放或重新分配前是否得到完全清除。（是为符合）	符合：前述符合 不符合：前述不符合	建议完善鉴别信息释放 / 清除机制，确保在执行释放 / 清除相关操作后，鉴别信息得到完全释放 / 清除
31	剩余信息保护（2）	核查相关配置信息或系统设计文档，敏感数据所在的存储空间被释放或重新分配给其他用户前是否得到完全清除。（是为符合）	符合：前述符合 不符合：前述不符合	建议完善敏感数据释放 / 清除机制，确保在执行释放 / 清除相关操作后，敏感数据得到完全释放 / 清除

续表

序号	控制点	测评实施	符合判定	整改建议
32	个人信息保护（1）	1. 采集的用户个人信息是否是业务应用必需的。（是为符合） 2. 是否制定了有关用户个人信息保护的管理制度和流程。（是为符合）	符合：1、2 都符合 部分符合：1 或 2 符合 不符合：1、2 都不符合	建议根据国家、行业主管部门以及标准的相关规定（如《信息安全技术 个人信息安全规范》)，明确向用户表明采集信息的内容、用途以及相关的安全责任，并在用户同意、授权的情况下采集、保存业务必需的用户个人信息
33	个人信息保护（2）	1. 是否采用技术措施限制对用户个人信息的访问和使用。（是为符合） 2. 是否制定了有关用户个人信息保护的管理制度和流程。（是为符合）	符合：1、2 都符合 部分符合：1 或 2 符合 不符合：1、2 都不符合	建议根据国家、行业主管部门以及标准的相关规定（如《信息安全技术 个人信息安全规范》)，通过技术和管理手段，防止未授权访问和非法使用用户个人信息

表 6-31　安全计算环境（通用要求）：终端测评指标

序号	控制点	测评实施	符合判定	整改建议
1	身份鉴别（1）	1. 用户需要输入用户名和密码才能登录。 2. Windows 默认用户名具有唯一性。 3. 打开“控制面板”→“用户账户”→“管理账户”可查看账户是否设置口令：“密码保护”。 4. 选择“控制面板”→“管理工具”→“本地安全策略”→“账户策略”→“密码策略”。 （1）复杂度要求：已启用。 （2）密码长度最小值：长度最小值至少为 8 位。 （3）密码最短使用期限：不为 0，推荐 5。 （4）密码最长使用期限：不为 0，不超过 90。 （5）强制密码历史：至少记住 5 个密码以上。 5. 选择“计算机管理”→“本地用户和组”→“用户”,查看“账户属性”→“常规”，禁止勾选“密码永不过期”	符合：1、2、3、4、5 符合 部分符合：1、2、3、4、5 中有一个不符合为部分符合 不符合：1、2、3、4、5 不符合	建议删除或修改账户口令重命名默认账户，制定相关管理制度，规范口令的最小长度、复杂度与生命周期，并根据管理制度要求，合理配置账户口令复杂度和定期更换策略；此外，建议为不同设备配备不同的口令，避免一台设备口令被破解影响所有设备安全。
2	身份鉴别（2）	1. 选择“控制面板”→“管理工具”→“本地安全策略”→“账户策略”→“账户锁定策略”，推荐值：账户锁定时间“30 分钟”；账户锁定阈值：“5 次无效登录”；重置账户锁定计数器：30 分钟之后。本策略对 Administrator 账户无效。 2. 右击桌面→“个性化”→“屏幕保护程序”→查看“等待时间”的长短以及“在恢复时显示登录屏幕”选项是否打钩。推荐值：等待时间“15 分钟”	符合：1、2 都符合 部分符合：1 或 2 符合 不符合：1、2 都不符合	—
3	身份鉴别（3）	1. 未启用远程管理功能。 2. 如果采用远程管理，则需要采用带加密管理的远程管理方式。在命令行输入“gpedit.msc”，弹出“本地组策略编辑器”窗口，查看“本地计算机策略”→“计算机配置”→“管理模板”→“Windows 组件”→“远程桌面服务”→“远程桌面会话主机”→“安全”中的“远程 (rdp) 连接要求使用指定的安全层”是否启用，并设置为 RDP 或 SSL 或协商	符合：2 不适用：1 未启用	建议尽可能避免通过不可控网络环境对网络设备、安全设备、操作系统、数据库等进行远程管理。如确有需要，则建议采取措施或使用加密机制（如 VPN 加密通道、开启 SSH、HTTPS 协议等），防止鉴别信息在网络传输过程中被窃听
4	身份鉴别（4）	—	默认不适用	—
5	访问控制（1）	应检查是否为用户分配账户和权限及相关设置情况。（是为符合）	符合：1、2 都符合 部分符合：1 或 2 符合 不符合：1、2 都不符合	—

续表

序号	控制点	测 评 实 施	符 合 判 定	整 改 建 议
6	访问控制(2)	选择“控制面板”→“用户账户”→“管理账户”， 1. Administrator、Guest 账户是否重命名。Guest 账户是否禁用。(是为符合) 2. Administrator、Guest 账户是否设置了口令，即是否显示“密码保护”。(是为符合)	符合：1、2 都符合 部分符合：1 或 2 符合 不符合：1、2 都不符合	建议网络设备、安全设备、操作系统、数据库等重命名或删除默认管理员账户，修改默认密码，使其具备一定的强度，增强账户安全性
7	访问控制(3)	选择“计算机管理”→“系统工具”→“本地用户和组”→“用户”， 1. 是否不存在多余、过期账户。查看右侧用户列表中的用户，询问各账户的用途，确认账户是否属于多余的、过期的账户。(是为符合) 2. 是否不存在共享账户。(是为符合)	符合：1、2 都符合 部分符合：1 或 2 符合 不符合：1、2 都不符合	—
8	访问控制(4)	—	默认不适用	—
9	访问控制(5)	—	默认不适用	—
10	访问控制(6)	—	默认不适用	—
11	访问控制(7)	—	默认不适用	—
12	安全审计(1)	1. 选择“本地安全策略”→“安全设置→本地策略→审计策略”中的相关项目，右侧的详细信息窗格即显示审计策略的设置情况。推荐值:所有策略全部设置为“成功，失败”。 2. 询问并查看是否有第三方审计工具或系统。询问第三方审计工具或系统审计功能是否完善并启用。(是为符合)	符合：1 或 2 符合 部分符合：1 部分符合，或 2 部分符合 不符合：1、2 不符合	建议在核心设备、安全设备、操作系统、数据库、运维终端性能允许的前提下，开启用户操作类和安全事件类审计策略或使用第三方日志审计工具，实现对相关设备操作与安全行为的全面审计记录，保证发生安全问题时能够及时溯源
13	安全审计(2)	1. 在命令行输入“eventvwr.msc”，弹出“事件查看器”窗口，“事件查看器(本地)”→“Windows 日志”下包括“应用程序”“安全”“设置”“系统”几类记录事件类型，单击任意类型事件，查看日志文件是否满足此项要求。(是为符合) 2. 如果安装了第三方审计工具，则查看审计记录是否包括日期、时间、类型、主体标识、客体标识和结果。(是为符合)	符合：上一项不为不符合，1 或 2 符合 不符合：上一项不符合，或 2 不符合	—
14	安全审计(3)	如果日志数据本地保存，则询问审计记录备份周期，有无异地备份，在命令行输入“eventvwr.msc”，弹出“事件查看器”窗口，“事件查看器(本地)”→“Windows 日志”下包括“应用程序”“安全”“设置”“系统”几类记录事件类型，右击类型事件，选择下拉菜单中的“属性”，查看日志存储策略	符合：1 符合 部分符合：1 部分符合 不符合：1 不符合，或审计策略未配置	—
15	安全审计(4)	Windows 系统具备了在审计进程自我保护方面的功能	默认符合	—
16	入侵防范(1)	—	默认不适用	—

续表

序号	控制点	测评实施	符合判定	整改建议
17	入侵防范(2)	1. 在命令行输入“services.msc”，打开系统服务管理界面，查看右侧的服务详细列表中多余的服务，如 alerter、registry registry servcie、message、task scheduler、server、print spooler、shell hardware detection 是否已启动。(是为符合) 2. 在命令行输入“netstat –an”，查看列表中的监听端口，是否不包括高危端口，如 tcp 23、135、139、445、593、1025 端口，udp 135、137、138、445 端口，一些流行病毒的后门端口，如 tcp 2745、3127、6129 端口。(是为符合) 3. 在命令行输入“net share”，查看本地计算机上所有共享资源的信息，是否打开了默认共享，例如 C$、D$ 等。(是为符合) 4. 在命令行输入“firewall.cpl”，打开 Windows 防火墙界面，查看 Windows 防火墙是否启用，点击左侧列表中的“高级设置”，打开“高级安全 Windows 防火墙”窗口，点击左侧列表中的“入站规则”，右侧显示 Windows 防火墙的入站规则，查看入站规则中是否阻止访问多余的服务，或高危端口。(是为符合)	符合：1、2、3 均符合 部分符合：1、2、3 未都不符合 不符合：1、2、3 不符合 第 4 项可对 1、2、3 进行策略补充	建议网络设备、安全设备、操作系统等关闭不必要的服务和端口，降低安全隐患；根据自身应用需求，需要开启共享服务的，应合理设置相关配置，如设置账户权限等
18	入侵防范(3)	—	默认不适用	建议通过技术手段，对管理终端进行限制
19	入侵防范(4)	Microsoft 公司已对人机输入接口进行了有效性校验，不符合信息会进行错误提示	默认符合	—
20	入侵防范(5)	访谈系统管理员是否定期对操作系统进行漏洞扫描，是否对扫描发现的漏洞进行评估和补丁更新测试，是否及时进行补丁更新，查看更新的方法。 在命令行输入“appwiz.cpl”，打开程序和功能界面，单击左侧列表中的“查看已安装的更新”，打开“已安装更新”界面，查看右侧列表中的补丁更新情况。(dos 下输入 systeminfo 查看)	符合：有安装补丁且补丁为最新，且更新及时符合 部分符合：其他为部分符合 不符合：没有安装补丁不符合	(1) 互联网设备未修补已知重大漏洞。建议订阅安全厂商漏洞推送或本地安装安全软件，及时了解漏洞动态，在充分测试评估的基础上，弥补严重安全漏洞。 (2) 内部设备存在可被利用高危漏洞。建议在充分测试的情况下，及时对设备进行补丁更新，修补已知的高风险安全漏洞；此外，还应定期对设备进行漏扫，及时处理发现的风险漏洞，提高设备稳定性与安全性
21	入侵防范(6)	访谈系统管理员是否安装了主机入侵检测软件，查看已安装的主机入侵检查系统的配置情况，是否具备报警功能(是为符合)	符合：前述符合 不符合：前述不符合	—
22	恶意代码防范	1. 查看系统中安装的防病毒软件，询问管理员病毒库更新策略，查看病毒库的最新版本更新日期是否未超过一个星期。(是为符合) 2. 查看系统中安装了采用何种病毒特征库 / 行为特征库的软件。(病毒库等为最新为符合) 3. 当发现病毒入侵行为时，如何发现，如何有效阻断等，报警机制等。(有相应报警机制为符合)	符合：1、3 或 2、3 符合 部分符合：1 和 2 符合但 3 不符合为部分符合 不符合：1、2、3 不符合	建议在关键网络节点及主机操作系统上均部署恶意代码检测和清除产品，并及时更新恶意代码库，网络层与主机层恶意代码防范产品宜形成异构模式，有效检测及清除可能出现的恶意代码攻击

续表

序号	控制点	测评实施	符合判定	整改建议
23	可信验证	1. 核查服务器的启动，是否实现可信验证的检测过程，查看对那些系统引导程序、系统程序或重要配置参数进行可信验证。（是为符合） 2. 修改其中的重要系统程序之一和应用程序之一，核查是否能够检测到并进行报警。（是为符合） 3. 是否将验证结果形成审计记录送至安全管理中心。（是为符合）	符合：1、2、3 符合 部分符合：1 或 2、3 符合 不符合：1、2、3 不符合 默认不符合	—
24	数据完整性（1）	—	默认不适用	—
25	数据完整性（2）	—	默认不适用	—
26	数据保密性（1）	—	默认不适用	—
27	数据保密性（2）	选择“控制面板”→“管理工具”→“本地安全策略”→“账户策略”→“密码策略”，查看“用可还原的加密来存储密码”是否为禁用。 默认为禁用状态，默认符合	符合：前述符合 不符合：前述不符合	—
28	数据备份恢复（1）	—	默认不适用	—
29	数据备份恢复（2）	—	默认不适用	—
30	数据备份恢复（3）	—	默认不适用	—
31	剩余信息保护（1）	询问系统管理员，操作系统是否采取措施保证对存储介质（如硬盘或内存）中的用户鉴别信息进行及时清除，防止其他用户非授权获取该用户的鉴别信息。（是为符合） 补充：输入 secpol.msc →“本地安全策略”→“本地策略”→“安全选项”，查看“交互式登录：不显示上次登录”和“交互式登录：登录时不显示用户名”是否启用	符合：1 符合 部分符合：1 部分符合 不符合：1 不符合	—
32	剩余信息保护（2）	询问系统管理员，操作系统是否采取措施保证对存储介质（如硬盘或内存）中的用户鉴别信息进行及时清除，防止其他用户非授权获取该用户的敏感信息。（是为符合） 补充：输入 secpol.msc →“本地安全策略”→“本地策略”→“安全选项”，查看“关机：清除虚拟内存页面文件”是否启用	符合：前述符合 不符合：前述不符合	—

表 6-32　安全计算环境（通用要求）：网络安全设备测评指标

序号	控制点	测 评 实 施	符 合 判 定	整 改 建 议
1	身份鉴别(1)	1. 检查设备 console、telnet、ssh、https、http 等登入方式是否采用了账户口令或证书等认证方式。(是为符合) 2. 经询问和查看，设备上所有账户未重名，具备唯一性，(console 登入一般采用超级终端登入，一般不具备账户或口令)。 3. 测试验证登入配置信息的有效性，检查配置信息中是否存在空口令账户，口令在配置信息中加密存储(如显示为 *********)。(是为符合) 4. 检查账户口令是否满足复杂度要求(大小写字母、数字、符号，至少 8 位)，口令定期更换周期是否最大为 90 天，建议历史口令数 5 个以上。(是为符合)	符合：1、2、3、4 符合 部分符合：1～4 中任意一个符合 不符合：1～4 均不符合	建议删除或修改账户口令重命名默认账户，制定相关管理制度，规范口令的最小长度、复杂度与生命周期，并根据管理制度要求，合理配置账户口令复杂度和定期更换策略；此外，建议为不同设备配备不同的口令，避免一台设备口令被破解影响所有设备安全
2	身份鉴别(2)	1. 检查设备的登入失败处理功能是否开启。(是为符合) 2. 检查设备是否配置了非法登入失败处理功能，并验证非法登入失败处理的有效性(建议非法登入失败次数设置 5 次以内，登入失败锁定 10 分钟以上)。(是为符合) 3. 检查设备的连接超时时间，超过时间自动退出(建议将时间设置在 30 分钟以内)	符合：1、2、3 部分符合：1～3 中任意一个符合 不符合：1～3 均不符合	—
3	身份鉴别(3)	检查或验证设备的远程管理方式为 ssh 或 https，同时关闭 telnet、http 等不安全的远程管理方式	符合：1 符合 部分符合：采用了安全的管理方式，但同时也开启了不安全的管理方式(未使用此方式)。 不符合：使用了不安全的管理方式	建议尽可能避免通过不可控网络环境对网络设备、安全设备、操作系统、数据库等进行远程管理。如确有需要，则建议采取措施或使用加密机制(如 VPN 加密通道、开启 SSH、HTTPS 协议等)，防止鉴别信息在网络传输过程中被窃听
4	身份鉴别(4)	1. 检查设备的登入方式是否采用两种以上的鉴别技术。(是为符合) 2. 检查两种以上鉴别方式中至少有一种采用密码技术。(是为符合) 密码技术包括：对称(AES、DES、3DES、SM1、SM4、SM7)或非对称(RSA、ECC、SM2、SM9)、杂凑算法 SM3。 推荐使用数字证书	符合：1、2 部分符合：自行判定 不符合：1、2 均不符合	建议核心设备、操作系统等增加除用户名 / 口令以外的身份鉴别技术，如密码 / 令牌、生物鉴别方式等，实现双因子身份鉴别，增强身份鉴别的安全力度；对于使用堡垒机或统一身份认证机制实现双因素认证的场景，建议通过绑定等技术措施，确保设备只能通过该机制进行身份认证，无旁路现象存在
5	访问控制(1)	1. 检查设备上是否有配置不同等级(网络设备权限一般有 0～15 级)或不同权限(安全设备一般有系统管理员、安全管理员、审计管理员等账户权限)的账户。(是为符合) 2. 检查设备上是否已禁用或限制匿名、默认账户的使用(实际测评时有些安全厂商的默认账户不可删除、禁用或重命名)。(是为符合)	符合：1、2 部分符合：1、2 任意一个不符合 不符合：1、2 均不符合	—

续表

序号	控制点	测 评 实 施	符 合 判 定	整 改 建 议
6	访问控制（2）	1. 检查设备上是否已将默认账户重命名或删除。（实际测评时有些安全厂商的默认账户不可删除、禁用或重命名）。（是为符合） 2. 验证默认账户或其他账户是否采用默认口令（如：Talnet@123、Huawei、Admin@123、Admin@huawei、Cisco、cisco、Nsfoucs、admin、adminadmin）。（是为符合）	符合：1、2 部分符合：1、2 任意一个不符合 不符合：1、2 均不符合	建议网络设备、安全设备、操作系统、数据库等重命名或删除默认管理员账户，修改默认密码，使其具备一定的强度，增强账户安全性
7	访问控制（3）	1. 应核查是否不存在多余或过期账户，管理员用户与账户之间是否一一对应。（是为符合） 2. 应测试验证多余的、过期的账户是否被删除或停用。（是为符合）	符合：1、2 部分符合：1、2 任意一个不符合 不符合：1、2 均不符合	—
8	访问控制（4）	1. 检查设备上的账户是否有划分不同的权限，比如网络设备权限一般有 0 ～ 15 级、安全设备一般有系统管理员、安全管理员、审计管理员等账户权限。（是为符合） 2. 检查各管理用户所拥有的账户权限是否与其他管理员所拥有的账户权限有重叠。（是为符合） 3. 检查各管理员所拥有的设备账户权限是否为其工作需要的最小权限，如审计管理员只能查看或配置审计相关信息。（是为符合）	符合：1、3 部分符合：1、2、3 任意一个不符合 不符合：1、2、3 均不符合	—
9	访问控制（5）	1. 应核查是否由授权主体（如权限管理账户）负责配置访问控制策略。（是为符合） 2. 应核查授权主体是否依据安全策略配置了主体（各账户）对客体（功能模块、命令等）的访问规则。（是为符合） 3. 应测试验证账户是否没有可越权访问情形。（是为符合）	一般情况有权限控制功能的 1、3 默认符合 符合：2 符合 部分符合：2 不符合 不符合：无权限控制功能	—
10	访问控制（6）	应核查访问控制策略的控制粒度是否达到主体为用户级，客体为命令、文件、数据库表级。（是为符合）	一般情况有权限控制功能的默认符合	—
11	访问控制（7）	1. 应核查是否对主体、客体设置了安全标记。（是为符合） 2. 应测试验证是否依据主体、客体安全标记控制主体对客体访问的强制访问控制策略。（是为符合）	默认不符合	—
12	安全审计（1）	1. 应核查是否开启了安全审计功能。（是为符合） 2. 应核查安全审计范围是否覆盖到每个用户。（是为符合） 3. 应核查是否对重要的用户行为和重要安全事件进行审计。（是为符合）	若开启了安全审计功能，2、3 默认符合 符合：1 符合 不符合：1 不符合	建议在核心设备、安全设备、操作系统、数据库、运维终端性能允许的前提下，开启用户操作类和安全事件类审计策略或使用第三方日志审计工具，实现对相关设备操作与安全行为的全面审计记录，保证发生安全问题时能够及时溯源

续表

序号	控制点	测评实施	符合判定	整改建议
13	安全审计（2）	应核查是否开启了安全审计功能。（是为符合） 审计记录元素一般还包含源目IP、源目端口、事件描述、操作内容等	符合：前述符合 不符合：前述不符合	—
14	安全审计（3）	1. 应核查是否开启了安全审计功能。（是为符合） 2. 检查采取何种措施对设备的安全审计数据进行保护，是否有开启日志服务器功能，（一般通过 Syslog 协议将审计数据传送到日志审计与分析系统或日志服务器）。（是为符合） 3. 检查日志服务器的相关配置信息，日志传送等级、传送方式等，同时在日志审计与分析系统和日志服务器上查看是否有此设备的审计记录数据，（一般查看是否有6个月以前的审计记录数据）。（是为符合）	符合：1、2、3都符合 部分符合：1符合，2或3不符合 不符合：1不符合，2和3都不符合	—
15	安全审计（4）	检查除审计管理员、超级管理员以外的其他用户是否不能中断或关闭审计服务。（一般超级管理员具备所有权限）（是为符合）	符合：前述符合 不符合：前述不符合	—
16	入侵防范（1）	1. 应核查是否遐循最小安装原则。（是为符合） 2. 应核查是否未安装非必要的组件和应月程序。（是为符合）	默认符合	—
17	入侵防范（2）	1. 应核查是否关闭了非必要的系统服务和默认共享。（是为符合） 2. 应核查是否不存在非必要的高危端口。（是为符合） 附加：一般网络设备会开启 cdp、ntp、llcp、dns、dhcp、ftp 或其他一些实际未使用的协议服务	符合：1、2都符合 部分符合：1、2任意一个不符合 不符合：1、2均不符合	建议网络设备、安全设备、操作系统等关闭不必要的服务和端口，降低安全隐患；根据自身应用需求，需要开启共享服务的，应合理设置相关配置，如设置账户权限等
18	入侵防范（3）	检查设备的登入地址限制为什么地址，此地址（或多个地址）是否为堡垒机、运维终端所使用。（地址限制符合要求为符合）	符合：前述符合 不符合：前述不符合	建议通过技术手段，对管理终端进行限制
19	入侵防范（4）	1. 应核查系统设计文档的内容是否包括数据有效性检验功能的内容或模块。（是为符合） 2. 应测试验证是否对人机接口或通信接口输入的内容进行有效性检验。（是为符合）	一般情况默认符合	—
20	入侵防范（5）	1. 应通过漏洞扫描、渗透测试等方式核查是否不存在高风险漏洞（一般最少90天扫描一次）。（是为符合） 2. 应核查是否在经过充分测试评估后及时修补漏洞。（是为符合）	符合：1、2都符合 部分符合：1符合，2不符合 不符合：1不符合	（1）互联网设备未修补已知重大漏洞。建议订阅安全厂商漏洞推送或本地安装安全软件，及时了解漏洞动态，在充分测试评估的基础上，弥补严重安全漏洞。 （2）内部设备存在可被利用高危漏洞。建议在充分测试的情况下，及时对设备进行补丁更新，修补已知的高风险安全漏洞；此外，还应定期对设备进行漏扫，及时处理发现的风险漏洞，提高设备稳定性与安全性

续表

序号	控制点	测评实施	符合判定	整改建议
21	入侵防范(6)	1. 应访谈并核查是否有入侵检测的措施。(是为符合) 2. 应核查在发生严重入侵事件时是否提供报警。(是为符合) 具有入侵检测，或入侵防范功能的设备为测评对象，其他为不适用	不适用	—
22	可信验证	1. 应核查是否基于可信根对计算设备的系统引导程序、系统程序、重要配置参数和应用程序等进行可信验证。(是为符合) 2. 应核查是否在应用程序的关键执行环节进行动态可信验证。(是为符合) 3. 应测试验证当检测到计算设备的可信性受到破坏后是否进行报警。(是为符合) 4. 应测试验证结果是否以审计记录的形式送至安全管理中心。(是为符合)	不符合	—
23	数据完整性(1)	1. 是否仅使用 console 口登录进行管理。(是为符合) 2. 查看开启的远程登录服务是否为 SSH、HTTPS。(是为符合) 3. 若开启 Telnet，需查看是否无用户可以通过 Telnet 登录进行管理。(是为符合) 4. 若开启 HTTP，需查看是否无用户可以在 HTTP 页面上进行登录管理；或进行了重定向到 HTTPS 页面。(是为符合)	符合：1 符合，或者 2、3、4 都符合 不符合：3 或 4 不符合	—
24	数据完整性(2)	1. 应核查设计文档，是否采用了校验技术或密码技术保证鉴别数据、重要业务数据、重要审计数据、重要配置数据、重要视频数据和重要个人信息等在存储过程中的完整性。(是为符合) 2. 应核查是否采用技术措施（如数据安全保护系统等）保证鉴别数据、重要业务数据、重要审计数据、重要配置数据、重要视频数据和重要个人信息等在存储过程中的完整性。(是为符合) 3. 应测试验证在存储过程中对鉴别数据、重要业务数据、重要审计数据、重要配置数据、重要视频数据和重要个人信息等进行篡改，是否能够检测到数据在存储过程中的完整性受到破坏并能够及时恢复。(是为符合)	默认符合	—
25	数据保密性(1)	1. 是否仅使用 console 口登录进行管理。(是为符合) 2. 查看开启的远程登录服务是否为 SSH、HTTPS。(是为符合) 3. 若开启 Telnet，需查看是否无用户可以通过 Telnet 登录进行管理。(是为符合) 4. 若开启 HTTP，需查看是否无用户可以在 HTTP 页面上进行登录管理；或进行了重定向到 HTTPS 页面。(是为符合)	符合：2、3、4 都符合 不符合：3 或 4 不符合 不适用：1 符合	—
26	数据保密性(2)	不显示口令，或显示的口令为 *** 或加密后的 hash 值	符合：1 符合 不符合：1 不符合	—

续表

序号	控制点	测评实施	符合判定	整改建议
27	数据备份恢复	1. 应核查是否按照备份策略进行本地备份。(是为符合) 2. 应核查备份策略设置是否合理、配置是否正确。(是为符合) 3. 应核查备份结果是否与备份策略一致。(是为符合) 4. 应核查近期恢复测试记录是否能够进行正常的数据恢复。(是为符合)	符合：1、2、3、4 符合 部分符合：1 符合，2、3、4 中有一个不符合为部分符合 不符合：1 不符合	—
28	数据备份恢复（1）	应核查是否提供异地实时备份功能，并通过网络将重要配置数据、重要业务数据实时备份至备份场地。(是为符合)	符合：1、2 都符合 部分符合：1 符合，2 不符合 不符合：1 不符合	—
29	数据备份恢复（2）	应核查重要数据处理系统（包括边界路由器、边界防火墙、核心交换机、应用服务器和数据库服务器等）是否采用热冗余方式部署。(是为符合)	符合：1 符合 不符合：1 不符合	—

表 6-33　安全管理中心（通用要求）测评指标

序号	测评对象	控制点	测评实施	符合判定	整改建议
1	VMWare、OpenStack、堡垒机、VPN（1）	系统管理（1）	测评对象：提供集中系统管理功能的系统。 1. 应核查是否对系统管理员进行身份鉴别。（是为符合） 2. 应核查是否只允许系统管理员通过特定的命令或操作界面进行系统管理操作。（是为符合） 3. 应核查是否对系统管理的操作进行审计。（是为符合）	符合：1、2、3 符合 部分符合：1、2、3 任意一个不符合 不符合：1、2、3 不符合	—
2	VMWare、OpenStack、堡垒机、VPN（2）	系统管理（2）	测评对象：提供集中系统管理功能的系统。 应核查是否通过系统管理员对系统的资源和运行进行配置、控制和管理，包括用户身份、资源配置、系统加载和启动、系统运行的异常处理、数据和设备的备份与恢复等。（是为符合）	符合：前述符合 不符合：前述不符合	—
3	日志审计、数据库审计、IDS、态势感知（1）	审计管理（1）	测评对象：综合安全审计系统、数据库审计系统等提供集中审计功能的系统。 1. 应核查是否对审计管理员进行身份鉴别。（是为符合） 2. 应核查是否只允许审计管理员通过特定的命令或操作界面进行安全审计操作。（是为符合） 3. 应核查是否对安全审计操作进行审计。（是为符合）	符合：1、2、3 符合 部分符合：1、2、3 任意一个不符合 不符合：1、2、3 不符合	—
4	日志审计、数据库审计、IDS、态势感知（2）	审计管理（2）	测评对象：综合安全审计系统、数据库审计系统等提供集中审计功能的系统。 应核查是否通过审计管理员对审计记录进行分析，并根据分析结果进行处理，包括根据安全审计策略对审计记录进行存储、管理和查询等。（是为符合）	符合：前述符合 不符合：前述不符合	—
5	IPS、WAF、防火墙、防毒墙（1）	安全管理（1）	测评对象：提供集中安全管理功能的系统。 1. 应核查是否对安全管理员进行身份鉴别。（是为符合） 2. 应核查是否只允许安全管理员通过特定的命令或操作界面进行安全审计操作。（是为符合） 3. 应核查是否对安全管理操作进行审计。（是为符合）	符合：1、2、3 符合 部分符合：1、2、3 任意一个不符合 不符合：1、2、3 不符合	—
6	IPS、WAF、防火墙、防毒墙（2）	安全管理（2）	测评对象：提供集中安全管理功能的系统。 应核查是否通过安全管理员对系统中的安全策略进行配置，包括安全参数的设置，主体、客体进行统一安全标记，对主体进行授权，配置可信验证策略等。（是为符合）	符合：前述符合 不符合：前述不符合	—
7	—	集中管控（1）	测评对象：网络拓扑。 1. 应核查是否划分出单独的网络区域用于部署安全设备或安全组件。（是为符合） 2. 应核查各个安全设备或安全组件是否集中部署在单独的网络区域内。（是为符合）	符合：1、2 都符合 部分符合：1 或 2 符合 不符合：1、2 都不符合	—
8	—	集中管控（2）	测评对象：路由器、交换机和防火墙等设备或相关组件。 1. 应核查是否采用安全方式（如 SSH、HTTPS、IPSec VPN 等）对安全设备或安全组件进行管理。（是为符合） 2. 应核查是否使用独立的带外管理网络对安全设备或安全组件进行管理。（是为符合）	符合：1、2 都符合 部分符合：1 或 2 符合 不符合：1、2 都不符合	—

续表

序号	测评对象	控制点	测评实施	符合判定	整改建议
9	—	集中管控（3）	测评对象：综合网管系统等提供运行状态监测功能的系统。 1. 应核查是否部署了具备运行状态监测功能的系统或设备，能够对网络链路、安全设备、网络设备和服务器等的运行状况进行集中监测。（是为符合） 2. 应测试验证运行状态监测系统是否根据网络链路、安全设备、网络设备和服务器等的工作状态、依据设定的阈值（或默认阈值）实时报警。（是为符合）	符合：1、2 都符合 部分符合：1 或 2 符合 不符合：1、2 都不符合	建议对网络链路、安全设备、网络设备和服务器等的运行状况进行集中监测
10	—	集中管控（4）	测评对象：综合安全审计系统、数据库审计系统等提供集中审计功能的系统。 1. 应核查各个设备是否配置并启用了相关策略，将审计数据发送到独立于设备自身的外部集中安全审计系统中。（是为符合） 2. 应核查是否部署统一的集中安全审计系统，统一收集和存储各设备日志，并根据需要进行集中审计分析。（是为符合） 3. 应核查审计记录的保留时间是否至少为 6 个月。（是为符合）	符合：1、2、3 符合 部分符合：1、2、3 任意一个不符合 不符合：1、2、3 不符合	建议部署日志服务器，统一收集各设备的审计数据，进行集中分析，并根据法律法规的要求留存日志
11	—	集中管控（5）	测评对象：提供集中安全管控功能的系统。 1. 应核查是否能够对安全策略（如防火墙访问控制策略、入侵保护系统防护策略、WAF 安全防护策略）进行集中管理。（是为符合） 2. 应核查是否实现对操作系统防恶意代码系统及网络恶意代码防护设备的集中管理，实现对防恶意代码病毒规则库的升级进行集中管理。（是为符合） 3. 应核查是否实现对各个系统或设备的补丁升级进行集中管理。（是为符合）	符合：1、2、3 符合 部分符合：1、2、3 任意一个不符合 不符合：1、2、3 不符合	—
12	—	集中管控（6）	测评对象：提供集中安全管控功能的系统。 1. 应核查是否部署了相关系统平台能够对各类安全事件进行分析并通过声光等方式实时报警。（是为符合） 2. 应核查监测范围是否能够覆盖网络所有关键路径。（是为符合）	符合：1、2 都符合 部分符合：1 或 2 符合 不符合：1、2 都不符合	建议根据系统场景需要，部署 IPS、应用防火墙、防毒墙（杀毒软件）、垃圾邮件网关、新型网络攻击防护等防护设备，对网络中发生的各类安全事件进行识别、报警和分析，确保相关安全事件得到及时发现，及时处置

表 6-34　安全管理制度（通用要求）测评指标

序号	控制点	测评实施	符合判定	整改建议
1	安全策略	应核查网络安全工作的总体方针和安全策略文件是否明确机构安全工作的总体目标、范围、原则和各类安全策略。（是为符合）	符合：前述符合 不符合：前述不符合	—
2	管理制度（1）	应核查各项安全管理制度是否覆盖物理、网络、主机系统、数据、应用、建设和运维等管理内容。（是为符合）	符合：前述符合 不符合：前述不符合	整改建议：建议按照等级保护的相关要求，建立包括总体方针、安全策略在内的各类与安全管理活动相关的管理制度
3	管理制度（2）	应核查是否具有日常管理操作的操作规程，如系统维护手册和用户操作规程等。（是为符合）	符合：前述符合 不符合：前述不符合	—
4	管理制度（3）	1. 应核查总体方针策略文件、管理制度和操作规程是否全面且具有关联性和一致性。（是为符合） 2. 记录表单是否全面。（是为符合）	符合：1、2 均符合 部分符合：1 或 2 符合 不符合：1、2 均不符合	—
5	制定和发布（1）	应核查是否由专门的部门或人员负责制定安全管理制度。（是为符合）	符合：前述符合 不符合：前述不符合	—
6	制定和发布（2）	1. 应核查制度制定和发布要求管理文档是否说明安全管理制度的制定和发布程度、格式要求及版本编号等相关内容。（是为符合） 2. 应核查安全管理制度的收发登记记录，是否通过正式、有效的方式收发，如正式发文、领导签署和单位盖章等。（是为符合）	符合：1、2 均符合 部分符合：1 或 2 符合 不符合：1、2 均不符合	—
7	评审和修订	1. 应访谈信息 / 网络安全主管，是否定期对安全管理制度的合理性和适用性进行审定。（是为符合） 2. 应核查是否具有安全管理制度的审定或论证记录，如果对制度做过修订，核查是否有修订版本的安全管理制度。（是为符合）	符合：1、2 均符合 部分符合：1 或 2 符合 不符合：1、2 均不符合	—

表 6-35　安全管理机构（通用要求）测评指标

序号	控制点	测评实施	符合判定	整改建议
1	岗位设置（1）	1. 访谈信息 / 网络安全主管是否成立了指导和管理网络安全工作的委员会或领导小组。（是为符合） 2. 核查部门职责文档是否明确了网络安全工作委员会或领导小组构成情况和相关职责。核查相关委任授权文件是否明确其最高领导由单位主管领导委任或授权	符合：1，2 有 不符合：1 无	整改建议：建议成立指导和管理网络安全工作的委员会或领导小组，其最高领导由单位主管领导担任或授权
2	岗位设置（2）	访谈信息 / 网络安全主管，是否设立了网络安全管理职能部门和各方面负责人（如机房负责人、系统运维负责人、系统建设负责人等）。核查部门职责文档是否明确网络安全管理工作的职能部门和各负责人职责。（是为符合）	符合：前述有 不符合：前述无	—
3	岗位设置（3）	1. 访谈信息/网络安全主管是否设立了系统管理员、网络管理员和安全管理员等岗位。（是为符合） 2. 核查岗位职责文档是否明确了各岗位职责。（是为符合）	符合：1，2 符合 部分符合：1 符合，2 部分符合 不符合：1，2 不符合	—
4	人员配备（1）	1. 访谈信息 / 网络安全主管，询问各个安全管理岗位人员配备情况。 2. 核查管理人员名单，查看其是否明确机房管理员、系统管理员、网络管理员、安全管理员等重要岗位人员的信息。（是为符合） 3. 与技术核查结合，各个岗位是否根据管理人员名单予以授权，如主机核查时系统管理员是否和管理人员名单一致。（是为符合）	符合：1，2，3 符合 不符合：1 不符合 部分符合：其他情况部分符合	—
5	人员配备（2）	访谈安全主管，询问安全管理员的配备情况，是否是专职。核查管理人员名单，确认安全管理员是否是专职人员。（是为符合）	符合：前述符合 不符合：前述不符合	—
6	授权和审批（1）	1. 访谈安全主管，询问对哪些等级保护对象活动进行审批，审批部门是什么部门，审批人是什么岗位。（是为符合） 2. 核查部门职责文档是否明确各部门的审批事项和审批岗位。（是为符合） 3. 核查岗位职责文档是否明确各岗位的审批事项。（是为符合） 4. 核查审批记录，是否与相关职责文件描述一致。（是为符合）	符合：1，2 符合 部分符合：1 符合，2 部分符合 不符合：1，2 不符合	—
7	授权和审批（2）	1. 访谈安全主管，询问其对重要活动的审批范围（如系统变更、重要操作、物理访问和系统接入、重要管理制度的制定和发布、人员的配备和培训、产品的采购、外部人员的访问等），审批程序如何，其中哪些事项需要逐级审批。 2. 核查系统变更、重要操作、物理访问和系统接入等事项的相关管理制度是否明确相关操作的逐级审批程序。（是为符合） 3. 核查经逐级审批的记录，查看是否具有各级批准人的签字和审批部门的盖章，是否与相关制度一致。（是为符合）	符合：1，2，3 符合 不符合：1 不符合 部分符合：其他情况部分符合	—

续表

序号	控制点	测评实施	符合判定	整改建议
8	授权和审批（3）	访谈信息 / 网络安全主管，是否对各类审批事项进行更新。核查是否具有对相关审批事项的定期审查记录和授权更新记录。（是为符合）	符合：前述有 不符合：前述无	—
9	沟通和合作（1）	1. 访谈信息 / 网络安全主管，是否建立了各类管理人员、组织内部机构之间以及网络安全职能部门内部的合作与沟通机制。 2. 核查相关会议记录，是否涵盖安全相关内容。其中，针对组织内部机构之间以及网络安全职能部门内部的安全工作会议文件或会议记录，查看是否具有会议内容、会议时间、参加人员和会议结果等描述；是否具有安全管理委员会或领导小组安全管理工作执行情况的文件或工作记录（如会议记录 / 纪要，网络安全工作决策文档等）。（是为符合）	符合：1，2 符合 部分符合：1 符合，2 部分符合 不符合：1，2 不符合	—
10	沟通和合作（2）	1. 访谈信息 / 网络安全主管，是否建立了与网络安全管理部门、各类供应商、业界专家及安全组织的合作与沟通机制。（是为符合） 2. 核查相关沟通合作记录，是否具有与网络安全管理部门、各类供应商、业界专家合作、沟通、交流的记录。（是为符合）	符合：1，2 符合 部分符合：1 符合，2 部分符合 不符合：1，2 不符合	—
11	沟通和合作（3）	核查外联单位联系列表，是否记录了外联单位名称、合作内容、联系人和联系方式等信息。（是为符合）	符合：前述符合 不符合：前述不符合	—
12	审核和检查（1）	1. 访谈信息 / 网络安全主管是否定期进行了常规安全检查。（是为符合） 2. 核查常规安全核查记录是否包括了系统日常运行、系统漏洞和数据备份等情况。（是为符合）	符合：1，2 符合 部分符合：1 符合，2 部分符合 不符合：1，2 不符合	—
13	审核和检查（2）	1. 访谈信息 / 网络安全主管，是否定期进行了全面安全核查，核查内容都有哪些。（是为符合） 2. 核查全面安全核查记录类文档，是否包括了现有安全技术措施的有效性、安全配置与安全策略的一致性、安全管理制度的执行情况等。（是为符合）	符合：1，2 符合 部分符合：1 符合，2 部分符合 不符合：1，2 不符合	—
14	审核和检查（3）	1. 访谈安全管理员，询问是否制定安全核查表格实施安全检查，是否对检查结果进行通报。（是为符合） 2. 核查安全检查表格、安全检查记录、安全检查报告等文档，是否具有安全检查表格、安全检查记录、安全检查报告、安全检查结果通报记录。（是为符合） 3. 核查安全检查报告，查看报告日期与检查周期是否一致，报告中是否具有检查内容、检查时间、检查人员、检查数据汇总表、检查结果等的描述。（是为符合）	符合：1，2 符合 部分符合：1 符合，2 部分符合 不符合：1，2 不符合	—

表 6-36　安全人员管理（通用要求）测评指标

序号	控制点	测评实施	符合判定	整改建议
1	人员录用(1)	1. 应访谈安全主管，询问是否有专门的部门或人员负责人员的录用工作，由何部门/何人负责。(是为符合) 2. 查看是否有制度文档规定相关的人员录用要求。(是为符合)	符合：1，2 符合 不符合：1、2 不符合	—
2	人员录用(2)	1. 应访谈人员录用负责人，询问在人员录用时对人员条件有哪些要求，是否对被录用人的身份、背景、专业资格和资质进行审查，对技术人员的技术技能进行考核，应检查人员录用要求管理文档。(是为符合) 2. 查看人员录用制度文档，是否规定录用人员应具备的条件(如学历、学位要求，技术人员应具备的专业技术水平，管理人员应具备的安全管理知识等)，对录用人员进行考核的考核记录。(是为符合)	符合：1，2 符合 部分符合：1 符合，2 不符合 不符合：1 不符合	—
3	人员录用(3)	1. 应询问人事录用负责人，是否要求人员入职前应签署保密协议。(是为符合) 2. 应检查保密协议，查看是否有保密范围、保密责任、违约责任、协议的有效期限和责任人的签字等内容。(是为符合)	符合：1、2 均符合 部分符合：1 符合，2 部分符合 不符合：1 不符合	—
4	人员离岗(1)	1. 应访谈安全主管，询问对即将离岗人员有哪些控制方法，取回各种身份证件、钥匙、徽章以及机构提供的软硬件设备等。 2. 有相应的记录表单	符合：1、2 均符合 部分符合：1 符合，2 不符合 不符合：1 不符合	—
5	人员离岗(2)	1. 应检查人员离岗的管理文档，查看是否规定了人员调离手续和离岗要求等。(是为符合) 2. 离职后是否要求签署保密承诺，查看文档是否有调离人员的签字。(是为符合)	符合：1、2、3 均符合 部分符合：1 符合 不符合：1 不符合	—
6	安全意识教育和培训(1)	1. 应访谈安全管理员、系统管理员、网络管理员和数据库管理员，是否制定了相应的惩戒制度。(是为符合) 2. 是否对违反策略和规定的人员进行惩戒，如何惩戒，考查其对工作相关的信息安全基础知识、安全责任和惩戒措施等的理解程度。(是为符合)	符合：1，2 符合 部分符合：1 符合，2 不符合 不符合：1 不符合	整改建议：建议制定与安全意识、安全技能相关的教育培训计划，并按计划开展相关培训，提升员工整体安全意识及安全技能，有效支撑业务系统的安全稳定运行
7	安全意识教育和培训(2)	1. 应检查安全教育和培训计划文档，查看是否具有不同岗位的培训计划。(是为符合) 2. 查看计划是否明确了培训方式、培训对象、培训内容、培训时间和地点等，培训内容是否包含信息安全基础知识、岗位操作规程等。(是为符合) 3. 有相应的培训记录	符合：1，2，3 符合 部分符合：1 符合， 不符合：1 不符合	—
8	安全意识教育和培训(3)	1. 应询问是否有技能考核。(是为符合) 2. 应检查是否有技能考核记录表。(是为符合)	符合：1，2 符合 部分符合：1 符合，2 不符合 不符合：1 不符合	—

续表

序号	控制点	测评实施	符合判定	整改建议
9	外部人员访问管理（1）	1. 应访谈安全管理员，询问对外部人员访问重要区域前（如访问机房、重要服务器或设备区等）是否经有关部门或负责人书面批准。（是为符合） 2. 是否有批准人允许访问的批准签字，是否由专人全程陪同或监督，是否进行记录并备案管理。（是为符合）	符合：1，2 符合 部分符合：1 符合，2 不符合 不符合：1 不符合	—
10	外部人员访问管理（2）	1. 应访谈安全管理员，询问对外部人员接入受控网络访问系统前是否经有关部门或负责人书面批准，是否有批准人允许访问的批准签字，是否进行记录并备案管理。（是为符合） 2. 是否有专人负责对外部人员的账户开设工作，是否对其外部人员的名字与所分配的账户权限进行登记记录。（是为符合）	符合：1，2 符合 不符合：1、2 不符合	建议在外部人员管理制度中明确接入受控网络访问系统的申请审批流程，并对外部人员接入设备、可访问资源范围、账号回收、保密责任等内容做出明确规定，避免因管理缺失导致外部人员对受控网络、系统带来安全隐患
11	外部人员访问管理（3）	1. 询问安全管理员，在外部人员离岗时是否对其所使用的账户进行归还确认，并及时清除其权限。（是为符合） 2. 查看是否有账户归还记录及账户清除记录。（是为符合）	符合：1，2 符合 不符合：1、2 不符合	—
12	外部人员访问管理（4）	1. 询问安全管理员，在外部人员对系统进行访问前是否签署了保密协议，是否限制其操作行为。（是为符合） 2. 查看是否有保密协议签署文件，是否有相应的制度对外部人员的操作及行为进行规定。（是为符合）	符合：1，2 符合 不符合：1、2 不符合	—

表 6-37　安全建设管理（通用要求）测评指标

序号	控制点	测评实施	符合判定	整改建议
1	定级和备案（1）	应核查定级文档是否明确保护对象的安全保护等级，是否说明定级的方法和理由。（是为符合）	符合：前述符合 不符合：前述不符合	—
2	定级和备案（2）	应核查定级结果的论证评审会议记录是否有相关部门和有关安全技术专家对定级结果的论证意见。（是为符合）	符合：前述符合 不符合：前述不符合	—
3	定级和备案（3）	应核查定级结果部门审批文档是否有上级主管部门或本单位相关部门的审批意见。（是为符合）	符合：前述符合 不符合：前述不符合	—
4	定级和备案（4）	应核查是否具有公安机关出具的备案证明文档。（是为符合）	符合：前述符合 不符合：前述不符合	—
5	安全方案设计（1）	1. 应核查安全设计文档。 2. 安全设计文档是否根据安全保护等级选择安全措施。 3. 安全设计文档是否根据安全需求调整安全措施。（是为符合）	符合：1、2、3 符合 部分符合：1 符合，2 或 3 不符合 不符合：1 或 2 和 3 不符合	—
6	安全方案设计（2）	应核查是否有总体规划和安全设计方案等配套文件，设计方案中应包含密码技术相关内容。（是为符合）	符合：1、2 符合 不符合：任一项不符合	—
7	安全方案设计（3）	应核查配套文件的论证评审记录或文档是否有相关部门和有关安全技术专家对总体安全规划、安全设计方案等相关配套文件的批准意见和论证意见。（是为符合）	符合：1、2、3 符合 不符合：任一项不符合	—
8	产品采购和使用（1）	应核查有关网络安全产品是否符合国家的有关规定，如网络安全产品获得了销售许可等。（是为符合）	符合：前述符合 不符合：前述不符合	建议依据国家有关规定，采购和使用网络安全产品；如采购或使用“网络关键设备和网络安全专用产品目录”中的网络安全专用产品，相关产品应通过相关机构的检测认证
9	产品采购和使用（2）	1. 应访谈建设负责人是否采用了密码产品及其相关服务。（是为符合） 2. 应核查密码产品与服务的采购和使用是否符合国家密码管理主管部门的要求。（是为符合） 3. 未采用密码产品及其相关服务，此项不适用	符合：1、2 符合 部分符合：1 或 2 不符合 不符合：1、2 不符合 不适用：3	建议依据国家相关法律法规、国家密码管理主管部门以及行业主管部门的要求，采购和使用密码产品与服务；如采购或使用“网络关键设备和网络安全专用产品目录”中的商用密码产品，相关密码产品应通过相关机构的检测认证
10	产品采购和使用（3）	应核查是否具有产品选型测试结果文档、候选产品采购清单及审定或更新的记录。（是为符合）	符合：前述符合 不符合：前述不符合	—

续表

序号	控制点	测 评 实 施	符 合 判 定	整 改 建 议
11	自行软件开发（1）	1. 应访谈建设负责人自主开发软件是否在独立的物理环境中完成编码和调试，与实际运行环境分开。（是为符合） 2. 应核查测试数据和结果是否受控使用。（是为符合） 3. 外包开发，此项不适用	符合：1、2 符合 部分符合：1 或 2 不符合 不符合：1、2 不符合 不适用：3	—
12	自行软件开发（2）	1. 应核查软件开发管理制度是否明确软件设计、开发、测试和验收过程的控制方法和人员行为准则，是否明确哪些开发活动应经过授权和审批。（是为符合） 2. 外包开发，此项不适用	符合：1 符合 不符合：1 不符合 不适用：2	—
13	自行软件开发（3）	1. 应核查代码编写安全规范是否明确代码安全编写规则。（是为符合） 2. 外包开发，此项不适用	符合：1 符合 不符合：1 不符合 不适用：2	—
14	自行软件开发（4）	1. 应核查是否具有软件开发文档和使用指南，并对文档使用进行控制。（是为符合） 2. 外包开发，此项不适用	符合：1 符合 不符合：1 不符合 不适用：2	—
15	自行软件开发（5）	1. 应核查是否具有软件安全测试报告和代码审计报告，明确软件存在的安全问题及可能存在的恶意代码。（是为符合） 2. 外包开发，此项不适用	符合：1 符合 不符合：1 不符合 不适用：2	—
16	自行软件开发（6）	1. 应核查对程序资源库的修改、更新、发布进行授权和审批的文档或记录是否有批准人的签字。（是为符合） 2. 外包开发，此项不适用	符合：1 符合 不符合：1 不符合 不适用：2	—
17	自行软件开发（7）	1. 应访谈建设负责人开发人员是否为专职，是否对开发人员活动进行控制等。（是为符合） 2. 外包开发，此项不适用	符合：1 符合 不符合：1 不符合 不适用：2	—
18	外包软件开发（1）	1. 应核查是否具有交付前的恶意代码检测报告。（是为符合） 2. 自主开发，此项不适用	符合：1 符合 不符合：1 不符合 不适用：2	—
19	外包软件开发（2）	1. 应核查是否具有软件开发的相关文档，如需求分析说明书、软件设计说明书等，是否具有软件操作手册或使用指南。（是为符合） 2. 自主开发，此项不适用	符合：1 符合 不符合：1 不符合 不适用：2	—

续表

序号	控制点	测评实施	符合判定	整改建议
20	外包软件开发（3）	1. 应访谈建设负责人委托开发单位是否提供软件源代码。（是为符合） 2. 应核查软件测试报告是否审查了软件可能存在的后门和隐蔽信道。（是为符合） 3. 自主开发，此项不适用	符合：1、2 符合 部分符合：1 或 2 不符合 不符合：1、2 不符合 不适用：3	建议对外包公司开发的核心系统进行源代码审查，检查是否存在后门和隐蔽信道。如没有技术手段进行源码审查的，可聘请第三方专业机构对相关代码进行安全检测
21	工程实施（1）	应核查是否指定专门部门或人员对工程实施进行进度和质量控制。（是为符合）	符合：前述符合 不符合：前述不符合	—
22	工程实施（2）	应核查安全工程实施方案是否包括工程时间限制、进度控制和质量控制等方面内容，是否按照工程实施方面的管理制度进行各类控制、产生阶段性文档等。（是为符合）	符合：前述符合 不符合：前述不符合	—
23	工程实施（3）	应核查工程监理报告是否明确了工程进展、时间计划、控制措施等方面内容。（是为符合）	符合：前述符合 不符合：前述不符合	—
24	测试验收（1）	1. 应核查工程测试验收方案是否明确说明参与测试的部门、人员、测试验收内容、现场操作过程等内容。（是为符合） 2. 应核查测试验收报告是否有相关部门和人员对测试验收报告进行审定的意见。（是为符合）	符合：1、2 符合 部分符合：1 或 2 不符合 不符合：1、2 不符合	—
25	测试验收（2）	应核查是否具有上线前的安全测试报告，报告应包含密码应用安全性测试相关内容。（是为符合）	符合：前述符合 不符合：前述不符合	建议在新系统上线前，对系统进行安全性评估，及时修补评估过程中发现的问题，确保系统安全上线
26	系统交付（1）	应核查交付清单是否说明交付的各类设备、软件、文档等	符合：前述符合 不符合：前述不符合	—
27	系统交付（2）	应核查系统交付技术培训记录是否包括培训内容、培训时间和参与人员等。（是为符合）	符合：1 符合 不符合：前述不符合	—
28	系统交付（3）	应核查交付文档是否包括建设过程文档和运行维护文档等，提交的文档是否符合管理规定的要求。（是为符合）	符合：1 符合 不符合：前述不符合	—
29	等级测评（1）	1. 应访谈运维负责人本次测评是否为首次，若非首次，是否根据以往测评结果进行相应的安全整改。（是为符合） 2. 应核查是否具有以往等级测评报告和安全整改方案。（是为符合） 3. 系统为首次测评，此项不适用	符合：1、2 符合 部分符合：1 或 2 不符合 不符合：1、2 不符合 不适用：3	—

续表

序号	控制点	测评实施	符合判定	整改建议
30	等级测评（2）	1. 应核查是否有过重大变更或级别发生过变化及是否进行相应的等级测评。（是为符合） 2. 应核查是否具有相应情况下的等级测评报告。（是为符合） 3. 系统为首次测评，此项不适用	符合：1、2 符合 不符合：1、2 不符合 不适用：3	—
31	等级测评（3）	1. 应核查以往等级测评的测评单位是否具有等级测评机构资质。（是为符合） 2. 系统为首次测评，此项不适用	符合：1 符合 不符合：前述不符合 不适用：2	—
32	服务供应商选择（1）	应访谈建设负责人选择的安全服务商是否符合国家有关规定。（是为符合）	符合：1、2、3 符合 不符合：任一项不符合	—
33	服务供应商选择（2）	应核查与服务供应商签订的服务合同或安全责任书是否明确了后期的技术支持和服务承诺等内容。（是为符合）	符合：1 符合 不符合：前述不符合	—
34	服务供应商选择（3）	1. 应核查是否具有服务供应商定期提交的安全服务报告。（是为符合） 2. 应核查是否定期审核评价服务供应商所提供的服务及服务内容变更情况，是否具有服务审核报告。（是为符合） 3. 应核查是否具有服务供应商评价审核管理制度，明确针对服务供应商的评价指标、考核内容等。（是为符合）	符合：1、2、3 符合 部分符合：1 或 2 或 3 不符合 不符合：1、2、3 不符合	—

表 6-38　安全运维管理（通用要求）测评指标

序号	控制点	测 评 实 施	符 合 判 定	整 改 建 议
1	环境管理（1）	1. 应访谈物理安全负责人是否指定部门和人员负责机房安全管理工作，如对机房的出入进行管理、对基础设施（如空调、供配电设备、灭火设备等）进行定期维护。（是为符合） 2. 应核查来访人员登记记录。 3. 来访人员记录内容是否包括了来访人员、来访时间、离开时间、携带物品等信息。（是为符合） 4. 核查设施维护记录。 5. 设施维护记录内容是否包括了维护日期、维护人、维护设备、故障原因、维护结果等。（是为符合）	符合：1 ～ 5 均符合 部分符合：1 ～ 5 中任一条符合 不符合：1 ～ 5 均不符合	—
2	环境管理（2）	1. 应核查机房安全管理制度是否覆盖物理访问、物品进出和环境安全等方面内容。（是为符合） 2. 应核查物理访问、物品进出和环境安全等相关记录是否与制度相符。（是为符合）	符合：1、2 均符合 部分符合：1、2 任意一条符合 不符合：1、2 均不符合	—
3	环境管理（3）	1. 核查办公环境的安全管理制度。 2. 制度内容明确了来访人员的接待区域。 3. 核查员工的办公桌面上是否不含有敏感信息的纸档文件和移动介质等。（是为符合）	符合：1 ～ 3 均符合 部分符合：2、3 任意一条符合 不符合：1 ～ 3 均不符合	—
4	资产管理（1）	1. 核查资产清单。 2. 资产清单内容是否包括了资产范围（含设备设施、软件、文档等）、资产责任部门、重要程度和所处位置等。（是为符合）	符合：1、2 均符合 部分符合：1 符合，2 资产内容不全 不符合：1 不符合	—
5	资产管理（2）	1. 核查资产管理制度。 2. 制度内容是否包括了资产的标识方法以及不同资产的管理措施要求。（是为符合） 3. 核查资产清单中的设备是否具有相应的标识。（是为符合） 4. 核查资产清单中的设备上的标识方法是否符合相关要求。（是为符合）	符合：1 ～ 4 均符合 部分符合：1、2 符合或 3 符合 不符合：1 ～ 4 均不符合	—
6	资产管理（3）	1. 核查安全管理制度中是否明确了对信息进行分类与标识的原则和方法。（是为符合） 2. 核查安全管理制度中是否明确了对不同的信息的使用、传输和存储等操作的要求。（是为符合）	符合：1、2 均符合； 部分符合：1、2 任意一条符合。 不符合：1、2 均不符合。	—

续表

序号	控制点	测评实施	符合判定	整改建议
7	介质管理（1）	1. 访谈资产管理员 / 存储介质管理员当前使用的存储介质类型或数据存储方式。 2. 访谈资产管理员 / 存储介质管理员当前使用的存储介质是否指派专人管理。（是为符合） 3. 核查存储介质（主要指移动存储介质，如脱机的硬盘、光盘、移动硬盘、U 盘等）管理记录，记录内容是否包括了适用、归还、归档等。（是为符合）	符合：2、3 均符合。 部分符合：2、3 任意一条符合。 不符合：2、3 均不符合。	—
8	介质管理（2）	1. 访谈资产管理员 / 存储介质管理员是否存在存储介质的物理传输情况，如脱机的硬盘、光盘、移动硬盘、U 盘等的物理传输。（是为符合） 2. 如有存储介质的物理传输，核查安全管理制度中是否明确了物理传输过程的管理要求。（是为符合） 3. 核查物理介质传输的管理记录，记录内容是否包括了传输中的执行人、存储介质信息、存储介质打包、存储介质交付、存储介质归档、存储介质查询等。（是为符合）	符合：2、3 均符合。 部分符合：2、3 任意一条符合。 不符合：2、3 均不符合。	—
9	设备维护管理（1）	1. 访谈设备管理员是否指派部门或专人对各类设施、设备进行定期维护管理。（是为符合） 2. 核查部门职责或人员岗位职责文档是否明确了设施、设备的维护管理责任。（是为符合）	符合：1、2 均符合； 部分符合：1、2 任意一条符合。 不符合：1、2 均不符合。	—
10	设备维护管理（2）	1. 核查设备维护管理制度是否明确维护人员的责任、维修和服务的审批、维修过程的监督控制等方面的内容。（是为符合） 2. 核查是否留有维修和服务的审批、维修过程等记录，审批、记录内容是否与制度相符。（是为符合）	符合：1、2 均符合； 部分符合：1、2 任意一条符合。 不符合：1、2 均不符合。	—
11	设备维护管理（3）	1. 核查设备带离机房的审批流程。 2. 核查设备带离机房或办公地点的审批记录。 3. 核查含有存储介质的设备带离机房的记录，记录中是否有对重要数据的加密措施。（是为符合）	符合:1、2 任意一条符合且 3 符合; 部分符合：1、2 任意一条符合。 不符合：1 ～ 3 均不符合。	—
12	设备维护管理（4）	核查含有存储介质的设备在报废或重用前所采取清除措施或安全覆盖措施	符合：前述符合 不符合：前述不符合	—

续表

序号	控制点	测评实施	符合判定	整改建议
13	漏洞和风险管理（1）	1. 核查用来发现安全漏洞和隐患的措施。 2. 核查相关安全措施执行后的报告或记录。 3. 核查修复漏洞或消除隐患的操作记录	符合：1～3 均符合 不符合：未进行漏扫和修补漏洞。	建议制定安全漏洞的发现、管理、处置等生命周期的管理机制，明确要求定期对相关设备及系统进行漏洞扫描（如扫描行为可能对系统造成影响的，可通过同离线样本或者搭建测试环境进行扫描），并对发现的安全漏洞和隐患进行及时修补评估，对必须修补的安全漏洞和隐患进行加固测试，测试无误后，备份系统数据，再对生产环境进行修补，对于剩余安全漏洞和隐患进行残余风险分析，明确安全风险整改原则
14	漏洞和风险管理（2）	1. 核查以往开展安全测评所获得的测评报告，确认测评工作是否定期开展。（是为符合） 2. 核查安全整改工作相关的文档，如整改方案、整改报告、工作总结等	符合：1、2 均符合 部分符合：1 符合 不符合：1、2 均不符合。	—
15	网络和系统安全管理（1）	1. 核查管理员职责文档，确认是否划分了不同的管理员角色。（是为符合） 2. 核查管理员职责文档，确认是否明确了各个角色的责任和权限。（是为符合）	符合：1、2 均符合 部分符合：1 符合 不符合：1、2 均不符合。	—
16	网络和系统安全管理（2）	1. 访谈运维负责人指派哪个部门或人员进行账户管理，含网络层面、系统层面、数据库层面、业务应用层面。 2. 核查账户管理记录，记录内容是否包括了账户申请、建立、停用、删除、重置等相关的审批情况。（是为符合）	符合：1、2 均符合 部分符合：1、2 任意一条符合 不符合：1、2 均不符合。	—
17	网络和系统安全管理（3）	1. 核查网络和系统安全管理制度。 2. 制度内容是否包括了安全策略、账户管理（用户责任、义务、风险、权限审批、权限分配、账户注销等）、配置文件的生成及备份、变更审批、授权访问、最小服务、升级与打补丁、审计日志管理、登录设备和系统的口令更新周期等。（是为符合）	符合：1、2 均符合 部分符合：2 不全面 不符合：1、2 均不符合。	—
18	网络和系统安全管理（4）	1. 核查重要设备的配置和操作手册，重要设备如操作系统、数据库、网络设备、安全设备、应用和组件等。 2. 手册内容是否包括了操作步骤、维护记录、参数配置等。（是为符合）	符合：1、2 均符合 部分符合：1 符合 不符合：1、2 均不符合。	—
19	网络和系统安全管理（5）	1. 核查运维操作日志。 2. 日志内容是否包括了网络和系统的日常巡检、运行维护记录、参数的设置和修改等内容。（是为符合）	符合：1、2 均符合 部分符合：1 符合 不符合：1、2 均不符合。	—

续表

序号	控制点	测 评 实 施	符 合 判 定	整 改 建 议
20	网络和系统安全管理(6)	1. 访谈网络和系统相关人员是否指派部门或人员对日志、监测、和报警数据等进行统计、分析。(是为符合) 2. 核查日志、监测和报警数据的统计、分析的报告	符合：1、2 均符合 部分符合：1 符合 不符合：1、2 均不符合。	—
21	网络和系统安全管理(7)	1. 核查配置变更审批程序，如对改变连接、安装系统组件或调整配置参数的审批流程。 2. 核查配置变更审计日志。 3. 核查配置变更记录。 4. 核查配置信息库更新记录	符合：1～4 均符合 部分符合：1 符合 不符合：1 不符合	建议对需要作出变更性运维的动作进行审批，并对变更内容进行测试，在测试无误后，备份系统数据和参数配置，再对生产环境进行变更，并明确变更流程以及回退方案，变更完成后进行配置信息库更新
22	网络和系统安全管理(8)	1. 核查运维工具的使用审批程序。 2. 核查运维工具的使用审批记录。 3. 核查通过运维工具执行操作的审计日志	符合：1～3 均符合 部分符合：1 符合 不符合：1～3 均不符合	建议在制度及实际运维过程中加强运维工具的管控，明确运维工具经过审批及必要的安全检查后才能接入使用，使用完成后应对工具中的数据进行检查，删除敏感数据，避免敏感数据泄露；运维工具应尽可能使用商业化的运维工具，严禁运维人员私自下载第三方未商业化的运维工具
23	网络和系统安全管理(9)	1. 核查远程运维的方式，使用的端口或通道。 2. 核查开通远程运维的审批程序。 3. 核查开通远程运维的审批记录。 4. 核查通过远程运维执行操作的审计日志	符合：1～4 均符合 部分符合：2～4 任意一条符合 不符合：1～4 均不符合	—
24	网络和系统安全管理(10)	1. 核查开通对外连接的审批程序。 2. 核查开通对外连接的审批记录。 3. 核查开展违反规定无线上网及其他违反网络安全策略行为的检查记录	符合：1～3 均符合 部分符合：1～3 任意一条符合 不符合：1～3 均不符合	建议制度上明确所有与外部连接的授权和批准制度，并定期对外联行为进行检查，及时关闭不再使用外部连接；技术上采用终端管理系统实现违规外联和违规接入，并合理设置安全策略，在出现违规外联和违规接入时能第一时间进行检测和阻断
25	恶意代码防范管理(1)	1. 核查提高员工防恶意代码意识的培训记录或宣贯记录。 2. 核查恶意代码防范管理制度。 3. 核查外来计算机或存储设备接入系统前进行恶意代码检查记录	符合：1～3 均符合 部分符合：2 符合 不符合：1～3 均不符合	建议制定外来接入设备检查制度，对任何外来计算机或存储设备接入系统前必须经过恶意代码检查，再检查无误后，经过审批，设备方可接入系统
26	恶意代码防范管理(2)	1. 核查恶意代码防范措施。 2. 核查恶意代码防范措施执行记录。 3. 核查恶意代码防范措施特征库的更新记录	符合：1～3 均符合 部分符合：措施不全面 不符合：1～3 均不符合	—

续表

序号	控制点	测评实施	符合判定	整改建议
27	配置管理（1）	1. 核查配置信息保存记录。 2. 记录内容是否包括了网络拓扑图、各个设备安装的软件组件、软件组件的版本和补丁信息、各个设备或软件组件的配置参数等。（是为符合）	符合：1、2 均符合 部分符合：2 不全面 不符合：1、2 均不符合	—
28	配置管理（2）	1. 核查配置变更管理程序。 2. 核查配置信息变更记录	符合：1、2 均符合 部分符合：1、2 任意一条符合 不符合：1、2 均不符合	—
29	密码管理（1）	1. 访谈安全管理员当前使用的密码产品类型。 2. 如果使用密码产品，核查密码产品的销售许可证明或国家相关部门出具的检测报告中所遵循的相关国家标准和行业标准	符合：1、2 均符合 不符合：2 不符合	—
30	密码管理（2）	核查密码产品是否具有销售许可证明或国家相关部门出具的检测报告	符合：1、2 均符合 不符合：2 不符合	—
31	变更管理（1）	1. 核查变更方案，方案内容是否包括了变更类型、变更原因、变更过程、变更前评估等内容。（是为符合） 2. 核查变更方案评审记录，记录内容是否包括了评审时间、参与人员、评审结果等。（是为符合） 3. 核查变更过程记录，记录内容是否包括了变更执行人、执行时间、操作内容、变更结果等。（是为符合）	符合：1 ~ 3 均符合 部分符合：1 ~ 3 任意一条符合 不符合：1 ~ 3 均不符合	建议系统的任何变更均需要管理流程，必须组织相关人员（业务部门人员与系统运维人员等）进行分析与论证，在确定必须变更后，制定详细的变更方案，在经过审批后，先对系统进行备份，再实施变更
32	变更管理（2）	1. 核查变更控制的申报、审批程序。 2. 核查变更实施过程的记录。 3. 记录内容是否包括了申报类型、申报流程、审批部门、批准人等。（是为符合）	符合：1 ~ 3 均符合 部分符合：1 ~ 3 任意一条符合 不符合：1 ~ 3 均不符合	—
33	变更管理（3）	1. 核查变更失败后的恢复程序、工作方法和相关人员职责。 2. 核查恢复过程演练记录	符合：1、2 均符合 部分符合：1、2 任意一条符合 不符合：1、2 均不符合	—
34	备份与恢复管理（1）	核查数据备份策略，策略内容至少明确了备份周期、备份的信息类别或数据类型	符合：前述符合 不符合：前述不符合	—
35	备份与恢复管理（2）	核查备份与恢复管理制度，制度内容至少明确了备份方式、备份频度、存储介质、保存期等	符合：前述符合 部分符合：制度内容不全 不符合：前述不符合	—

续表

序号	控制点	测评实施	符合判定	整改建议
36	备份与恢复管理（3）	1. 核查是否具有数据备份策略、备份程序。（是为符合） 2. 核查是否具有数据恢复策略、恢复程序。（是为符合）	符合：1、2符合 部分符合：制度内容不全 不符合：1、2不符合	建议制定备份与恢复相关的制度，明确数据备份策略和数据恢复策略，以及备份程序和恢复程序，实现重要数据的定期备份与恢复性测试，保证备份数据的高可用性与可恢复性
37	安全事件处置（1）	1. 核查运维管理制度中对于发现安全弱点和可疑事件后的汇报要求。 2. 核查以往发现过的安全弱点和可疑事件对应书面报告或记录	符合：1、2符合 部分符合：1符合 不符合：1、2不符合	—
38	安全事件处置（2）	核查运维管理制度，其中明确了不同安全事件的报告、处置和响应流程，规定安全事件的现场处理、事件报告和后期恢复的管理职责等内容	符合：前述符合 不符合：前述不符合	—
39	安全事件处置（3）	1. 核查以往的安全事件报告和响应处置记录或相关模板。 2. 文档的内容是否包括了引发安全事件的系统弱点、不同安全事件发生的原因、处置过程、经验教训总结、补救措施等。（是为符合） 3. 未发生过网络安全事件	符合：1、2符合 部分符合：制度内容不全 不符合：1、2不符合 不适用：3	—
40	安全事件处置（4）	核查安全事件报告和处理程序文档，是否对重大安全事件制定了不同的处理和报告程序，是否明确了具体报告方式、报告内容、报告人等。（是为符合）	符合：1符合 不符合，1不符合	—
41	应急预案管理（1）	核查应急预案框架，内容是否包括了启动应急预案的条件、应急组织的构成、应急资源保障、事后教育和培训等。（是为符合）	符合：1符合 不符合，1不符合	—
42	应急预案管理（2）	核查针对重要事件的应急预案，预案内容是否包括了应急理流程、系统恢复流程等。（是为符合）	符合：前述符合 不符合，前述不符合	建议根据本系统实际情况，对重要事件制定有针对性的应急预案，明确重要事件的应急处理流程、系统恢复流程等内容，并对应急预案进行演练
43	应急预案管理（3）	1. 核查以往开展过应急预案培训所产生的记录，确认培训的频度，记录内容是否包括了培训对象、培训内容、培训结果等。（是为符合） 2. 核查以往开展过应急预案演练所产生的记录，确认演练的频度，记录内容是否包括了演练时间、主要操作内容、演练结果等。（是为符合）	符合：1、2符合 部分符合：1、2任意一项符合 不符合，1、2不符合	建议每年定期对相关人员进行应急预案培训与演练，并保留应急预案培训和演练记录，使参与应急的人员熟练掌握应急的整个过程
44	应急预案管理（4）	核查应急预案修订记录，记录内容是否包括了修订时间、参与人、修订内容、评审情况等。（是为符合）	符合：前述符合 不符合，前述不符合	—
45	外包运维管理（1）	1. 访谈运维负责人是否有外包运维服务情况。（是为符合） 2. 如果采用外包运维服务，核查外包运维服务商是否符合国家的有关规定。（是为符合）	符合：2符合 不符合，2不符合	—

续表

序号	控制点	测评实施	符合判定	整改建议
46	外包运维管理（2）	1. 核查外包运维服务协议。 2. 协议是否包括了外包运维的范围和工作内容。（是为符合）	符合：1、2符合 部分符合：1、2任意一条符合 不符合：1、2符合	—
47	外包运维管理（3）	核查外包运维服务协议内容是否包括了其具有按照登记保护要求的开展安全运维工作的工作能力。（是为符合）	符合：前述符合 不符合，前述不符合	—
48	外包运维管理（4）	核查外包运维服务协议内容是否包括了可能涉及对敏感信息的访问、处理、存储要求，对IT基础设施中断服务的应急保障要求等。（是为符合）	符合：前述符合 不符合，前述不符合	—

表 6-39　云计算安全扩展要求测评指标

序号	安全类或层面	安全控制点	测 评 指 标	测 评 对 象	测评方法及步骤
1	安全物理环境	基础设施位置	应保证云计算基础设施位于中国境内	机房管理员、办公场地、机房和平台建设方案	（1）应访谈机房管理员云计算服务器、存储设备、网络设备、云管理平台、信息系统等运行业务和承载数据的软硬件是否均位于中国境内； （2）应核查云计算平台建设方案，云计算服务器、存储设备、网络设备、云管理平台、信息系统等运行业务和承载数据的软硬件是否均位于中国境内
2	安全通信网络	网络架构	A. 应保证云计算平台不承载高于其安全保护等级的业务应用系统	云计算平台和业务应用系统定级备案材料	应核查云计算平台和云计算平台承载的业务应用系统相关定级备案材料，云计算平台安全保护等级是否不低于其承载的业务应用系统安全保护等级
3			B. 应实现不同云服务客户虚拟网络之间的隔离	网络资源隔离措施、综合网管系统和云管理平台	（1）应核查云服务客户之间是否采取网络隔离措施； （2）应核查云服务客户之间是否设置并启用网络资源隔离策略； （3）应测试验证不同云服务客户之间的网络隔离措施是否有效
4			C. 应具有根据云服务客户业务需求提供通信传输、边界防护、入侵防范等安全机制的能力	防火墙、入侵检测系统、入侵保护系统和抗 APT 系统等安全设备	（1）应核查云计算平台是否具备为云服务客户提供通信传输、边界防护、入侵防范等安全防护机制的能力； （2）应核查上述安全防护机制是否满足云服务客户的业务需求
5			D. 应具有根据云服务客户业务需求自主设置安全策略的能力，包括定义访问路径、选择安全组件、配置安全策略	云管理平台、网络管理平台、网络设备和安全访问路径	（1）应核查云计算平台是否支持云服务客户自主定义安全策略，包括定义访问路径、选择安全组件、配置安全策略； （2）应核查云服务客户是否能够自主设置安全策略，包括定义访问路径、选择安全组件、配置安全策略
6			E. 应提供开放接口或开放性安全服务，允许云服务客户接入第三方安全产品或在云计算平台选择第三方安全服务	相关开放性接口和安全服务及相关文档	（1）应核查接口设计文档或开放性服务技术文档是否符合开放性及安全性要求； （2）应核查云服务客户是否可以接入第三方安全产品或在云计算平台选择第三方安全服务
7	安全区域边界	访问控制	A. 应在虚拟化网络边界部署访问控制机制，并设置访问控制规则	访问控制机制、网络边界设备和虚拟化网络边界设备	（1）应核查是否在虚拟化网络边界部署访问控制机制，并设置访问控制规则； （2）应核查并测试验证云计算平台和云服务客户业务系统虚拟化网络边界访问控制规则和访问控制策略是否有效； （3）应核查并测试验证云计算平台的网络边界设备或虚拟化网络边界设备安全保障机制、访问控制规则和访问控制策略等是否有效； （4）应核查并测试验证不同云服务客户间访问控制规则和访问控制策略是否有效； （5）应核查并测试验证云服务客户不同安全保护等级业务系统之间访问控制规则和访问控制策略是否有效

续表

序号	安全类或层面	安全控制点	测 评 指 标	测 评 对 象	测评方法及步骤
8	安全区域边界	访问控制	B. 应在不同等级的网络区域边界部署访问控制机制，设置访问控制规则	网闸、防火墙、路由器和交换机等提供访问控制功能的设备	（1）应核查是否在不同等级的网络区域边界部署访问控制机制，设置访问控制规则； （2）应核查不同安全等级网络区域边界的访问控制规则和访问控制策略是否有效； （3）应测试验证不同安全等级的网络区域间进行非法访问时，是否可以正确拒绝该非法访问
9	安全区域边界	入侵防范	A. 应能检测到云服务客户发起的网络攻击行为，并能记录攻击类型、攻击时间、攻击流量等	抗 APT 攻击系统、网络回溯系统、威胁情报检测系统、抗 DDoS 攻击系统和入侵保护系统或相关组件	（1）应核查是否采取了入侵防范措施对网络入侵行为进行防范，如部署抗 APT 攻击系统、网络回溯系统和网络入侵保护系统等入侵防范设备或相关组件； （2）应核查部署的抗 APT 攻击系统、网络入侵保护系统等入侵防范设备或相关组件的规则库升级方式，核查规则库是否进行及时更新； （3）应核查部署的抗 APT 攻击系统、网络入侵保护系统等入侵防范设备或相关组件是否具备异常流量、大规模攻击流量、高级持续性攻击的检测功能，以及报警功能和清洗处置功能； （4）应验证抗 APT 攻击系统、网络入侵保护系统等入侵防范设备或相关组件对异常流量和未知威胁的监控策略是否有效（如模拟产生攻击动作，验证入侵防范设备或相关组件是否能记录攻击类型、攻击时间、攻击流量）； （5）应验证抗 APT 攻击系统、网络入侵保护系统等入侵防范设备或相关组件对云服务客户网络攻击行为的报警策略是否有效（如模拟产生攻击动作，验证抗 APT 攻击系统或网络入侵保护系统是否能实时报警）； （6）应核查抗 APT 攻击系统、网络入侵保护系统等入侵防范设备或相关组件是否具有对 SQL 注入、跨站脚本等攻击行为的发现和阻断能力； （7）应核查抗 APT 攻击系统、网络入侵保护系统等入侵防范设备或相关组件是否能够检测出具有恶意行为、过分占用计算资源和带宽资源等恶意行为的虚拟机； （8）应核查云管理平台对云服务客户攻击行为的防范措施，核查是否能够对云服务客户的网络攻击行为进行记录，记录应包括攻击类型、攻击时间和攻击流量等内容； （9）应核查云管理平台或入侵防范设备是否能够对云计算平台内部发起的恶意攻击或恶意外连行为进行限制，核查是否能够对内部行为进行监控； （10）通过对外攻击发生器伪造对外攻击行为，核查云租户的网络攻击日志，确认是否正确记录相应的攻击行为，攻击行为日志记录是否包含攻击类型、攻击时间、攻击者 IP 和攻击流量规模等内容； （11）应核查运行虚拟机监控器（VMM）和云管理平台软件的物理主机，确认其安全加固手段是否能够避免或减少虚拟化共享带来的安全漏洞

续表

序号	安全类或层面	安全控制点	测评指标	测评对象	测评方法及步骤
10	安全区域边界	入侵防范	B. 应能检测到对虚拟网络节点的网络攻击行为，并能记录攻击类型、攻击时间、攻击流量等	抗 APT 攻击系统、网络回溯系统、威胁情报检测系统、抗 DDoS 攻击系统和入侵保护系统或相关组件	（1）应核查是否部署网络攻击行为检测设备或相关组件对虚拟网络节点的网络攻击行为进行防范，并能记录攻击类型、攻击时间、攻击流量等； （2）应核查网络攻击行为检测设备或相关组件的规则库是否为最新； （3）应测试验证网络攻击行为检测设备或相关组件对异常流量和未知威胁的监控策略是否有效
11			C. 应能检测到虚拟机与宿主机、虚拟机与虚拟机之间的异常流量	虚拟机、宿主机、抗 APT 攻击系统、网络回溯系统、威胁情报检测系统、抗 DDoS 攻击系统和入侵保护系统或相关组件	（1）应核查是否具备虚拟机与宿主机之间、虚拟机与虚拟机之间的异常流量的检测功能； （2）应测试验证对异常流量的监测策略是否有效
12			D. 应在检测到网络攻击行为、异常流量情况时进行告警	虚拟机、宿主机、抗 APT 攻击系统、网络回溯系统、威胁情报检测系统、抗 DDoS 攻击系统和入侵保护系统或相关组件	（1）应核查检测到网络攻击行为、异常流量时是否进行告警； （2）应测试验证其对异常流量的监测策略是否有效
13		安全审计	A. 应对云服务商和云服务客户在远程管理时执行的特权命令进行审计，至少包括虚拟机删除、虚拟机重启	堡垒机或相关组件	（1）应核查云服务商（含第三方运维服务商）和云服务客户在远程管理时执行的远程特权命令是否有相关审计记录； （2）应测试验证云服务商或云服务客户远程删除或重启虚拟机后，是否有产生相应审计记录
14			B. 应保证云服务商对云服务客户系统和数据的操作可被云服务客户审计	综合审计系统或相关组件	（1）应核查是否能够保证云服务商对云服务客户系统和数据的操作（如增、删、改、查等操作）可被云服务客户审计； （2）应测试验证云服务商对云服务客户系统和数据的操作是否可被云服务客户审计
15	安全计算环境	身份鉴别	当远程管理云计算平台中设备时，管理终端和云计算平台之间应建立双向身份验证机制	云计算平台和管理终端	（1）核查管理终端是否需要安装云计算平台的导出的数字证书或云计算平台是否配置管理终端的 IP+MAC 地址，如果仅能限制管理终端的 IP 地址访问，不符合，如果是必须安装数字证书才能访问云计算平台，符合，简单的办法就是换台计算机接入网络中测试下能否直接访问云计算管理平台； （2）核查云计算管理平台的数字证书是否有效，一般情况下，大部分云计算管理平台的均已启用 HTTPS 协议，但需要注意 HTTPS 证书分为自签名和第三方签名的，如果是自签名的，会浏览器出现红色提示框，需要核查数字证书信息是否是由云计算平台签发的。实践中一般都是云计算平台自签发的 SSL 证书

续表

序号	安全类或层面	安全控制点	测 评 指 标	测 评 对 象	测评方法及步骤
16	安全计算环境	访问控制	A. 应保证当虚拟机迁移时，访问控制策略随其迁移	虚拟化防火墙或终端安全响应平台	（1）核查是否部署虚拟化防火墙或 EDR； （2）若有，迁移虚拟机测试访问控制策略是否有效
17			B. 应允许云服务客户设置不同虚拟机之间的访问控制策略	虚拟化防火墙或终端安全响应平台	（1）核查是否部署虚拟化防火墙或 EDR； （2）若有，核查云租户是否能够自主设置虚拟化防火墙或 EDR 的访问控制策略。有的云平台通过虚拟化防火墙或 EDR 的接口可以实现云租户的自主管理，有的云平台无法实现，但是云服务商给云租户分配单独的虚拟化防火墙或 EDR 的管理账号用来自主管理，均符合，但如果是只能由云服务商进行管理，不符合
18		入侵防范	A. 应能检测虚拟机之间的资源隔离失效，并进行告警	云计算平台	（1）登录云计算平台，查看是否有相关因内存、硬盘等资源隔离失效检测的功能； （2）核查是否有告警功能。主流的云计算平台均具有该功能，一般默认符合
19			B. 应能检测非授权新建虚拟机或者重新启用虚拟机，并进行告警	云计算平台	核查云计算平台是否具有该功能，或查询相关文档，一般均需要身份鉴别登录后才能进行此操作，主流的云计算平台 均具有该功能，一般默认符合
20			C. 应能够检测恶意代码感染及在虚拟机间蔓延的情况，并进行告警	虚拟化防病毒、终端安全响应平台等	（1）核查是否有虚拟化防病毒、终端安全响应平台等； （2）核查是否能够进行告警
21		镜像和快照保护	A. 应针对重要业务系统提供加固的操作系统镜像或操作系统安全加固服务	云计算平台，安全服务	（1）云计算平台上是否有安全加固的系统镜像可供虚拟机使用，或云服务商是否提供安全加固的系统镜像文件，比如 ISO 文件或虚拟机模板； （2）云服务商是否提供安全加固的服务，比如人工手动加固
22			B. 应提供虚拟机镜像、快照完整性校验功能，防止虚拟机镜像被恶意篡改	云计算平台、相关文档	此项无法核查配置，只能将镜像文件或快照文件修改后进行修改然后进行迁移或恢复错误是，或者核查文档，一般都有相关描述
23			C. 应采取密码技术或其他技术手段防止虚拟机镜像、快照中可能存在的敏感资源被非法访问	云计算平台、KMS、加密机等。	核查云计算平台是否在创建虚拟机实例、恢复快照时具有加密功能。一般而言，也是通过调用 KMS 或者加密机的接口实现的，主流的公有云平台基本都有该功能，如果没有 KMS、加密机一般无法满足
24		数据完整性和保密性	A. 应确保云服务客户数据、用户个人信息等存储于中国境内，如需出境应遵循国家相关规定	云计算基础设施	核查云计算平台的云计算基础设施是否均位于中国境内
25			B. 应确保只有在云服务客户授权下，云服务商或第三方才具有云服务客户数据的管理权限	云计算平台	核查云计算平台是否有角色访问控制功能，是否可以限制所有账户对虚拟机的管理权限

续表

序号	安全类或层面	安全控制点	测 评 指 标	测 评 对 象	测评方法及步骤
26	安全计算环境	数据完整性和保密性	C. 应使用校验码或密码技术确保虚拟机迁移过程中重要数据的完整性，并在检测到完整性受到破坏时采取必要的恢复措施	云计算平台	修改虚拟机文件的哈希值，测试迁移是否成功。一般均提供哈希校验，比如Vsphere 的 mf 文件是虚拟磁盘和配置文件的 sha1 校验文件，其他云计算平台有的是 CRC64 或 MD5 校验，其中，SHA1、MD5 也属于密码技术
27			D. 应支持云服务客户部署密钥管理解决方案，保证云服务客户自行实现数据的加解密过程	KMS、云计算平台	（1）核查是否有 KMS； （2）核查云计算平台是否支持云自主加密解密
28		数据备份恢复	A. 云服务客户应在本地保存其业务数据的备份	云计算平台	云计算平台是否提供云租户自主导出数据本地备份的功能
29			B. 应提供查询云服务客户数据及备份存储位置的能力	云计算平台	核查云计算平台是否提供数据存储位置的功能，一般公有云在控制台都有存储的云计算节点。私有云的云平台如果没有这个功能，不符合
30			C. 云服务商的云存储服务应保证云服务客户数据存在若干个可用的副本，各副本之间的内容应保持一致	云计算平台、相关文档	核查云计算平台在创建虚拟机时是否有多副本的功能，或者核查产品文档，采取何种措施保证多副本之间的同步。如果是公有云或者基于 Open stack 的，基本都满足，比如 Openstack 默认 3 副本。如果是 Vsphere，开启了 FT 功能，也是默认符合的
31			D. 应为云服务客户将业务系统及数据迁移到其他云计算平台和本地系统提供技术手段，并协助完成迁移过程	云计算平台	核查云计算平台是否有迁移功能，能够让云租户迁移到本地或其他云平台。目前主流的阿里云等公有云平台一般都有该功能，私有云不一定
32		剩余信息保护	A. 应保证虚拟机所使用的内存和存储空间回收时得到完全清除	云计算平台	（1）关于存储空间，核查云计算平台是否有文件回收站功能； （2）核查云计算平台存储设备，测试虚拟机删除后是否完全删除； （3）删除前把内存 dump 到本地文件，然后删除后，在 dump 一次，比较两个文件中的虚拟机数据是都完全删除
33			B. 云服务客户删除业务应用数据时，云计算平台应将云存储中所有副本删除	云计算平台	（1）登录云计算平台核查是否有查询多副本存储的功能； （2）核查相关文档，查询是否有多副本删除的描述； （3）登录多副本存储的设备，查看虚拟机文件是否均完全删除。一般也是默认符合

续表

序号	安全类或层面	安全控制点	测评指标	测评对象	测评方法及步骤
34	安全管理中心	集中管控	A. 应能对物理资源和虚拟资源按照策略做统一管理调度与分配	资源调度平台、云管理平台或相关组件	（1）应核查是否有资源调度平台等提供资源统一管理调度与分配策略； （2）应核查是否能够按照上述策略对物理资源和虚拟资源做统一管理调度与分配
35			B. 应保证云计算平台管理流量与云服务客户业务流量分离	网络架构和云管理平台	（1）应核查网络架构和配置策略能否采用带外管理或策略配置等方式实现管理流量和业务流量分离； （2）应测试验证云计算平台管理流量与业务流量是否分离
36			C. 应根据云服务商和云服务客户的职责划分，收集各自控制部分的审计数据并实现各自的集中审计	云管理平台、综合审计系统或相关组件	（1）应核查是否根据云服务商和云服务客户的职责划分，实现各自控制部分审计数据的收集； （2）应核查云服务商和云服务客户是否能够实现各自的集中审计
37			D. 应根据云服务商和云服务客户的职责划分，实现各自控制部分，包括虚拟化网络、虚拟机、虚拟化安全设备等的运行状况的集中监测	云管理平台或相关组件	应核查是否根据云服务商和云服务客户的职责划分，实现各自控制部分，包括虚拟化网络、虚拟机、虚拟化安全设备等的运行状况的集中监测
38	安全建设管理	云服务商选择	A. 应选择安全合规的云服务商，其所提供的云计算平台应为其所承载的业务应用系统提供相应等级的安全保护能力	系统建设负责人和服务合同	（1）应访谈系统建设负责人是否根据业务系统的安全保护等级选择具有相应等级安全保护能力的云计算平台及云服务商； （2）应核查云服务商提供的相关服务合同是否明确其云计算平台具有与所承载的业务应用系统具有相应或高于的安全保护能力
39			B. 应在服务水平协议中规定云服务的各项服务内容和具体技术指标	服务水平协议或服务合同	应核查服务水平协议或服务合同是否规定了云服务的各项服务内容和具体指标等
40			C. 应在服务水平协议中规定云服务商的权限与责任，包括管理范围、职责划分、访问授权、隐私保护、行为准则、违约责任等	服务水平协议或服务合同	应核查服务水平协议或服务合同中是否规范了安全服务商和云服务供应商的权限与责任，包括管理范围、职责划分、访问授权、隐私保护、行为准则、违约责任等
41			D. 应在服务水平协议中规定服务合约到期时，完整提供云服务客户数据，并承诺相关数据在云计算平台上清除	服务水平协议或服务合同	应核查服务水平协议或服务合同是否明确服务合约到期时，云服务商完整提供云服务客户数据，并承诺相关数据在云计算平台上清除
42			E. 应与选定的云服务商签署保密协议，要求其不得泄露云服务客户数据	保密协议或服务合同	应核查保密协议或服务合同是否包含对云服务商不得泄露云服务客户数据的规定

续表

序号	安全类或层面	安全控制点	测 评 指 标	测 评 对 象	测评方法及步骤
43	安全建设管理	供应链管理	A. 应确保供应商的选择符合国家有关规定	记录表单类文档	应核查云服务商的选择是否符合国家的有关规定
44			B. 应将供应链安全事件信息或安全威胁信息及时传达到云服务客户	供应链安全事件报告或威胁报告	应核查供应链安全事件报告或威胁报告是否及时传达到云服务客户，报告是否明确相关事件信息或威胁信息
45			C. 应将供应商的重要变更及时传达到云服务客户，并评估变更带来的安全风险，采取措施对风险进行控制	供应商重要变更记录、安全风险评估报告和风险预案	应核查供应商的重要变更是否及时传达到云服务客户，是否对每次供应商的重要变更都进行风险评估并采取控制措施
46	安全运维管理	云计算环境管理	云计算平台的运维地点应位于中国境内，境外对境内云计算平台实施运维操作应遵循国家相关规定	运维设备、运维地点、运维记录和相关管理文档	应核查运维地点是否位于中国境内，从境外对境内云计算平台实施远程运维操作的行为是否遵循国家相关规定

表 6-40　移动互联安全扩展要求测评指标

序号	类或层面	安全控制点	测　评　项	测 评 对 象	测评方法及步骤
1	安全物理环境	无线接入点的物理位置	应为无线接入设备的安装选择合理位置，避免过度覆盖和电磁干扰	无线接入设备	（1）应核查物理位置与无线信号的覆盖范围是否合理； （2）应测试验证无线信号是否可以避免电磁干扰
2	安全区域边界	边界防护	应保证有线网络与无线网络边界之间的访问和数据流通过无线接入网关设备	无线接入网关设备	应核查有线网络与无线网络边界之间是否部署无线接入网关设备
3		访问控制	无线接入设备应开启接入认证功能，并支持采用认证服务器认证或国家密码管理机构批准的密码模块进行认证	无线接入设备	应核查是否开启接入认证功能，是否采用认证服务器或国家密码管理机构批准的密码模块进行认证
4		入侵防范	A. 应能够检测到非授权无线接入设备和非授权移动终端的接入行为	终端准入控制系统、移动终端管理系统或相关组件	（1）应核查是否能够检测非授权无线接入设备和移动终端的接入行为； （2）应测试验证是否能够检测非授权无线接入设备和移动终端的接入行为
5	安全区域边界	入侵防范	B. 应能够检测到针对无线接入设备的网络扫描、DDoS 攻击、密钥破解、中间人攻击和欺骗攻击等行为	抗 APT 攻击系统、网络回溯系统、威胁情报检测系统、抗 DDoS 攻击系统和入侵保护系统或相关组件	（1）应核查是否能够对网络扫描、DDoS 击、密钥破解、中间人攻击和欺骗攻击等行为进行检测； （2）应核查规则库版本是否及时更新
6			C. 应能够检测到无线接入设备的 SSID 广播、WPS 等高风险功能的开启状态	无线接入设备或相关组件	应核查是否能够检测无线接入设备的 SSID 广播、WPS 等高风险功能的开启状态
7			D. 应禁用无线接入设备和无线接入网关存在风险的功能，如：SSID 广播、WEP 认证等	无线接入设备和无线接入网关设备	应核查是否关闭了 SSID 广播、WEP 认证等存在风险的功能
8			E. 应禁止多个 AP 使用同一个认证密钥	无线接入设备	应核查是否分别使用了不同的鉴别密钥
9			F. 应能够阻断非授权无线接入设备或非授权移动终端	终端准入控制系统、移动终端管理系统或相关组件	（1）应核查是否能够阻断非授权无线接入设备或非授权移动终端接入； （2）应测试验证是否能够阻断非授权无线接入设备或非授权移动终端接入

续表

序号	类或层面	安全控制点	测评项	测评对象	测评方法及步骤
10	安全计算环境	移动终端管控	A. 应保证移动终端安装、注册并运行终端管理客户端软件	移动终端和移动终端管理系统	应核查移动终端是否安装、注册并运行移动终端客户端软件
11			B. 移动终端应接受移动终端管理服务端的设备生命周期管理、设备远程控制，如：远程锁定、远程擦除等	移动终端和移动终端管理系统	（1）应核查移动终端管理系统是否设置了对移动终端进行设备远程控制及设备生命周期管理等安全策略； （2）应测试验证是否能够对移动终端进行远程锁定和远程擦除等
12		移动应用管控	A. 应具有选择应用软件安装、运行的功能	移动终端管理客户端	应核查是否具有选择应用软件安装、运行的功能
13			B. 应只允许指定证书签名的应用软件安装和运行	移动终端管理客户端	应核查全部移动应用是否由指定证书签名
14			C. 应具有软件白名单功能，应能根据白名单控制应用软件安装、运行	移动终端管理客户端	（1）应核查是否具有软件白名单功能； （2）应测试验证白名单功能是否能够控制应用软件安装、运行
15	安全建设管理	移动应用软件采购	A. 应保证移动终端安装、运行的应用软件来自可靠分发渠道或使用可靠证书签名	移动终端	应核查移动应用软件是否来自可靠分发渠道或使用可靠证书签名
16			B. 应保证移动终端安装、运行的应用软件由指定的开发者开发	移动终端	应核查移动应用软件是否由指定的开发者开发
17	安全建设管理	移动应用软件开发	A. 应对移动业务应用软件开发者进行资格审查	系统建设负责人	应访谈系统建设负责人，是否对开发者进行资格审查
18			B. 应保证开发移动业务应用软件的签名证书合法性	软件的签名证书	应核查开发移动业务应用软件的签名证书是否具有合法性
19	安全运维管理	配置管理	应建立合法无线接入设备和合法移动终端配置库，用于对非法无线接入设备和非法移动终端的识别	记录表单类文档、移动终端管理系统或相关组件	应核查是否建立无线接入设备和合法移动终端配置库，并通过配置库识别非法设备

表 6-41　物联网安全扩展要求测评指标

序号	安全类或层面	安全控制点	测 评 项	测 评 对 象	测评方法及步骤
1	安全物理环境	感知节点设备物理防护	A. 感知节点设备所处的物理环境应不对感知节点设备造成物理破坏，如挤压、强振动	感知节点设备所处物理环境和设计或验收文档	（1）应核查感知节点设备所处物理环境的设计或验收文档，是否有感知节点设备所处物理环境具有防挤压、防强振动等能力的说明，是否与实际情况一致； （2）应核查感知节点设备所处物理环境是否采取了防挤压、防强振动等的防护措施
2			B. 感知节点设备在工作状态所处物理环境应能正确反映环境状态（如温湿度传感器不能安装在阳光直射区域）	感知节点设备所处物理环境和设计或验收文档	（1）应核查感知节点设备所处物理环境的设计或验收文档，是否有感知节点设备在工作状态所处物理环境的说明，是否与实际情况一致； （2）应核查感知节点设备在工作状态所处物理环境是否能正确反映环境状态（如温湿度传感器不能安装在阳光直射区域）
3			C. 感知节点设备在工作状态所处物理环境应不对感知节点设备的正常工作造成影响，如强干扰、阻挡屏蔽等	感知节点设备所处物理环境和设计或验收文档	（1）应核查感知节点设备所处物理环境的设计或验收文档，是否具有感知节点设备所处物理环境防强干扰、防阻挡屏蔽等能力的说明，是否与实际情况一致； （2）应核查感知节点设备所处物理环境是否采取了防强干扰、防阻挡屏蔽等防护措施
4			D. 关键感知节点设备应具有可供长时间工作的电力供应（关键网关节点设备应具有持久稳定的电力供应能力）	关键感知节点设备的供电设备（关键网关节点设备的供电设备）和设计或验收文档	（1）应核查关键感知节点设备（关键网关节点设备）电力供应设计或验收文档是否标明电力供应要求，其中是否明确保障关键感知节点设备长时间工作的电力供应措施（关键网关节点设备持久稳定的电力供应措施）； （2）应核查是否具有相关电力供应措施的运行维护记录，是否与电力供应设计一致
5	安全区域边界	接入控制	应保证只有授权的感知节点可以接入	感知节点设备和设计文档	（1）应核查感知节点设备接入机制设计文档是否包括防止非法的感知节点设备接入网络的机制以及身份鉴别机制的描述； （2）应对边界和感知层网络进行渗透测试，测试是否不存在绕过白名单或相关接入控制措施以及身份鉴别机制的方法
6		入侵防范	A. 应能够限制与感知节点通信的目标地址，以避免对陌生地址的攻击行为	感知节点设备和设计文档	（1）应核查感知层安全设计文档，是否有对感知节点通信目标地址的控制措施说明； （2）应核查感知节点设备，是否配置了对感知节点通信目标地址的控制措施，相关参数配置是否符合设计要求； （3）应对感知节点设备进行渗透测试，测试是否能够限制感知节点设备对违反访问控制策略的通信目标地址进行访问或攻击

续表

序号	安全类或层面	安全控制点	测评项	测评对象	测评方法及步骤
7	安全区域边界	入侵防范	B. 应能够限制与网关节点通信的目标地址，以避免对陌生地址的攻击行为	网关节点设备和设计文档	（1）应核查感知层安全设计文档，是否有对网关节点通信目标地址的控制措施说明； （2）应核查网关节点设备，是否配置了对网关节点通信目标地址的控制措施，相关参数配置是否符合设计要求； （3）应对感知节点设备进行渗透测试，测试是否能够限制网关节点设备对违反访问控制策略的通信目标地址进行访问或攻击
8	安全计算环境	感知节点设备安全	A. 应保证只有授权的用户可以对感知节点设备上的软件应用进行配置或变更	感知节点设备	（1）应核查感知节点设备是否采取了一定的技术手段防止非授权用户对设备上的软件应用进行配置或变更； （2）应通过试图接入和控制传感网访问未授权的资源，测试验证感知节点设备的访问控制措施对非法访问和非法使用感知节点设备资源的行为控制是否有效
9			B. 应具有对其连接的网关节点设备（包括读卡器）进行身份标识和鉴别的能力	网关节点设备（包括读卡器）	（1）应核查是否对连接的网关节点设备（包括读卡器）进行身份标识与鉴别，是否配置了符合安全策略的参数； （2）应测试验证是否不存在绕过身份标识与鉴别功能的方法
10			C. 应具有对其连接的其他感知节点设备（包括路由节点）进行身份标识和鉴别的能力	其他感知节点设备（包括路由节点）	（1）应核查是否对连接的其他感知节点设备（包括路由节点）设备进行身份标识与鉴别，是否配置了符合安全策略的参数； （2）应测试验证是否不存在绕过身份标识与鉴别功能的方法
11		网关节点设备安全	A. 应具备对合法连接设备（包括终端节点、路由节点、数据处理中心）进行标识和鉴别的能力	网关节点设备	（1）应核查网关节点设备是否能够对连接设备（包括终端节点、路由节点、数据处理中心）进行标识并配置了鉴别功能； （2）应测试验证是否不存在绕过身份标识与鉴别功能的方法
12			B. 应具备过滤非法节点和伪造节点所发送的数据的能力	网关节点设备	（1）应核查是否具备过滤非法节点和伪造节点发送的数据的功能； （2）应测试验证是否能够过滤非法节点和伪造节点发送的数据
13			C. 授权用户应能够在设备使用过程中对关键密钥进行在线更新	感知节点设备	应核查感知节点设备是否对其关键密钥进行在线更新
14			D. 授权用户应能够在设备使用过程中对关键配置参数进行在线更新	感知节点设备	应核查是否支持对其关键配置参数进行在线更新及在线更新方式是否有效

续表

序号	安全类或层面	安全控制点	测评项	测评对象	测评方法及步骤
15	安全计算环境	抗数据重放	A. 应能够鉴别数据的新鲜性，避免历史数据的重放攻击	感知节点设备	（1）应核查感知节点设备鉴别数据新鲜性的措施，是否能够避免历史数据重放； （2）应将感知节点设备历史数据进行重放测试，验证其保护措施是否生效
16			B. 应能够鉴别历史数据的非法修改，避免数据的修改重放攻击	感知节点设备	（1）应核查感知层是否配备检测感知节点设备历史数据被非法篡改的措施，在检测到被修改时是否能采取必要的恢复措施； （2）应测试验证是否能够避免数据的修改重放攻击
17		数据融合处理	应对来自传感网的数据进行数据融合处理，使不同种类的数据可以在同一个平台被使用	物联网应用系统	（1）应核查是否提供对来自传感网的数据进行数据融合处理的功能； （2）应测试验证数据融合处理功能是否能够处理不同种类的数据
18	安全运维管理	感知节点管理	A. 应指定人员定期巡视感知节点设备、网关节点设备的部署环境，对可能影响感知节点设备、网关节点设备正常工作的环境异常进行记录和维护	维护记录	（1）应访谈系统运维负责人是否有专门的人员对感知节点设备、网关节点设备进行定期维护，由何部门或何人负责，维护周期多长； （2）应核查感知节点设备、网关节点设备部署环境维护记录是否记录维护日期、维护人、维护设备、故障原因、维护结果等方面内容
19			B. 应对感知节点设备、网关节点设备入库、存储、部署、携带、维修、丢失和报废等过程作出明确规定，并进行全程管理	感知节点和网关节点设备安全管理文档	应核查感知节点和网关节点设备安全管理文档是否覆盖感知节点设备、网关节点设备入库、存储、部署、携带、维修、丢失和报废等方面
20			C. 应加强对感知节点设备、网关节点设备部署环境的保密性管理，包括负责检查和维护的人员调离工作岗位应立即交还相关检查工具和检查维护记录等	感知节点设备、网关节点设备部署环境的管理制度	（1）应核查感知节点设备、网关节点设备部署环境管理文档是否包括负责核查和维护的人员调离工作岗位立即交还相关核查工具和核查维护记录等方面内容； （2）应核查是否具有感知节点设备、网关节点设备部署环境的相关保密性管理记录

表 6-42　工业控制安全扩展要求测评指标

序号	层面	控制点	测 评 项	测 评 对 象	测评方法及步骤
1	安全物理环境	室外控制设备物理防护	A. 室外控制设备应放置于采用铁板或其他防火材料制作的箱体或装置中并紧固；箱体或装置具有透风、散热、防盗、防雨和防火能力等	室外控制设备	（1）应核查是否放置于采用铁板或其他防火材料制作的箱体或装置中并紧固； （2）应核查箱体或装置是否具有透风、散热、防盗、防雨和防火能力等
2			B. 室外控制设备放置应远离强电磁干扰、强热源等环境，如无法避免应及时做好应急处置及检修，保证设备正常运行	室外控制设备	（1）应核查放置位置是否远离强电磁干扰和热源等环境； （2）应核查是否有应急处置及检修维护记录
3	安全通信网络	网络架构	A. 工业控制系统与企业其他系统之间应划分为两个区域，区域间应采用单向的技术隔离手段	网闸、路由器、交换机和防火墙等提供访问控制功能的设备	（1）应核查工业控制系统和企业其他系统之间是否部署单向隔离设备； （2）应核查是否采用了有效的单向隔离策略实施访问控制； （3）应核查使用无线通信的工业控制系统边界是否采用与企业其他系统隔离强度相同的措施
4			B. 工业控制系统内部应根据业务特点划分为不同的安全域，安全域之间应采用技术隔离手段	路由器、交换机和防火墙等提供访问控制功能的设备	（1）应核查工业控制系统内部是否根据业务特点划分了不同的安全域； （2）应核查各安全域之间访问控制设备是否配置了有效的访问控制策略
5			C. 涉及实时控制和数据传输的工业控制系统，应使用独立的网络设备组网，在物理层面上实现与其他数据网及外部公共信息网的安全隔离	工业控制系统网络	应核查涉及实时控制和数据传输的工业控制系统是否在物理层面上独立组网
6		通信传输	在工业控制系统内使用广域网进行控制指令或相关数据交换的应采用加密认证技术手段实现身份认证、访问控制和数据加密传输	加密认证设备、路由器、交换机和防火墙等提供访问控制功能的设备	应核查工业控制系统中使用广域网传输的控制指令或相关数据是否采用加密认证技术实现身份认证、访问控制和数据加密传输
7	安全区域边界	访问控制	A. 应在工业控制系统与企业其他系统之间部署访问控制设备，配置访问控制策略，禁止任何穿越区域边界的 E-Mail、Web、Telnet、Rlogin、FTP 等通用网络服务	网闸、防火墙、路由器和交换机等提供访问控制功能的设备	（1）应核查在工业控制系统与企业其他系统之间的网络边界是否部署访问控制设备，是否配置访问控制策略； （2）应核查设备安全策略，是否禁止 E-Mail、Web、Telnet、Rlogin、FTP 等通用网络服务穿越边界
8			B. 应在工业控制系统内安全域和安全域之间的边界防护机制失效时，及时进行报警	网闸、防火墙、路由器和交换机等提供访问控制功能的设备，监控预警设备	（1）应核查设备是否可以在策略失效的时候进行告警； （2）应核查是否部署监控预警系统或相关模块，在边界防护机制失效时可及时告警

续表

序号	层面	控制点	测 评 项	测 评 对 象	测评方法及步骤
9	安全区域边界	拨号使用控制	A. 工业控制系统确需使用拨号访问服务的，应限制具有拨号访问权限的用户数量，并采取用户身份鉴别和访问控制等措施	拨号服务类设备	应核查拨号设备是否限制具有拨号访问权限的用户数量，拨号服务器和客户端是否使用账户／口令等身份鉴别方式，是否采用控制账户权限等访问控制措施
10			B. 拨号服务器和客户端均应使用经安全加固的操作系统，并采取数字证书认证、传输加密和访问控制等措施	拨号服务类设备	应核查拨号服务器和客户端是否使用经安全加固的操作系统，并采取加密、数字证书认证和访问控制等安全防护措施
11		无线使用控制	A. 应对所有参与无线通信的用户（人员、软件进程或者设备）提供唯一性标识和鉴别	无线通信网络及设备	（1）应核查无线通信的用户在登录时是否采用了身份鉴别措施； （2）应核查用户身份标识是否具有唯一性
12			B. 应对所有参与无线通信的用户（人员、软件进程或者设备）进行授权以及执行使用进行限制	无线通信网络及设备	应核查无线通信过程中是否对用户进行授权，核查具体权限是否合理，核查未授权的使用是否可以被发现及告警
13			C. 应对无线通信采取传输加密的安全措施，实现传输报文的机密性保护	无线通信网络及设备	应核查无线通信传输中是否采用加密措施保证传输报文的机密性
14			D. 对采用无线通信技术进行控制的工业控制系统，应能识别其物理环境中发射的未经授权的无线设备，报告未经授权试图接入或干扰控制系统的行为	无线通信网络及设备和监测设备	应核查工业控制系统是否可以实时监测其物理环境中发射的未经授权的无线设备；监测设备应及时发出告警并可以对试图接入的无线设备进行屏蔽
15	安全计算环境	控制设备安全	A. 控制设备自身应实现相应级别安全通用要求提出的身份鉴别、访问控制和安全审计等安全要求，如受条件限制控制设备无法实现上述要求，应由其上位控制或管理设备实现同等功能或通过管理手段控制	控制设备	（1）应核查控制设备是否具有身份鉴别、访问控制和安全审计等功能，如控制设备具备上述功能，则按照通用要求测评； （2）如控制设备不具备上述功能，则核查是否由其上位控制或管理设备实现同等功能或通过管理手段控制
16			B. 应在经过充分测试评估后，在不影响系统安全稳定运行的情况下对控制设备进行补丁更新、固件更新等工作	控制设备	（1）应核查是否有测试报告或测试评估记录； （2）应核查控制设备版本、补丁及固件是否经过充分测试后进行了更新
17			C. 应关闭或拆除控制设备的软盘驱动、光盘驱动、USB 接口、串行口或多余网口等，确需保留的应通过相关的技术措施实施严格的监控管理	控制设备	（1）应核查控制设备是否关闭或拆除设备的软盘驱动、光盘驱动、USE 接口、串行口或多余网口等； （2）应核查保留的软盘驱动、光盘驱动、USE 接口、串行口或多余网口等是否通过相关的措施实施严格的监控管理
18			D. 应使用专用设备和专用软件对控制设备进行更新	控制设备	应核查是否使用专用设备和专用软件对控制设备进行更新
19			E. 应保证控制设备在上线前经过安全性检测，避免控制设备固件中存在恶意代码程序	控制设备	应核查由相关部门出具或认可的控制设备的检测报告，明确控制设备固件中是否不存在恶意代码程序

续表

序号	层面	控制点	测评项	测评对象	测评方法及步骤
20	安全建设管理	产品采购和使用	工业控制系统重要设备应通过专业机构的安全性检测后方可采购使用	安全管理员和检测报告类文档	（1）应访谈安全管理员系统使用的工业控制系统重要设备及网络安全专用产品是否通过专业机构的安全性检测； （2）应核查工业控制系统是否通过专业机构出具的安全性检测报告
21		外包软件开发	应在外包开发合同中规定针对开发单位、供应商的约束条款，包括设备及系统在生命周期内有关保密、禁止关键技术扩散和设备行业专用等方面的内容	外包合同	应核查是否在外包开发合同中规定针对开发单位、供应商的约束条款，包括设备及系统在生命周期内有关保密、禁止关键技术扩散和设备行业专业等方面的内容

表 6-43　高风险判定指引

层面间	控制点	问题描述	标准要求	判例场景	适用范围	判例场景符合要求	补偿因素	整改建议
安全物理环境	物理访问控制	机房出入口访问控制措施缺失	机房出入口应配置电子门禁系统，控制、鉴别和记录进入的人员	机房出入口无任何访问控制措施，例如未安装电子或机械门锁（包括机房大门处于未上锁状态）、无专人值守等	二级及以上系统	无	机房所在位置处于受控区域，非授权人员无法随意进出机房，可根据实际措施效果，酌情判定风险等级	建议机房出入口配备电子门禁系统或安排专人值守，对进出机房的人员进行控制、鉴别、并记录相关人员信息
	防盗窃和防破坏	机房防盗措施缺失	应设置机房防盗报警系统或设置有专人值守的视频监控系统	（1）机房或机房所在区域无防盗报警系统，无法对盗窃事件进行告警、追溯； （2）未设置有专人值守的视频监控系统	三级及以上系统	所有	机房出入口或机房所在区域有其他控制措施，例如机房出入口设有专人值守，机房所在位置处于受控区域等，非授权人员无法进入该区域，可根据实际措施效果，酌情判定风险等级	建议机房部署防盗报警系统或设置有专人值守的视频监控系统，如发生盗窃事件可及时告警或进行追溯，为机房环境的安全可控提供保障
	防火	机房防火措施缺失	机房应设置火灾自动消防系统，能够自动检测火情、自动报警，并自动灭火	（1）机房无任何有效消防措施，例如无检测火情、感应报警、灭火设施，手提式灭火器等设施，消防设备未进行年检或已失效无法正常使用等情况； （2）机房所采取的灭火系统或设备不符合国家的相关规定	二级及以上系统	任意条件	机房安排专人值守或设置了专人值守的视频监控系统，并且机房附近有符合国家消防标准的灭火设备，一旦发生火灾，能及时进行灭火，可根据实际措施效果，酌情判定风险等级	建议机房设置火灾自动消防系统，能够自动检测火情、报警及灭火，相关消防设备如灭火器等应定期检查，确保防火措施持续有效
	电力供应（1）	机房短期备用电力供应措施缺失	应提供短期的备用电力供应，至少满足设备在断电情况下的正常运行要求	（1）机房无短期备用电力供应设备，例如 UPS、柴油发电机、应急供电车等； （2）机房现有备用电力供应无法满足定级对象短期正常运行	二级及以上系统	任意条件	对于机房配备多路供电，可从供电方同时断电发生概率等角度进行综合风险分析，根据分析结果，酌情判定风险等级。	建议机房配备容量合理的后备电源，并定期对相关设施进行定期巡检，确保在外部电力供应中断的情况下，备用供电设备能满足系统短期正常运行
	电力供应（2）	机房应急供电措施缺失	应提供应急供电设施	（1）机房未配备应急供电设施，例如柴油发电机、应急供电车等备用发电设备； （2）应急供电措施不可用或无法满足定级对象正常运行需求	高可用性的四级系统	任意条件	（1）对于机房配备多路供电，可从供电方同时断电发生概率等角度进行综合风险分析，根据分析结果，酌情判定风险等级； （2）对于采用多数据中心方式部署，且通过技术手段实现应用级灾备，能降低单一机房发生电力故障所带来的可用性方面影响，可从影响程度、RTO 等角度进行综合风险分析，根据分析结果，酌情判定风险等级	建议配备柴油发电机、应急供电车等备用发电设备

续表

层面间	控制点	问题描述	标准要求	判例场景	适用范围	判例场景符合要求	补偿因素	整改建议
安全物理环境	基础设施位置	云计算基础设施物理位置不当	应保证云计算基础设施位于中国境内	云计算基础设施，例如云计算服务器、存储设备、网络设备、云管理平台、信息系统等运行业务和承载数据的软硬件等不在中国境内	二级及以上云计算平台	无	无	建议在中国境内部署云计算服务器、存储设备、网络设备、云管理平台、信息系统等运行业务和承载数据的软硬件等云计算基础设施
安全通信网络	网络架构（1）	网络设备业务处理能力不足	应保证网络设备的业务处理能力满足业务高峰期需要。	核心交换机、核心路由器、边界防火墙等网络链路上的关键设备性能无法满足高峰期需求，可能导致服务质量严重下降或中断，例如性能指标平均达到 80% 以上	高可用性的三级及以上系统	无	对于采用多数据中心方式部署，且通过技术手段实现应用级灾备，能降低单一机房发生设备故障所带来的可用性方面影响，可从影响程度、RTO 等角度进行综合风险分析，根据分析结果，酌情判定风险等级。 注：80% 仅为参考值，可根据设备类型、处理效果等情况综合判断；性能指标包括 CPU、内存占用率，吞吐量等	建议更换性能满足业务高峰期需要的网络设备，并合理预估业务增长情况，制定合适的扩容计划
	网络架构（2）	网络区域划分不当	应划分不同的网络区域，并按照方便管理和控制的原则为各网络区域分配地址	重要网络区域与非重要网络在同一子网或网段，例如承载业务系统的生产网络与员工日常办公网络，面向互联网提供服务的服务器区与内部网络区域在同一子网或网段等	二级及以上系统	无	同一子网之间有技术手段实现访问控制，可根据实际措施效果，酌情判定风险等级	建议对网络环境进行合理规划，根据各工作职能、重要性和所涉及信息的重要程度等因素，划分不同网络区域，便于各网络区域之间落实访问控制策略
	网络架构（3）	网络边界访问控制设备不可控	应避免将重要网络区域部署在边界处，重要网络区域与其他网络区域之间应采取可靠的技术隔离手段	（1）网络边界访问控制设备无管理权限； （2）未采取其他任何有效的访问控制措施，例如服务器自带防火墙未配置访问控制策略等； （3）无法根据业务需要或所发生的安全事件及时调整访问控制策略	二级及以上系统	所有	网络边界访问控制措施由云服务商提供或由集团公司统一管理，管理方能够根据系统的业务及安全需要及时调整访问控制策略，可从策略更改响应时间、策略有效性、执行效果等角度进行综合风险分析，根据分析结果，酌情判定风险等级	建议部署或租用自主控制的边界访问控制设备，且对相关设备进行合理配置，确保网络边界访问控制措施有效、可控

续表

层面间	控制点	问题描述	标准要求	判例场景	适用范围	判例场景符合要求	补偿因素	整改建议
安全通信网络	网络架构（4）	重要网络区域边界访问控制措施缺失	应避免将重要网络区域部署在边界处，重要网络区域与其他网络区域之间应采取可靠的技术隔离手段	在网络架构上，重要网络区域与其他网络区域之间（包括内部区域边界和外部区域边界）无访问控制设备实施访问控制，例如重要网络区域与互联网等外部非安全可控网络边界处、生产网与员工日常办公网之间、生产网与无线网络接入区之间未部署访问控制设备实现访问控制措施等	二级及以上系统	无	无。 注：互联网边界访问控制设备包括但不限于防火墙、UTM 等能实现相关访问控制功能的专用设备；对于内部边界访问控制设备，也可使用路由器、交换机或者带 ACL 功能的负载均衡器等设备实现，测评过程中应根据设备部署位置，设备性能压力等因素综合进行分析，判断采用设备的合理性	建议合理规划网络架构，避免重要网络区域部署在边界处；重要网络区域与其他网络边界处，尤其是外部非安全可控网络、内部非重要网络区域之间边界处应部署访问控制设备，并合理配置相关控制策略，确保控制措施有效
	网络架构（5）	关键线路和设备冗余措施缺失	应提供通信线路、关键网络设备和关键计算设备的硬件冗余，保证系统的可用性	核心通信线路、关键网络设备和关键计算设备无冗余设计，一旦出现线路或设备故障，可能导致服务中断	高可用性的三级及以上系统	无	（1）对于采用多数据中心方式部署，且通过技术手段实现应用级灾备，能降低生产环境设备故障所带来的可用性方面影响，可从影响程度、RTO 等角度进行综合风险分析，根据分析结果，酌情判定风险等级。 （2）对于关键计算设备采用虚拟化技术，可从虚拟化环境的硬件冗余和虚拟化计算设备（如虚拟机、虚拟网络设备等）冗余等角度进行综合风险分析，根据分析结果，酌情判定风险等级	建议关键网络链路、关键网络设备、关键计算设备采用冗余设计和部署，例如采用热备、负载均衡等部署方式，保证系统的高可用性
安全计算环境	剩余信息保护	敏感数据释放措施失效	应保证存有敏感数据的存储空间被释放或重新分配前得到完全清除	个人敏感信息、业务敏感信息等敏感数据释放或清除机制存在缺陷，可造成敏感数据泄露	三级及以上系统	无	无	建议完善敏感数据释放 / 清除机制，确保在执行释放 / 清除相关操作后，敏感数据得到完全释放 / 清除

续表

层面间	控制点	问题描述	标 准 要 求	判 例 场 景	适用范围	判例场景符合要求	补 偿 因 素	整 改 建 议
安全计算环境	数据完整性和保密性	云服务客户数据和用户个人信息违规出境	应确保云服务客户数据、用户个人信息等存储于中国境内，如需出境应遵循国家相关规定	云服务客户数据、用户个人信息等数据出境未遵循国家相关规定	二级及以上云计算平台	无	无	建议云服务客户数据、用户个人信息等存储于中国境内，如需出境应遵循国家相关规定
安全管理中心	集中管控	运行监控措施缺失	应对网络链路、安全设备、网络设备和服务器等的运行状况进行集中监测	对网络链路、安全设备、网络设备和服务器等的运行状况无任何监控措施，发生故障无法及时对故障进行定位和处理	高可用性的三级及以上系统	无	无	建议部署统一监控平台或运维监控软件对网络链路、安全设备、网络设备和服务器等的运行状况进行集中监测
安全通信网络	网络架构	云计算平台等级低于承载业务系统等级	应保证云计算平台不承载高于其安全保护等级的业务应用系统	（1）云计算平台承载高于其安全保护等级（SxAxGx）的业务应用系统； （2）业务应用系统部署在低于其安全保护等级（SxAxGx）的云计算平台上； （3）业务应用系统部署在未进行等级保护测评、测评报告超出有效期或者等级保护测评结论为差的云计算平台上	二级及以上系统	任意条件	无	建议云服务客户选择已通过等级保护测评（测评报告在有效期之内，测评结论为中及以上），且不低于其安全保护等级的云计算平台；云计算平台只承载不高于其安全保护等级的业务应用系统
	通信传输（1）	重要数据传输完整性保护措施缺失	应采用校验技术或密码技术保证通信过程中数据的完整性	网络层或应用层无任何重要数据（如交易类数据、操作指令数据等）传输完整性保护措施，一旦数据遭到篡改，将对系统或个人造成重大影响	三级及以上系统	无	对于重要数据在可控网络中传输，可从已采取的网络管控措施、遭受数据篡改的可能性等角度进行综合分析，根据分析结果，酌情判定风险等级	建议采用校验技术或密码技术保证通信过程中数据的完整性，相关密码技术符合国家密码管理部门的规定

续表

层面间	控制点	问题描述	标准要求	判例场景	适用范围	判例场景符合要求	补偿因素	整改建议
安全通信网络	通信传输（2）	重要数据明文传输	应采用密码技术保证通信过程中数据的保密性	鉴别信息、个人敏感信息或重要业务敏感信息等以明文方式在不可控网络环境中传输	三级及以上系统	无	（1）使用多种身份鉴别技术、限定管理地址等措施，获得的鉴别信息无法直接登录应用系统或设备，可根据实际措施效果，酌情判定风险等级； （2）可从被测对象的作用、重要程度以及信息泄露后对整个系统或个人产生的影响等角度进行综合风险分析，根据分析结果，酌情判定风险等级。 （3）安全区域边界	建议采用密码技术为重要敏感数据在传输过程中的保密性提供保障，相关密码技术符合国家密码管理主管部门的规定
安全区域边界	边界防护	无线网络管控措施缺失	应限制无线网络的使用，保证无线网络通过受控的边界设备接入内部网络	内部重要网络与无线网络互联，且不通过任何受控的边界设备，或边界设备控制策略设置不当，一旦非授权接入无线网络即可访问内部重要资源	三级及以上系统	无	对于必须使用无线网络的场景，可从无线接入设备的管控和身份认证措施、非授权接入的可能性等角度进行风险分析，根据分析结果，酌情判定风险等级	无特殊需要，建议内部重要网络不应与无线网络互联；若因业务需要，则建议加强对无线网络设备接入的管控，并通过边界设备对无线网络的接入设备对内部重要网络的访问进行限制，降低攻击者利用无线网络入侵内部重要网络
	访问控制	重要网络区域边界访问控制配置不当	应在网络边界或区域之间根据访问控制策略设置访问控制规则，默认情况下除允许通信外受控接口拒绝所有通信	重要网络区域与其他网络区域之间（包括内部区域边界和外部区域边界）访问控制设备配置不当或控制措施失效，存在较大安全隐患；例如，办公网任意网络终端均可访问核心生产服务器和网络设备；无线网络接入区终端可直接访问生产网设备等	二级及以上系统	无	无	建议对重要网络区域与其他网络区域之间的边界进行梳理，明确访问地址、端口、协议等信息，并通过访问控制设备，合理配置相关控制策略，确保控制措施有效

续表

层面间	控制点	问题描述	标准要求	判例场景	适用范围	判例场景符合要求	补偿因素	整改建议
安全区域边界	入侵防范（1）	外部网络攻击防御措施缺失	应在关键网络节点处检测、防止或限制从外部发起的网络攻击行为	（1）二级系统关键网络节点无任何网络攻击行为检测手段，例如未部署 IDS 入侵检测系统； （2）三级及以上系统关键网络节点对外部发起的攻击行为无任何防护手段，例如未部署 IPS 入侵防御设备、Web 应用防火墙、反垃圾邮件、态势感知系统或抗 DDoS 设备等； （3）网络攻击 / 防护检测措施的策略库 / 规则库半年及以上未更新，无法满足防护需求	二级及以上系统	任意条件	主机设备部署入侵防范产品，且策略库、规则库更新及时，能够对攻击行为进行检测、阻断或限制，可根据实际措施效果，酌情判定风险等级。 注 1：策略库 / 规则库的更新周期可根据部署环境、行业或设备特性缩短或延长。 注 2：所列举的防护设备仅为举例使用。测评过程中，应分析定级对象所面临的威胁、风险以及安全防护需求，并以此为依据检查是否合理配备了对应的防护设备	建议在关键网络节点（如互联网边界处）合理部署具备攻击行为检测、防止或限制功能的安全防护设备（如入侵防御设备、Web 应用防火墙、抗 DDoS 攻击等设备），或采用云防、流量清洗等外部抗攻击服务；相关安全防护设备应及时升级策略库 / 规则库
	入侵防范（2）	内部网络攻击防御措施缺失	应在关键网络节点处检测、防止或限制从内部发起的网络攻击行为	（1）关键网络节点对内部发起的攻击行为无任何检测、防护手段，例如未部署 IDS 入侵检测系统、IPS 入侵防御设备、态势感知系统等； （2）网络攻击 / 防护检测措施的策略库 / 规则库半年及以上未更新，无法满足防护需求	三级及以上系统	任意条件	（1）对于主机设备部署入侵防范产品，可从策略库 / 规则库更新情况、对攻击行为的防护能力等角度进行综合分析，根据分析结果，酌情判定风险等级； （2）对于重要网络区域与其他内部网络之间部署防火墙等访问控制设备，且对访问的目标地址、目标端口、源地址、源端口、访问协议等有严格限制，可从现有措施能否对内部网络攻击起到限制作用等角度进行综合风险分析，根据分析结果，酌情判定风险等级； （3）对于与互联网完全物理隔离或强逻辑隔离的系统，可从网络、终端采取的管控，攻击源进入内部网络的可能性等角度进行综合风险分析，根据分析结果，酌情判定风险等级	建议在关键网络节点处进行严格的访问控制措施，并部署相关的防护设备，检测、防止或限制从内部发起的网络攻击行为（包括其他内部网络区域对核心服务器区的攻击行为、服务器之间的攻击行为、内部网络向互联网目标发起攻击等）。对于服务器之间的内部攻击行为，建议合理划分网络区域，加强不同服务器之间的访问控制，部署主机入侵防范产品，或通过部署流量探针的方式，检测异常攻击流量

续表

层面间	控制点	问题描述	标准要求	判例场景	适用范围	判例场景符合要求	补偿因素	整改建议
安全区域边界	恶意代码和垃圾邮件防范	恶意代码防范措施缺失	应在关键网络节点处对恶意代码进行检测和清除，并维护恶意代码防护机制的升级和更新	（1）主机层无恶意代码检测和清除措施，或恶意代码库一月以上未更新； （2）网络层无恶意代码检测和清除措施，或恶意代码库一月以上未更新	二级及以上系统	所有	（1）对于使用Linux、Unix、Solaris、CentOS、AIX、Mac等非Windows操作系统的二级系统，主机和网络层均未部署恶意代码检测和清除产品，可从总体防御措施、恶意代码入侵的可能性等角度进行综合风险分析，根据分析结果，酌情判定风险等级； （2）与互联网完全物理隔离或强逻辑隔离的系统，其网络环境可控，并采取USB介质管控、部署主机防护软件、软件白名单等技术措施，能有效防范恶意代码进入被测主机/网络，可根据实际措施效果，酌情判定风险等级； （3）主机设备采用可信基的防控技术，对设备运行环境进行有效度量，可根据实际措施效果，酌情判定风险等级	建议在关键网络节点及主机操作系统上均部署恶意代码检测和清除产品，并及时更新恶意代码库，网络层与主机层恶意代码防范产品宜形成异构模式，有效检测及清除可能出现的恶意代码攻击

续表

层面间	控制点	问题描述	标 准 要 求	判 例 场 景	适用范围	判例场景符合要求	补 偿 因 素	整 改 建 议
安全区域边界	安全审计	网络安全审计措施缺失	应在网络边界、重要网络节点进行安全审计，审计覆盖到每个用户，对重要的用户行为和重要安全事件进行审计	（1）在网络边界、关键网络节点无法对重要的用户行为进行日志审计； （2）在网络边界、关键网络节点无法对重要安全事件进行日志审计	二级及以上系统	所有	无。 注：网络安全审计指通过对网络边界或重要网络节点的流量数据进行分析，从而形成的网络安全审计数据。网络安全审计包括网络流量审计和网络安全事件审计，其中网络流量审计主要是通过对网络流量进行统计、关联分析、识别和筛选，实现对网络中特定重要行为的审计，例如对各种违规的访问协议及其流量的审计、对访问敏感数据的人员行为或系统行为的审计等；网络安全事件审计包括但不限于网络入侵检测、网络入侵防御、防病毒产品等设备检测到的网络攻击行为、恶意代码传播行为的审计等	建议在网络边界、关键网络节点部署具备网络行为审计以及网络安全审计功能的设备（例如网络安全审计系统、网络流量分析设备、入侵防御设备、态势感知设备等），并保留相关审计数据，同时设备审计范围覆盖每个用户，能够对重要的用户行为和重要安全事件进行日志审计，便于对相关事件或行为进行追溯
安全管理制度和机构	管理制度	管理制度缺失	应对安全管理活动中的各类管理内容建立安全管理制度	未建立任何与安全管理活动相关的管理制度或相关管理制度无法适用于当前定级对象	二级及以上系统	无	无	建议按照等级保护的相关要求，建立包括总体方针、安全策略在内的各类与安全管理活动相关的管理制度
安全计算环境	身份鉴别（1）	设备存在弱口令或相同口令	应对登录的用户进行身份标识和鉴别，身份标识具有唯一性，身份鉴别信息具有复杂度要求并定期更换	（1）网络设备、安全设备、主机设备（包括操作系统、数据库等）存在可登录的弱口令账户（包括空口令、无身份鉴别机制）； （2）大量设备管理员账户口令相同，单台设备口令被破解将导致大量设备被控制	二级及以上系统	任意条件	对于业务场景需要，使用无法设置口令或口令强度达不到要求的专用设备，可从设备登录方式、物理访问控制、访问权限、其他防护措施、管理制度等角度进行综合风险分析，根据分析结果，酌情判定风险等级	建议删除或修改账户口令，重命名默认账户，制定相关管理制度，规范口令的最小长度、复杂度与生命周期，并根据管理制度要求，合理配置账户口令复杂度和定期更换策略；此外，建议为不同设备配备不同的口令，避免一台设备口令被破解影响所有设备安全

续表

层面间	控制点	问题描述	标准要求	判例场景	适用范围	判例场景符合要求	补偿因素	整改建议
安全计算环境	身份鉴别（2）	应用系统口令策略缺失	应对登录的用户进行身份标识和鉴别，身份标识具有唯一性，身份鉴别信息具有复杂度要求并定期更换	应用系统无用户口令长度、复杂度校验机制，例如可设置 6 位以下，单个、相同、连续数字 / 字母 / 字符等易猜测的口令	二级及以上系统	无	（1）应用系统采用身份鉴别、访问地址限制等技术措施，获得的口令无法直接登录应用系统，可根据实际措施效果，酌情判定风险等级； （2）对于仅内网访问的内部管理系统，可从内网管控、人员管控、实际用户口令质量等角度进行综合风险分析，根据分析结果，酌情判定风险等级； （3）对于部分专用软件、老旧系统等无法添加口令复杂度校验功能，可从登录管控措施、实际用户口令质量、口令更换频率等角度进行综合风险分析，根据分析结果，酌情判定风险等级； （4）对于特定应用场景中的口令，例如 PIN 码、电话银行系统查询口令等，可从行业要求、行业特点等角度进行综合风险分析，根据分析结果，酌情判定风险等级	建议应用系统对用户口令长度、复杂度进行校验，如要求用户口令长度至少 8 位，由数字、字母或特殊字符中 2 种方式组成；对于 PIN 码等特殊用途的口令，应设置弱口令库，通过对比方式，提高用户口令质量
	身份鉴别（3）	应用系统存在弱口令	应对登录的用户进行身份标识和鉴别，身份标识具有唯一性，身份鉴别信息具有复杂度要求并定期更换	通过渗透测试或使用常用口令尝试登录，发现应用系统中存在可被登录的空口令、弱口令账户	二级及以上系统	无	（1）对于互联网前端系统的注册用户存在弱口令，可从对单个用户、整个应用系统所可能造成的影响等角度进行综合风险分析，根据分析结果，酌情判定风险等级； （2）对于因业务场景需要，无身份鉴别功能或口令强度达不到要求的应用系统，可从登录方式、物理访问控制、访问权限、其他防护措施、管理制度等角度进行综合风险分析，根据分析结果，酌情判定风险等级。	建议应用系统通过口令长度、复杂度校验、常用 / 弱口令库比对等方式，提高应用系统口令质量

续表

层面间	控制点	问题描述	标准要求	判例场景	适用范围	判例场景符合要求	补偿因素	整改建议
安全计算环境	身份鉴别（4）	应用系统口令暴力破解防范机制缺失	应具有登录失败处理功能，应配置并启用结束会话、限制非法登录次数和当登录连接超时自动退出等相关措施	通过互联网登录的应用系统登录模块未提供有效的口令暴力破解防范机制	二级及以上系统	无	（1）应用系统采用身份鉴别、访问地址限制等技术措施，获得口令无法直接登录应用系统，可根据实际措施效果，酌情判定风险等级； （2）对于互联网前端系统的注册用户，可从登录后用户获得的业务功能、账户被盗后造成的影响程度等角度进行综合风险分析，根据分析结果，酌情判定风险等级；涉及资金交易、个人隐私、信息发布、重要业务操作等的前端系统，不宜降低风险等级； （3）对于无法添加登录失败处理功能的应用系统，可从登录地址、登录终端限制等角度进行综合风险分析，根据分析结果，酌情判定风险等级	建议应用系统提供登录失败处理功能（如账户 / 登录地址锁定等），防止攻击者进行口令暴力破解
	身份鉴别（5）	设备鉴别信息防窃听措施缺失	当进行远程管理时，应采取必要措施防止鉴别信息在网络传输过程中被窃听	（1）网络设备、安全设备、主机设备（包括操作系统、数据库等）的鉴别信息以明文方式在不可控网络环境中传输； （2）未采用多种身份鉴别技术、限定管理地址等技术措施，鉴别信息被截获后可成功登录设备	二级及以上系统	所有	对于设备提供加密、非加密两种管理模式，其非加密通道无法关闭的情况下，可从日常运维使用等角度进行综合风险分析，根据分析结果，酌情判定风险等级	建议尽可能避免通过不可控网络环境对网络设备、安全设备、操作系统、数据库等进行远程管理。如确有需要，则建议采取措施或使用加密机制（如 VPN 加密通道、开启 SSH、HTTPS 协议等），防止鉴别信息在网络传输过程中被窃听
	身份鉴别（6）	应用系统鉴别信息明文传输	当进行远程管理时，应采取必要措施防止鉴别信息在网络传输过程中被窃听	应用系统的用户鉴别信息以明文方式在不可控网络环境中传输	二级及以上系统	无	应用系统采用身份鉴别、访问地址限制等技术措施，获得口令无法直接登录应用系统，可根据实际措施效果，酌情判定风险等级	互联网可访问的应用系统，建议用户身份鉴别信息采用加密方式传输，防止鉴别信息在网络传输过程中被窃听

续表

层面间	控制点	问题描述	标准要求	判例场景	适用范围	判例场景符合要求	补偿因素	整改建议
安全计算环境	身份鉴别（7）	设备未采用多种身份鉴别技术	应采用口令、密码技术、生物技术等两种或两种以上组合的鉴别技术对用户进行身份鉴别，且其中一种鉴别技术至少应使用密码技术来实现	（1）关键网络设备、关键安全设备、关键主机设备（操作系统）通过不可控网络环境进行远程管理； （2）设备未采用两种或两种以上鉴别技术对用户身份进行鉴别	三级及以上系统	所有	（1）远程管理过程中，多次采用同一种鉴别技术进行身份鉴别，且每次鉴别信息不相同，例如两次口令认证措施（两次口令不同），可根据实际措施效果，酌情判定风险等级； （2）对于采取登录地址限制、绑定管理终端等其他技术手段降低用户身份被滥用的威胁，可从措施所起到的防护效果等角度进行综合风险分析，根据分析结果，酌情判定风险等级	建议核心设备、操作系统等增加除用户名/口令以外的身份鉴别技术，如基于密码技术的动态口令/令牌等鉴别方式，使用多种鉴别技术进行身份鉴别，增强身份鉴别的安全力度；对于使用堡垒机或统一身份认证机制实现多种身份鉴别的场景，建议通过地址绑定等技术措施，确保设备只能通过该机制进行身份认证，无旁路现象存在
	身份鉴别（8）	应用系统未采用多种身份鉴别技术	应采用口令、密码技术、生物技术等两种或两种以上组合的鉴别技术对用户进行身份鉴别，且其中一种鉴别技术至少应使用密码技术来实现	通过互联网登录的系统，在进行涉及大额资金交易、核心业务、关键指令等重要操作前未使用两种或两种以上鉴别技术对用户身份进行鉴别	三级及以上系统	无	（1）在身份鉴别过程中，多次采用同一种鉴别技术进行身份鉴别，且每次鉴别信息不相同，例如两次口令认证措施（两次口令不同），可根据实际措施效果，酌情判定风险等级； （2）在完成重要操作前的不同阶段使用不同的鉴别方式进行身份鉴别，可根据实际措施效果，酌情判定风险等级； （3）对于用户群体为互联网个人用户，可从行业主管部门的要求、用户身份被滥用后对系统或个人造成影响等角度进行综合风险分析，根据分析结果，酌情判定风险等级； （4）对于采取登录地址限制、绑定设备等其他技术手段降低用户身份被滥用的威胁，可从措施所起到的防护效果等角度进行综合风险分析，根据分析结果，酌情判定风险等级	建议应用系统增加除用户名/口令以外的身份鉴别技术，如基于密码技术的动态口令/令牌、生物鉴别方式等，使用多种鉴别技术进行身份鉴别，增强身份鉴别的安全力度

续表

层面间	控制点	问题描述	标准要求	判例场景	适用范围	判例场景符合要求	补偿因素	整改建议
安全管理制度和机构	岗位设置	未建立网络安全领导小组	应成立指导和管理网络安全工作的委员会或领导小组，其最高领导由单位主管领导担任或授权	未成立指导和管理信息安全工作的委员会或领导小组，或其最高领导未由单位主管领导担任或授权	三级及以上系统	无	无	建议成立指导和管理网络安全工作的委员会或领导小组，其最高领导由单位主管领导担任或授权
安全管理人员	安全意识教育和培训	未开展安全意识和安全技能培训	应对各类人员进行安全意识教育和岗位技能培训，并告知相关的安全责任和惩戒措施	未定期组织开展与安全意识、安全技能相关的培训	二级及以上系统	无	无	建议制定与安全意识、安全技能相关的教育培训计划，并按计划开展相关培训，提升员工整体安全意识及安全技能，有效支撑业务系统的安全稳定运行
安全计算环境	访问控制（1）	设备默认口令未修改	应重命名或删除默认账户，修改默认账户的默认口令	网络设备、安全设备、主机设备（包括操作系统、数据库等）默认口令未修改，使用默认口令可以登录设备	二级及以上系统	无	对于业务场景需要，无法修改专用设备的默认口令，可从设备登录方式、物理访问控制、访问权限、其他防护措施等角度进行综合风险分析，根据分析结果，酌情判定风险等级	建议网络设备、安全设备、主机设备（包括操作系统、数据库等）等重命名或删除默认管理员账户，修改默认密码，使其具备一定的安全强度，增强账户安全性
	访问控制（2）	应用系统默认口令未修改	应重命名或删除默认账户，修改默认账户的默认口令	应用系统默认口令未修改，使用默认口令可以登录系统	二级及以上系统	无	对于业务场景需要，无法修改应用系统的默认口令，可从设备登录方式、物理访问控制、访问权限、其他防护措施、管理制度等角度对其进行综合风险分析，根据分析结果，酌情判定风险等级	建议应用系统重命名或删除默认管理员账户，修改默认密码，使其具备一定的强度，增强账户安全性

续表

层面间	控制点	问题描述	标准要求	判例场景	适用范围	判例场景符合要求	补偿因素	整改建议
安全计算环境	访问控制（3）	应用系统访问控制机制存在缺陷	应由授权主体配置访问控制策略，访问控制策略规定主体对客体的访问规则	应用系统访问控制策略存在缺陷，可越权访问系统功能模块或查看、操作其他用户的数据，例如存在非授权访问系统功能模块，平行权限漏洞，低权限用户越权访问高权限功能模块等	二级及以上系统	无	（1）对于部署在可控网络环境的应用系统，可从现有的防护措施、用户行为监控等角度进行综合风险分析，根据分析结果，酌情判定风险等级； （2）可从非授权访问模块的重要程度、影响程度、越权访问的难度等角度进行综合风险分析，根据分析结果，酌情判定风险等级。	建议完善访问控制措施，对系统重要页面、功能模块重新进行身份鉴别、权限校验，确保应用系统不存在访问控制失效情况
	安全审计（1）	设备安全审计措施缺失	应启用安全审计功能，审计覆盖到每个用户，对重要的用户行为和重要安全事件进行审计	（1）关键网络设备、关键安全设备、关键主机设备（包括操作系统、数据库等）未开启任何审计功能，无法对重要的用户行为和重要安全事件进行审计； （2）未采用堡垒机、第三方审计工具等技术手段或所采用的辅助审计措施存在漏记/旁路等缺陷，无法对重要的用户行为和重要安全事件进行溯源	二级及以上系统	所有	无	建议在关键网络设备、关键安全设备、关键主机设备（包括操作系统、数据库等）、运维终端性能允许的前提下，开启用户操作类和安全事件类审计策略；若性能不允许，建议使用第三方日志审计工具，实现对相关设备操作与安全行为的全面审计记录，保证发生安全问题时能够及时溯源
	安全审计（2）	应用系统安全审计措施缺失	应启用安全审计功能，审计覆盖到每个用户，对重要的用户行为和重要安全事件进行审计	（1）应用系统无任何日志审计功能，无法对用户的重要行为和重要安全事件进行审计； （2）未采取其他审计措施或其他审计措施存在漏记/旁路等缺陷，无法对应用系统重要的用户行为和重要安全事件进行溯源	二级及以上系统	所有	对于日志记录不全或有审计数据但无直观展示等情况，可从审计记录内容、事件追溯范围等角度进行综合风险分析，根据分析结果，酌情判定风险等级	建议应用系统完善审计模块，对重要用户操作、行为进行日志审计，审计范围不仅针对前端用户的操作、行为，也包括后台管理员的重要操作

续表

层面间	控制点	问题描述	标准要求	判例场景	适用范围	判例场景符合要求	补偿因素	整改建议
安全计算环境	安全审计（3）	设备审计记录不满足保护要求	应对审计记录进行保护，定期备份，避免受到未预期的删除、修改或覆盖等	（1）关键网络设备、关键安全设备、关键主机设备（包括操作系统、数据库等）的重要操作、安全事件日志可被非预期删除、修改或覆盖等； （2）关键网络设备、关键安全设备、关键主机设备（包括操作系统、数据库等）的重要操作、安全事件日志的留存时间不满足法律法规规定的要求（不少于六个月）	二级及以上系统	任意条件	对于被测对象上线运行时间不足六个月，可从当前日志保存情况、日志备份策略、日志存储容量等角度进行综合风险分析，根据分析结果，酌情判定风险等级	建议对设备的重要操作、安全事件日志进行妥善保存，避免受到未预期的删除、修改或覆盖等，留存时间不少于六个月，符合法律法规的相关要求
	安全审计（4）	应用系统审计记录不满足保护要求	应对审计记录进行保护，定期备份，避免受到未预期的删除、修改或覆盖等	（1）应用系统业务操作类、安全类等重要日志可被恶意删除、修改或覆盖等； （2）应用系统业务操作类、安全类等重要日志的留存时间不满足法律法规规定的相关要求（不少于六个月）	二级及以上系统	任意条件	（1）对于应用系统提供历史日志删除等功能，可从历史日志时间范围、追溯时效和意义等角度进行综合风险分析，根据分析结果，酌情判定风险等级； （2）对于应用系统未正式上线或上线时间不足六个月等情况，可从当前日志保存情况、日志备份策略、日志存储容量等角度进行综合分析，根据分析结果，酌情判定风险等级	建议对应用系统重要操作类、安全类等日志进行妥善保存，避免受到未预期的删除、修改或覆盖等，留存时间不少于六个月，符合法律法规的相关要求
	入侵防范（1）	设备开启多余的服务、高危端口	应关闭不需要的系统服务、默认共享和高危端口	（1）网络设备、安全设备、主机设备（操作系统）开启多余的系统服务/默认共享/高危端口； （2）未采用地址访问限制、安全防护设备等技术手段，降低系统服务/默认共享/高危端口开启所带来的安全隐患	二级及以上系统	所有	对于系统服务/默认共享/高危端口仅能通过可控网络环境访问，可从现有网络防护措施、所面临的威胁情况等角度进行综合风险分析，根据分析结果，酌情判定风险等级	建议网络设备、安全设备、主机设备等关闭不必要的服务和端口，降低安全隐患

续表

层面间	控制点	问题描述	标准要求	判例场景	适用范围	判例场景符合要求	补偿因素	整改建议
安全计算环境	入侵防范（2）	设备管理终端限制措施缺失	应通过设定终端接入方式或网络地址范围对通过网络进行管理的管理终端进行限制	网络设备、安全设备、主机设备（包括操作系统、数据库等）通过不可控网络环境进行远程管理，未采取终端接入管控、网络地址范围限制等技术手段对管理终端进行限制	二级及以上系统	无	采用多种身份鉴别等技术措施，能够降低管理终端管控不完善所带来的安全风险，可根据实际措施效果，酌情判定风险等级	建议通过地址限制、准入控制等技术手段，对管理终端进行管控和限制
	入侵防范（3）	应用系统数据有效性检验功能缺失	应提供数据有效性检验功能，保证通过人机接口输入或通过通信接口输入的内容符合系统设定要求	（1）应用系统存在 SQL 注入、跨站脚本、上传漏洞等可能导致敏感数据泄露、网页篡改、服务器被入侵等安全事件的发生，造成严重后果的高危漏洞； （2）未采取 Web 应用防火墙、云盾等技术防护手段对高危漏洞进行防范	二级及以上系统	所有	对于不与互联网交互的内网系统，可从应用系统的重要程度、漏洞影响程度、漏洞利用难度、内部网络管控措施等角度进行综合风险分析，根据分析结果，酌情判定风险等级	建议修改应用系统代码，对输入数据的格式、长度、特殊字符进行校验和必要的过滤，提高应用系统的安全性，防止相关漏洞的出现
	入侵防范（4）	互联网设备存在已知高危漏洞	应能发现可能存在的已知漏洞，并在经过充分测试评估后，及时修补漏洞	（1）网络设备、安全设备、主机设备（包括操作系统、数据库等）可通过互联网管理或访问（包括服务、管理模块等）； （2）该设备型号、版本存在外界披露的高危安全漏洞； （3）未及时采取修补或其他有效防范措施	二级及以上系统	所有	通过访问地址限制或其他有效防护措施，无法通过互联网利用该高危漏洞，可根据实际措施效果，酌情判定风险等级	建议订阅安全厂商漏洞推送或本地安装安全软件，及时了解漏洞动态，在充分测试评估的基础上，弥补高危安全漏洞
	入侵防范（5）	内网设备存在可被利用的高危漏洞	应能发现可能存在的已知漏洞，并在经过充分测试评估后，及时修补漏洞	（1）网络设备、安全设备、主机设备（包括操作系统、数据库等）仅能通过内部网络管理或访问（包括服务、管理模块等）； （2）通过验证测试或渗透测试确认设备存在造成缓冲区溢出、提权漏洞、远程代码执行等可能导致重大安全隐患的漏洞	二级及以上系统	所有	对于经过充分测试评估，确实无法进行漏洞修补，可从物理、网络环境管控情况，发生攻击行为可能性，现有防范措施等角度进行综合风险分析，根据分析结果，酌情判定风险等级	建议在充分测试的情况下，及时对设备进行补丁更新，修补已知的高风险安全漏洞；此外，还应定期对设备进行漏洞扫描，及时处理发现的风险漏洞，提高设备稳定性与安全性

续表

层面间	控制点	问题描述	标准要求	判例场景	适用范围	判例场景符合要求	补偿因素	整改建议
安全计算环境	入侵防范（6）	应用系统存在可被利用的高危漏洞	应能发现可能存在的已知漏洞，并在经过充分测试评估后，及时修补漏洞	（1）应用系统所使用的环境、框架、组件或业务功能等存在可被利用的高危漏洞或严重逻辑缺陷，可能导致敏感数据泄露、网页篡改、服务器被入侵、绕过安全验证机制非授权访问等安全事件的发生； （2）未采取其他有效技术手段对高危漏洞或逻辑缺陷进行防范	二级及以上系统	所有	对于不与互联网交互的内网系统，可从应用系统的重要程度、漏洞影响程度、漏洞利用难度、内部网络管控措施等角度进行综合风险分析，根据分析结果，酌情判定风险等级	建议定期对应用系统进行漏洞扫描、渗透测试等技术检测，对可能存在的已知漏洞、逻辑漏洞，在充分测试评估后及时进行修补，降低安全隐患
	恶意代码防范	恶意代码防范措施缺失	应采用主动免疫可信验证机制及时识别入侵和病毒行为，并将其有效阻断	（1）主机层无恶意代码检测和清除措施，或恶意代码库一月以上未更新； （2）网络层无恶意代码检测和清除措施，或恶意代码库一月以上未更新	二级及以上系统	所有	（1）对于使用Linux、Unix、Solaris、CentOS、AIX、Mac等非Windows操作系统的二级系统，主机和网络层均未部署恶意代码检测和清除产品，可从总体防御措施、恶意代码入侵的可能性等角度进行综合风险分析，根据分析结果，酌情判定风险等级； （2）与互联网完全物理隔离或强逻辑隔离的系统，其网络环境可控，并采取USB介质管控、部署主机防护软件、软件白名单等技术措施，能有效防范恶意代码进入被测主机/网络，可根据实际措施效果，酌情判定风险等级； （3）主机设备采用可信基的防控技术，对设备运行环境进行有效度量，可根据实际措施效果，酌情判定风险等级	建议在关键网络节点及主机操作系统上均部署恶意代码检测和清除产品，并及时更新恶意代码库，网络层与主机层恶意代码防范产品宜形成异构模式，有效检测及清除可能出现的恶意代码攻击

续表

层面间	控制点	问题描述	标 准 要 求	判 例 场 景	适用范围	判例场景符合要求	补 偿 因 素	整 改 建 议
安全计算环境	数据完整性	重要数据传输完整性保护措施缺失	应采用校验技术或密码技术保证重要数据在传输过程中的完整性，包括但不限于鉴别数据、重要业务数据、重要审计数据、重要配置数据、重要视频数据和重要个人信息等	网络层或应用层无任何重要数据（如交易类数据、操作指令数据等）传输完整性保护措施，一旦数据遭到篡改，将对系统或个人造成重大影响	三级及以上系统	无	对于重要数据在可控网络中传输，可从已采取的网络管控措施、遭受数据篡改的可能性等角度进行综合分析，根据分析结果，酌情判定风险等级	建议采用校验技术或密码技术保证通信过程中数据的完整性，相关密码技术符合国家密码管理部门的规定
	数据保密性（1）	重要数据明文传输	应采用密码技术保证重要数据在传输过程中的保密性，包括但不限于鉴别数据、重要业务数据和重要个人信息等	鉴别信息、个人敏感信息或重要业务敏感信息等以明文方式在不可控网络环境中传输	三级及以上系统	无	（1）使用多种身份鉴别技术、限定管理地址等措施，获得的鉴别信息无法直接登录应用系统或设备，可根据实际措施效果，酌情判定风险等级； （2）可从被测对象的作用、重要程度以及信息泄露后对整个系统或个人产生的影响等角度进行综合风险分析，根据分析结果，酌情判定风险等级	建议采用密码技术为重要敏感数据在传输过程中的保密性提供保障，相关密码技术符合国家密码管理主管部门的规定
	数据保密性（2）	重要数据存储保密性保护措施缺失	应采用密码技术保证重要数据在存储过程中的保密性，包括但不限于鉴别数据、重要业务数据和重要个人信息等	（1）鉴别信息、个人敏感信息、行业主管部门规定需加密存储的数据等以明文方式存储； （2）未采取数据访问限制、部署数据库防火墙、数据防泄露产品等其他有效保护措施	三级及以上系统	所有	无	建议采用密码技术保证重要数据在存储过程中的保密性，且相关密码技术符合国家密码管理部门的规定

续表

层面间	控制点	问题描述	标准要求	判例场景	适用范围	判例场景符合要求	补偿因素	整改建议
安全计算环境	数据备份恢复（1）	数据备份措施缺失	应提供重要数据的本地数据备份与恢复功能	（1）应用系统未提供任何重要数据备份措施，一旦遭受数据破坏，无法进行数据恢复； （2）重要数据、源代码等备份到互联网网盘、代码托管平台等不可控环境，可能造成重要信息泄露	二级及以上系统	任意条件	对于采用多数据中心或冗余方式部署，重要数据存在多个副本的情况，可从技术实现效果、恢复效果等角度进行综合风险分析，根据分析结果，酌情判定风险等级	建议建立备份恢复机制，定期对重要数据进行备份以及恢复测试，确保在出现数据破坏时，可利用备份数据进行恢复，此外，应对备份文件妥善保存，不要放在互联网网盘、开源代码平台等不可控环境中，避免重要信息泄露
	数据备份恢复（2）	异地备份措施缺失	应提供异地实时备份功能，利用通信网络将重要数据实时备份至备份场地	数据容灾要求较高的定级对象，无异地数据灾备措施，或异地备份机制无法满足业务/行业主管部门要求	三级及以上系统	无	无	建议设置异地灾备机房，并利用通信网络将重要数据实时备份至备份场地；灾备机房的距离应满足行业主管部门的相关要求，例如金融行业应符合 JR/T 0071 的相关要求
	数据备份恢复（3）	数据处理系统冗余措施缺失	应提供重要数据处理系统的热冗余，保证系统的高可用性	对于数据处理可用性要求较高的定级对象，处理重要数据的设备，例如服务器、数据库等未采用热冗余技术，发生故障可能导致系统停止运行	三级及以上系统	无	对于采取其他技术防范措施的，可从技术实现效果、恢复方式、RTO 等角度进行综合风险分析，根据分析结果，酌情判定风险等级	建议对重要数据处理系统采用热冗余技术，提高系统的可用性
	数据备份恢复（4）	未建立异地灾难备份中心	应建立异地灾难备份中心，提供业务应用的实时切换	容灾、可用性要求较高的系统，未设立异地应用级容灾中心，或异地应用级容灾中心无法实现业务切换	四级系统	无	对于采取其他技术防范措施的，可从技术实现效果、恢复方式、RTO 等角度进行综合风险分析，根据分析结果，酌情判定风险等级	建议建立异地应用级灾备中心，通过技术手段实现业务应用的实时切换，提高系统的可用性
	剩余信息保护	鉴别信息释放措施失效	应保证鉴别信息所在的存储空间被释放或重新分配前得到完全清除	（1）身份鉴别信息释放或清除机制存在缺陷，利用剩余鉴别信息，可非授权访问系统资源或进行操作； （2）无其他技术措施，消除或降低非授权访问系统资源或进行操作所带来的影响	二级及以上系统	无	无	建议完善鉴别信息释放/清除机制，确保在执行释放/清除相关操作后，鉴别信息得到完全释放/清除

续表

层面间	控制点	问题描述	标准要求	判例场景	适用范围	判例场景符合要求	补偿因素	整改建议
安全计算环境	个人信息保护（1）	违规采集和存储个人信息	应仅采集和保存业务必需的用户个人信息	（1）在未授权情况下，采集、存储用户个人隐私信息； （2）采集、保存法律法规、主管部门严令禁止采集、保存的用户隐私信息	二级及以上系统	任意条件	无	建议根据国家、行业主管部门以及标准的相关规定（如《信息安全技术 个人信息安全规范》），明确向用户表明采集信息的内容、用途以及相关的安全责任，并在用户同意、授权的情况下采集、保存业务必需的用户个人信息
	个人信息保护（2）	违规访问和使用个人信息	应禁止未授权访问和非法使用用户个人信息	（1）未按国家、行业主管部门以及标准的相关规定使用个人信息，例如在未授权情况下将用户信息提交给第三方处理，未脱敏的个人信息用于其他非核心业务系统或测试环境，非法买卖、泄露用户个人信息等情况； （2）个人信息可非授权访问，例如未严格控制个人信息查询以及导出权限等	二级及以上系统	任意条件	无	建议根据国家、行业主管部门以及标准的相关规定（如《信息安全技术 个人信息安全规范》），通过技术和管理手段，防止未授权访问和非法使用用户个人信息
安全管理中心	集中管控（1）	审计记录存储时间不满足要求	应对分散在各个设备上的审计数据进行收集汇总和集中分析，并保证审计记录的留存时间符合法律法规要求	关键网络设备、关键安全设备、关键主机设备（包括操作系统、数据库等）的重要操作、安全事件等审计记录的留存不满足法律法规规定的相关要求（不少于六个月）	三级及以上系统	无	对于被测对象上线运行时间不足六个月，可从当前日志保存情况、日志备份策略、日志存储容量等角度进行综合风险分析，根据分析结果，酌情判定风险等级	建议部署日志服务器，统一收集各设备的审计数据，进行集中分析，并根据法律法规的要求留存日志

续表

层面间	控制点	问题描述	标准要求	判例场景	适用范围	判例场景符合要求	补偿因素	整改建议
安全管理中心	集中管控（2）	安全事件发现处置措施缺失	应能对网络中发生的各类安全事件进行识别、报警和分析	无法对网络中发生网络攻击、恶意代码传播等安全事件进行识别、报警和分析	三级及以上系统	无	对于与互联网完全物理隔离的系统，可从网络管控措施、介质管控措施、应急措施等角度进行综合风险分析，根据分析结果，酌情判定风险等级	建议根据系统场景需要，部署IPS、应用防火墙、防毒墙（杀毒软件）、垃圾邮件网关、新型网络攻击防护等防护设备，对网络中发生的各类安全事件进行识别、报警和分析，确保相关安全事件得到及时发现，及时处置
安全管理人员	外部人员访问管理	外部人员接入网络管理措施缺失	应在外部人员接入受控网络访问系统前先提出书面申请，批准后由专人开设账户、分配权限，并登记备案	（1）管理制度中未明确外部人员接入受控网络访问系统的申请、审批流程，以及相关安全控制要求； （2）无法提供外部人员接入申请、审批等相关记录证据	二级及以上系统	所有	无	建议在外部人员管理制度中明确接入受控网络访问系统的申请审批流程，并对外部人员接入设备、可访问资源范围、账号回收、保密责任等内容做出明确规定，避免因管理缺失导致外部人员对受控网络、系统带来安全隐患
安全建设管理	产品采购和使用	违规采购和使用网络安全产品	应确保网络安全产品采购和使用符合国家的有关规定	网络安全产品的采购和使用违反国家有关规定（如采购、使用安全产品未获得销售许可证、未通过国家有关机构的安全检测等情况）	三级及以上系统	无	对于使用开源、自研的网络安全产品（非销售类安全产品），可从该网络安全产品的作用、功能、使用场景、国家及行业主管部门的要求等角度进行综合风险分析，充分考虑该网络安全产品未通过专业机构检测，一旦出现功能缺陷、安全漏洞等问题对定级对象带来的影响，根据分析结果，酌情判定风险等级	建议依据国家有关规定，采购和使用网络安全产品，例如采购或使用获得销售许可证或通过相关机构的检测认证的网络安全产品

续表

层面间	控制点	问题描述	标准要求	判例场景	适用范围	判例场景符合要求	补偿因素	整改建议
安全建设管理	外包软件开发	外包开发代码审计措施缺失	应保证开发单位提供软件源代码，并审查软件中可能存在的后门和隐蔽信道	（1）涉及国计民生的核心业务系统，被测单位未对开发单位开发的系统进行源代码安全审查； （2）开发单位未提供任何第三方机构提供的安全性检测证明	三级及以上系统	所有	（1）定级对象建成时间较长，虽未进行源代码安全审查，但定期进行安全检测，并能够提供安全检测报告，且当前管理制度中明确规定外包开发代码审计，可根据实际措施效果，酌情判定风险等级； （2）对于被测单位通过合同等方式与开发单位明确安全责任并采取相关技术手段进行防控，可从已采取的技术防范措施进行综合风险分析，根据分析结果，酌情判定风险等级； （3）对于部分模块外包开发的情况，可从外包开发模块的用途、重要性等角度进行综合风险分析，根据分析结果，酌情判定风险等级	建议对开放单位开发的核心系统进行源代码审查，检查是否存在后门和隐蔽信道。如没有技术手段进行源码审查的，可聘请第三方专业机构对相关代码进行安全检测
	测试验收	上线前未开展安全测试	应进行上线前的安全性测试，并出具安全测试报告，安全测试报告应包含密码应用安全性测试相关内容	系统上线前未开展任何安全性测试，或未对测试发现的高风险问题进行安全评估和整改	三级及以上系统	无	定级对象建成时间较长，上线前虽未进行安全性测试，但上线后定期开展安全检测，且检测未发现高危风险隐患，可根据实际措施效果，酌情判定风险等级。 注：安全测试内容包括但不限于等级保护测评、扫描渗透测试、安全功能验证、源代码安全审核等	建议在新系统上线前，对系统进行安全性评估，及时修补评估过程中发现的问题，确保系统安全上线
安全运维管理	网络和系统安全管理（1）	运维工具管控措施缺失	应严格控制运维工具的使用，经过审批后才可接入进行操作，操作过程中应保留不可更改的审计日志，操作结束后应删除工具中的敏感数据	（1）运维工具（特别是未商业化的运维工具）使用前未进行有效性检查，例如病毒、漏洞扫描等； （2）对运维工具接入网络未进行严格的控制和审批； （3）运维工具使用结束后未要求删除可能临时存放的敏感数据	三级及以上系统	任意条件	无	建议在制度要求及实际运维过程中加强运维工具的管控，明确运维工具经过审批及必要的安全检查后才能接入使用，使用完成后应对工具中的数据进行检查，删除敏感数据，避免敏感数据泄露；运维工具应尽可能使用商业化的运维工具，严禁运维人员私自下载第三方未商业化的运维工具

续表

层面间	控制点	问题描述	标准要求	判例场景	适用范围	判例场景符合要求	补偿因素	整改建议
安全运维管理	网络和系统安全管理（2）	设备外联管控措施缺失	应保证所有与外部的连接均得到授权和批准，应定期检查违反规定无线上网及其他违反网络安全策略的行为	（1）管理制度无外部连接的授权和审批流程，也未定期进行相关的巡检； （2）无技术手段对违规上网及违反其他网络安全策略的行为进行有效控制、检查、阻断	三级及以上系统	所有	无	建议制度上明确所有与外部连接的授权和批准制度，并定期对外联行为进行检查，及时关闭不再使用外部连接；技术上采用终端管理系统等具有相关功能的安全产品实现违规外联和违规接入，并合理设置安全策略，在出现违规外联和违规接入时能第一时间进行检测和阻断
	恶意代码防范管理	外来接入设备恶意代码检查措施缺失	应提高所有用户的防恶意代码意识，对外来计算机或存储设备接入系统前进行恶意代码检查等	（1）管理制度未明确外来计算机或存储设备接入安全操作规程； （2）外来计算机或存储设备接入网络前未进行恶意代码检查	二级及以上系统	所有	无	建议制定外来接入设备检查制度，任何外来计算机或存储设备接入系统前必须经过恶意代码检查，在通过检查并经过审批后，外来设备方可接入系统
	变更管理	变更管理制度缺失	应明确变更需求，变更前根据变更需求制定变更方案，变更方案经过评审、审批后方可实施	（1）缺少相关变更管理制度，或变更管理制度中缺少变更管理流程、变更内容分析与论证、变更方案审批流程等相关内容； （2）实际变更过程中无任何流程、人员、方案等审核环节及记录	二级及以上系统	所有	无	建议系统的任何变更均需要管理流程，必须组织相关人员（业务部门人员与系统运维人员等）进行分析与论证，在确定必须变更后，制定详细的变更方案，在经过审批后，先对系统进行备份，再实施变更

续表

层面间	控制点	问题描述	标准要求	判例场景	适用范围	判例场景符合要求	补偿因素	整改建议
安全运维管理	备份与恢复管理	数据备份策略缺失	应根据数据的重要性和数据对系统运行的影响，制定数据的备份策略和恢复策略、备份程序和恢复程序等	无备份与恢复等相关的安全管理制度，或未按照相关策略落实数据备份和恢复措施	二级及以上系统	无	（1）虽未建立相关数据备份与恢复制度，但若实际工作中实施了数据备份及恢复测试，且能够提供相关证据，备份与恢复措施符合业务需要，可根据实际措施效果，酌情判定风险等级； （2）对于定级对象还未正式上线，可从已制订备份恢复策略、计划采取的技术措施（例如环境、存储等是否满足所规定的备份恢复策略要求）等角度进行综合风险分析，根据分析结果，酌情判定风险等级	建议制定备份与恢复相关的制度，明确数据备份策略和数据恢复策略，以及备份程序和恢复程序，实现重要数据的定期备份与恢复性测试，保证备份数据的高可用性与可恢复性
	应急预案管理（1）	重要事件应急预案缺失	应制定重要事件的应急预案，包括应急处理流程、系统恢复流程等内容	（1）未制定重要事件的应急预案； （2）应急预案内容不完整，未明确重要事件的应急处理流程、恢复流程等内容，一旦出现应急事件，无法合理有序地进行应急事件处置	二级及以上系统	任意条件	无	建议根据本系统实际情况，对重要事件制定有针对性的应急预案，明确重要事件的应急处理流程、系统恢复流程等内容，并对应急预案进行演练
	应急预案管理（2）	未对应急预案进行培训演练	应定期对系统相关的人员进行应急预案培训，并进行应急预案的演练	未定期（至少每年一次）对相关人员进行应急预案培训，未根据不同的应急预案进行应急演练，无法提供应急预案培训和演练记录	三级及以上系统	无	对于定级对象还未正式上线，可从培训演练制度、相关培训计划等角度进行综合风险分析，根据分析结果，酌情判定风险等级	建议每年定期对相关人员进行应急预案培训与演练，并保留应急预案培训和演练记录，使参与应急的人员熟练掌握应急的整个过程
	云计算环境管理	云计算平台运维方式不当	云计算平台的运维地点应位于中国境内，境外对境内云计算平台实施运维操作应遵循国家相关规定	（1）云计算平台的运维地点不在中国境内； （2）境外对境内云计算平台实施运维操作未遵循国家相关规定	二级及以上云计算平台	所有	无	建议云计算平台在中国境内设置运维场所，如需从境外对境内云计算平台实施运维操作应遵循国家相关规定

七、整体测评

系统整体测评主要是在单项测评的基础上，通过测评分析系统在安全控制间、层面间和安全区域间三个方面存在的关联作用验证和分析不符合项是否影响系统的安全保护能力，同时分析系统与其他系统边界安全性是否影响系统的安全保护能力，综合测试分析系统的整体安全性是否合理。系统由于运行环境及系统内部结构的关联性，因此需要针对具体的测评单元间的关联关系分析系统整体安全保护能力。具体内容包括：安全控制间安全测评、层面间安全测评、区域间安全测评和系统结构安全测评。系统整体测评采取风险分析的方式，由测评中心单独完成。

安全控制间安全测评主要对同一区域内、同一层面上的不同安全控制间存在的功能增强、补充或削弱等关联作用进行测评，同时，也包括对《基本要求》的要求项与同一区域、同一层面上的非《基本要求》要求的安全控制之间的安全测评。依据不同层面对核心业务系统进行划分，分类分析各个层面中安全控制间存在的关联作用，从系统层面上分析考察单元测评中确定的不符合项对系统整体安全保护能力的影响，及不符合项整改的必要性。

（一）安全控制间测评

安全控制间安全测评主要对同一区域内、同一层面上的不同安全控制间存在的功能增强、补充或削弱等关联作用进行测评，同时，也包括对《基本要求》的要求项与同一区域、同一层面上的非《基本要求》要求的安全控制之间的安全测评。依据不同层面对系统进行划分，分类分析各个层面中安全控制间存在的关联作用，从系统层面上分析考察单元测评中确定的不符合项对系统整体安全保护能力的影响，及不符合项整改的必要性。例如：

在物理安全层面中，物理访问控制与防盗窃和防破坏两个控制点之间具有增强的关系，通常可以通过物理层面上的物理访问控制来增强其安全防盗窃功能等。在网络安全层面中，网络访问控制和边界完整性检查两个控制点之间具有互补和削弱的关系，通常来讲，通过进行边界完整性检查可以发现网络访问控制被旁路的可能性。

（二）区域间安全测评

区域间安全测评主要考虑互连互通（包括物理上和逻辑上的互连互通等）的不同区域之间存在的安全功能增强、补充和削弱等关联作用，特别是有数据交换的两个不同区域。一般边界区域都会和内部某个或某些区域之间发生数据交换；内部不同区域之间也可能因为业务的需要而发生数据交换，需要重点测评这些区域之间的关联作用。

第三节　网络安全等级测评过程指南

网络安全等级保护测评过程指南规范了网络安全等级保护测评的工作过程，规定了测评活动及其工作任务。本节内容参考GB/T 28449—2018《信息安全技术　网络安全等级保护测评过程指南》（以下简称《等级测评过程指南》）。

等级测评过程包括四个基本测评活动：测评准备活动、方案编制活动、现场测评活动、报告编制活动。而测评相关方之间的沟通与洽谈应贯穿整个等级测评过程。每一测评活动有一组确定的工作任务与输出文档。具体见表6-44。

表 6-44　等级测评过程

测评活动	主要工作任务	输出文档
测评准备活动	工作启动	项目计划书
	信息收集和分析	填好的调查表格，各种与被测定级对象相关的技术资料
	工具和表单准备	选用的测评工具清单打印的各类表单：风险告知书、文档交接单、会议记录表单、会议签到表单
方案编制活动	测评对象确定	测评方案的测评对象部分
	测评指标确定	测评方案的测评指标部分
	测评内容确定	测评方案的单项测评实施部分
	工具测试方法确定	测评方案的工具测试方法及内容部分
	测评指导书开发	测评指导书、测评结果记录表格
	测评方案编制	经过评审和确认的测评方案文本风险规避实施方案文本
现场测评活动	现场测评准备	会议记录，确认的风险告知书、测评方案和现场测评工作计划，现场测评授权书
	现场测评和结果记录	技术和管理安全测评的测评结果记录；技术和管理安全测评的测评结果记录；技术安全和管理安全测评结果记录；技术安全测评的测评结果记录；技术安全测评的测评结果记录，工具测试完成后的电子 输出记录，备份的测试结果文件
	结果确认和资料归还	经过测评委托单位确认的测评证据和证据源记录
报告编制活动	单项测评结果判定	等级测评报告的等级测评结果记录部分
	单元测评结果判定	等级测评报告的单元测评小结部分
	整体测评	等级测评报告的整体测评部分
	系统安全保障评估	测评报告的系统安全保障评估部分
	安全问题风险分析	等级测评报告的安全问题风险评估部分
	等级测评结论形成	等级测评报告的等级测评结论部分
	测评报告编制	经过评审和确认的被测定级对象等级测评报告

在等级测评实施活动中，应依据标准、遵循原则、适当选取、保证强度、规范行为、规避风险，与《等级测评过程指南》相结合完成以下工作流程。

一、测评准备活动阶段

首先，被测评单位在选定测评机构后，双方需要先签订《测评服务合同》，合同中对项目范围、项目内容、项目周期、项目实施方案（测评工作的步骤）、项目人员、项目验收标准、付款方式、违约条款等等内容逐一进行约定。双方在签订《测评服务合同》同时，测评机构应签署《保密协议》。规避等级测评的风险。在双方签完委托测评合同之后，双方即可约定召开项目启动会时间。项目启动会的目的，主要是由甲方领导对公司内部涉及的部门进行动员、提请各相关部门重视、协调内部资源、介绍测评方项目实施人员、计划安排等内容，为整个等级测评项目的实施做基本准备。启动会后，测评方开展调研，通过填写《信息系统基本情况调查表》，掌握被测系统的详细情况，为编制测评方案做好准备。测评项目组进场前，应熟悉被测定级对象，调试测评工具，准备各种表单并向甲方申请对系统的漏扫及渗透测试授权，如图 6-2 所示。

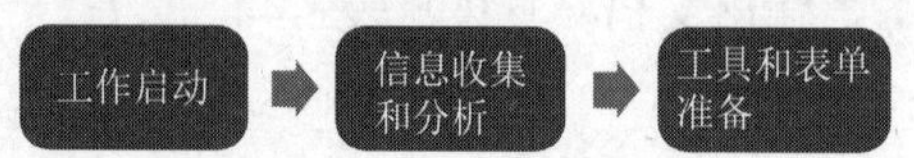

图 6-2　测评准备活动工作流程图

测评准备阶段主要工作目标为工作启动任务，信息收集和分析，工具和表单准备所需资料，为编制测评方案打下良好的基础。

（1）在工作启动任务中，测评机构组建等级测评项目组，获取测评委托单位及定级对象的基本情况，从基本资料、人员、计划安排等方面为整个等级测评项目的实施做好充分准备。

输入：委托测评协议书。

输出：项目计划书。

（2）在信息收集和分析阶段，测评机构通过查阅被测定级对象已有资料或使用系统调查表格的方式，了解整个系统的构成和保护情况以及责任部门相关情况，为编写测评方案、开展现场测评和安全评估工作奠定基础。

输入：项目计划书，系统调查表格，被测定级对象相关资料。

输出：填好的调查表格，各种与被测定级对象相关的技术资料。

（3）在工具和表单准备阶段，测评项目组成员在进行现场测评之前，应熟悉被测定级对象、调试测评工具、准备各种表单等。

输入：填好的调查表格，各种与被测定级对象相关的技术资料。

输出：选用的测评工具清单，打印的各类表单。

二、方案编制活动阶段

方案编制活动的目的是整理测评准备活动中获取的定级对象资料，为现场测评活动提供最基础文档和测评方案。

方案编制活动包括确定测评对象、确定测评指标及测评内容、确定工具测试方法、确定测评指导书、确定测评方案六项主要任务。

（一）确定测评对象

根据系统调查结果，分析整个被测定级对象的业务流程、数据流程、范围、特点，识别被测等级保护对象的等级、整体结构、边界、网络区域、重要节点和业务应用确定测评对象。一般采用抽查的方法，即抽查信息系统中具有代表性的组件作为测评对象。

输入：填好的调查表格，各种与被测定级对象相关的技术资料。

输出：测评方案的测评对象部分。

（二）确定测评指标及测评内容

（1）识别被测等级保护对象各定级对象的安全保护等级（若有业务信息安全保护等级和系统服务安全保护等级应一并识别）。

（2）从“安全通用要求”中选择对应等级的安全要求作为测评指标（若有业务信息安全保护等级和系统服务安全保护等级应选择对应等级的A类和S类安全要求）。

（3）就高原则调整多个定级对象共用的某些物理和环境安全或管理安全测评指标。

（4）根据被测等级保护对象采用的新技术新应用情况选择对应的扩展要求。

输入：填好的调查表格，GB 17859—1999，GB/T 22239—2019，行业规范，业务需求文档。

输出：测评方案的测评指标部分。

（三）确定工具测试方法

在等级测评中，应使用测试工具进行测试，测试工具可能用到漏洞扫描器、渗透测试

工具集、协议分析仪等。一般来说，测评工具的接入采取从外到内，从其他网络到本地网段的逐步逐点接入，即测评工具从被测系统边界外接入、在被测系统内部与测评对象不同网段及同一网段内接入等几种方式。从被测系统边界外接入时，测评工具一般接在系统边界设备（通常为交换设备）上。在该点接入漏洞扫描器，扫描探测被测系统的主机、网络设备对外暴露的安全漏洞情况；从系统内部与测评对象不同网段接入时，测评工具一般接在与被测对象不在同一网段的内部核心交换设备上；在系统内部与测评对象同一网段内接入时，测评工具一般接在与被测对象在同一网段的交换设备上；结合网络拓扑图，采用图示的方式描述测评工具的接入点、测评目的、测评途径和测评对象等相关内容。

输入：测评方案的测评实施部分，GB/T 22239—2019，选用的测评工具清单。

输出：测评指导书，测评结果记录表格。

（四）确定测评指导书

测评指导书是指导和规范测评人员现场测评活动的文档，包括测评项、测评方法、操作步骤和预期结果等四部分。在测评对象和指标确定的基础上，将测评指标映射到各测评对象上，然后结合测评对象的特点，选择应采取的测评方法并确定测评步骤和预期结果，形成不同测评对象的具体测评指导书。测评师从已有的测评指导书中选择与测评对象对应的手册；针对没有现成的测评对象，开发新的测评指导书。

输入：测评方案的单项测评实施部分、工具测试内容及方法部分。

输出：测评指导书，测评结果记录表格。

（五）确定测评方案

项目经理主持编制测评方案，其内容包括：描述测评项目基本情况和工作依据；描述被测等级保护对象的整体结构、边界和网络区域；描述被测等级保护对象的重要节点和业务应用。依据《计算机信息安全保护等级划分准则》《信息安全技术　网络安全等级保护基本要求》《信息安全技术　网络安全等级保护安全设计技术要求》《信息安全技术　网络安全等级保护测评要求》《信息安全技术　网络安全等级保护测评过程指南》编制测评方案。依据《信息系统安全等级保护测评过程指南》（GB/T 28449—2018）和《网络安全等级保护测评机构管理办法》（公信安〔2018〕765号文）对测评方案内容进行检查检查。

输入：委托测评协议书，填好的调研表格，各种与被测定级对象相关的技术资料，选用的测评工具清单，GB/T 22239—2019或行业规范中相应等级的基本要求，测评方案的测评对象、测评指标、单项测评实施部分、工具测试方法及内容部分等，如图6-3所示。

输出/产品：经过评审和确认的测评方案文本，风险规避实施方案文本。

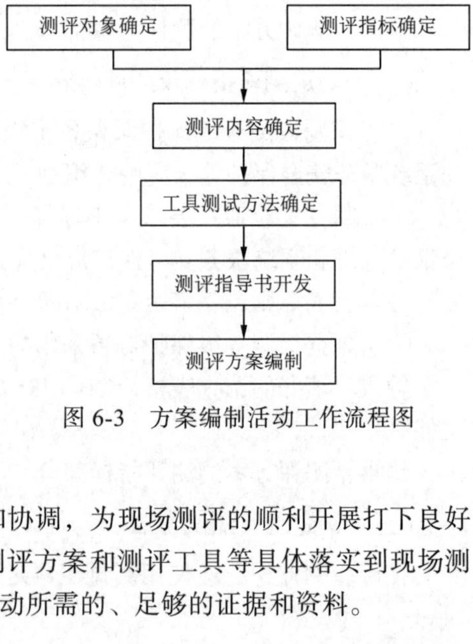

测评对象确定 → 测评内容确定；测评指标确定 → 测评内容确定

测评内容确定 → 工具测试方法确定 → 测评指导书开发 → 测评方案编制

图 6-3　方案编制活动工作流程图

三、现场测评活动

现场测评活动通过与测评委托单位进行沟通和协调，为现场测评的顺利开展打下良好基础，然后依据测评方案实施现场测评工作，将测评方案和测评工具等具体落实到现场测评活动中。现场测评工作应取得分析与报告编制活动所需的、足够的证据和资料。

现场测评活动包括现场测评准备、现场测评和结果记录、结果确认和资料归还三项主要任务。

（一）现场测评准备

为保证测评机构能够顺利实施测评，测评准备工作需要包括以下内容：

（1）测评委托单位签署现场测评授权书、漏洞扫描授权书、渗透测试授权书。

（2）测评单位发布《现场测评风险告知书》。

（3）召开测评现场首次会。

（4）测评双方确认现场测评需要的各种资源，包括测评委托单位的配合人员和需要提供的测评条件等，确认被测系统已备份过系统及数据。

（5）测评人员根据会议沟通结果，对测评结果记录表单和测评程序进行必要的更新。

输入：经过评审和确认的测评方案文本，风险规避实施方案文本，风险告知书，现场测评工作计划。

输出：会议记录，测评方案，现场测评工作计划和风险告知书，现场测评授权书等。

（二）现场测评和结果记录

现场测评依据GB/T 22239—2019、GB/T 28448—2019、GB/T 28449—2018等法律法规实施现场测评活动。测评内容包括被测系统安全通用要求和扩展情况。现场测评、漏洞扫描、渗透测试需要签订入场和离场确认书，确定入场前和入场后系统正常情况。

输入：现场测评工作计划，现场测评授权书，测评指导书测评结果记录表格。

输出：各类测评结果记录。

（三）结果确认和资料归还

现场测评结束时，需要做好记录和确认工作，并将测评的结果征得评测双方认同确认，工作流程如图6-4所示。主要包括测评人员在现场测评完成之后，应首先汇总现场测评的测评记录，对漏掉和需要进一步验证的内容实施补充测评；召开测评现场结束会，测评双方对测评过程中发现的问题进行现场确认。测评机构归还测评过程中借阅的所有文档资料，并由测评委托单位文档资料提供者签字确认。

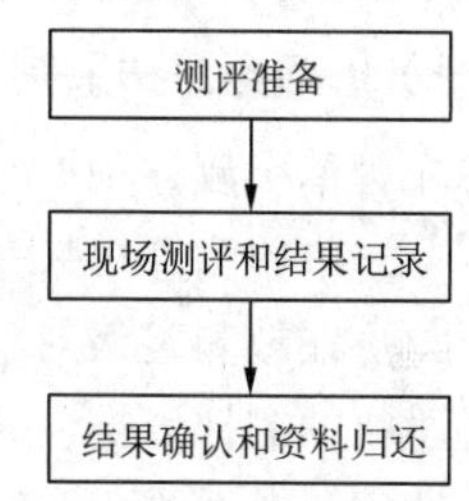

图 6-4　现场测评活动工作流程图

输入：各类测评结果记录，工具测试完成后的电子输出记录。

输出：经过测评委托单位确认的测评证据和测评源记录。

四、报告编制活动

测评人员在初步判定单项测评结果后，还需进行单元测评结果判定、整体测评、系统安全保障评估等方法，找出整个系统的安全保护现状与相应等级的保护要求之间的差距，并分析这些差距导致被测系统面临的风险，从而给出等级测评结论，形成测评报告文本。可见附录A网络安全等级保护定级报告模板示例。

在测评过程中，会产生一些意外的风险，例如：影响系统正常运行的风险，在现场测评时，需要对设备和系统进行一定的验证测试工作，部分测试内容需要上机验证并查看一些信息，这就可能对系统运行造成一定的影响，甚至存在误操作的可能。或者使用测试工具进行漏洞扫描测试、性能测试及渗透测试等，可能会对网络和系统的负载造成一定的影响，渗透性攻击测试会影响到服务器和系统正常运行，如出现重启、服务中断、渗透过程中植入的代码未完全清理等现象；可能还会造成敏感信息泄露风险，测评人员有意或无意泄漏被测系统状态信息，如网络拓扑、IP地址、业务流程、业务数据、安全机制、安全隐患和有关文档信息等；此外如果测评人员在渗透测试完成后，有意或无意将渗透测试过程中用到的测试工具未清理或清理不彻底，或者测试计算机中带有木马程序，会给被测评系统带来植入木马的风险。

所以在等级测评过程中可以通过采取以下措施规避风险：

（1）签署委托测评协议。在测评工作正式开始之前，测评方和被测评单位需要以委托协议的方式明确测评工作的目标、范围、人员组成、计划安排、执行步骤和要求以及双方的责任和义务等，使得测评双方对测评过程中的基本问题达成共识。

（2）签署保密协议。测评相关方应签署合乎法律规范的保密协议，以约束测评相关方现在及将来的行为。

（3）现场测评工作风险的规避。在现场测评之前，测评机构应与相关单位签署现场测评授权书，要求相关方对系统及数据进行备份，并对可能出现的事件制定应急处理方案。进行验证测试和工具测试时，避开业务高峰期，在系统资源处于空闲状态时进行，或配置与生产环境一致的模拟/仿真环境，在模拟/仿真环境下开展漏洞扫描等测试工作。

（4）上机验证测试。由测评人员提出需要验证的内容，系统运营、使用单位的技术人员进行实际操作。整个现场测评过程要求系统运营、使用单位全程监督。

（5）测评现场还原。测评工作完成后，测评人员应将测评过程中获取的所有特权交回，把测评过程中借阅的相关资料文档归还，并将测评环境恢复至测评前状态。

（一）单项测评结果判定阶段

需针对单个测评项，结合具体测评对象，客观、准确地分析测评证据，形成初步单项测评结果，单项测评结果是形成等级测评结论的基础。针对每个测评项，分析该测评项所对抗的威胁在被测定级对象中是否存在，如果不存在，则该测评项应标为不适用项。分析单个测评项的测评证据，并与要求内容的预期测评结果相比较，给出单项测评结果和符合程度得分。如果测评证据表明所有要求内容与预期测评结果一致为符合。

输入：经过测评委托单位确认的测评证据和证据源记录，测评指导书。

输出：测评报告的等级测评结果记录部分。

（二）单元测评结果判定

需汇总单项测评结果，分别统计不同测评对象的单项测评结果，从而判定单元测评结果。按层面分别汇总不同测评对象对应测评指标的单项测评结果情况，包括测评多少项，符合要求的多少项等内容；分析每个控制点下所有测评项的符合情况，给出单元测评结果。

输入：测评报告的等级测评结果记录部分。

输出：测评报告的单元测评小结部分。

（三）整体测评阶段

分析不符合和部分符合的测评项与其他测评项（包括安全控制间、区域间、层面间）之间的关联关系及对安全问题所带来的安全风险影响情况来分析整体测评结果。

针对测评对象“部分符合”及“不符合”要求的单个测评项，分析与该测评项相关的

其他测评项能否和它发生关联关系，发生什么样的关联关系，这些关联关系产生的作用是否可以“弥补”该测评项的不足或“削弱”该测评项实现的保护能力，以及该测评项的测评结果是否会影响与其有关联关系的其他测评项的测评结果；针对测评对象“部分符合”及“不符合”要求的单个测评项，分析与该测评项相关的其他层面的测评对象能否和他发生关联关系，发生什么样的关联关系，这些关联关系产生的作用是否可以“弥补”该测评项的不足或“削弱”该测评项实现的保护能力，以及该测评项的测评结果是否会影响与其有关联关系的其他测评项的测评结果。最后根据整体测评分析情况，修正单项测评结果符合程度得分和问题严重程度值。

输入：测评报告的等级测评结果记录部分和单项测评结果。

输出：测评报告的整体测评部分。

（四）系统安全保障评估阶段

需要综合单项测评和整体测评结果，计算修正后的安全控制点得分和层面得分，并根据得分情况对被测定级对象的安全保障情况进行总体测评。

输入：测评报告等级测评结果记录部分和整体测评部分。

输出：测评报告的系统安全保障评估部分。

（五）安全问题风险评估阶段

测评人员依据等级保护的相关规范和标准，采用风险分析的方法分析等级测评结果中存在的安全问题可能对被测定级对象安全造成的影响。主要是针对整体测评后的单项测评结果中部分符合项或不符合项所产生的安全问题，结合关联测评对象和威胁，分析可能对定级对象、单位、社会及国家造成的安全危害；结合安全问题所影响业务的重要程度、相关系统组件的重要程度、安全问题严重程度以及安全事件影响范围等综合分析可能造成的安全危害中的最大安全危害（损失）结果，并根据最大安全危害严重程度进一步确定定级对象面临的风险等级，结果为高、中、低。安全问题风险分析需要分析部分符合项或不符合项所产生的安全问题被威胁利用的可能性；分析威胁利用安全问题所造成的危害；按照测评单位选定的风险分析方法对测评等级结果进行评价。

输入：填好的调查表格，测评报告的单项测评结果、整体测评部分。

输出：测评报告的安全问题风险分析部分。

（六）等级测评结论形成阶段。

测评人员在系统安全保障评估、安全问题风险评估的基础上，找出系统保护现状与GB/T 22239—2019之间的差距，并形成等级测评结论，需要根据单项测评结果和风险评估结果，计算定级对象综合得分，并得出等级测评结论（见表6-45）。

表6-45　等级测评结论判定标准

等级测评结论	判定依据
优	被测对象中存在安全问题，但不会导致被测对象面临中、高等级安全风险，且综合得分90分以上（含90分）
良	被测对象中存在安全问题，但不会导致被测对象面临高等级安全风险，且综合得分80分以上（含80分）
中	被测对象中存在安全问题，但不会导致被测对象面临高等级安全风险，且综合得分70分以上（含70分）
差	被测对象中存在安全问题，且会导致被测对象面临高等级安全风险，或综合得分低于70分

输入：测评报告的系统安全保障评估部分、安全问题风险评估部分。

输出：测评报告的等级测评结论部分。

（七）测评报告编制阶段

测评人员根据报告编制活动各分析过程形成等级测评报告。报告编制阶段工作流程图如图6-5所示。测评报告内容包括：测评项目情况概述、被测定级对象情况描述、单项测评情况描述、整体测评情况描述、测评结果汇总以及风险情况描述。等级测评报告格式应符合公安机关发布的《信息系统安全等级保护测评报告模板》。

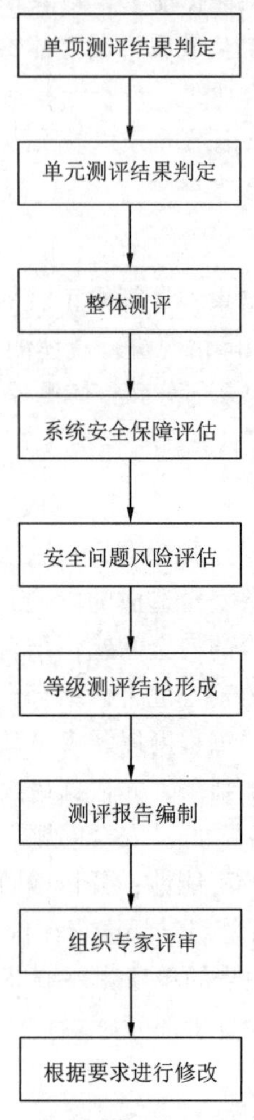

图6-5　报告编制阶段工作流程图

输入：测评方案，《信息系统安全等级测评报告模板》，测评结果分析内容。

输出：确认的被测定级对象等级测评报告。

（八）专家评审

在测评报告编制完成后还需要辅助客户组织专家评审，依据《信息安全技术　网络安全等级保护测评过程指南》（GB/T 28449—2018）、《网络安全等级保护测评机构管理办法》（公信安〔2018〕765号文）、《信息安全技术　网络安全等级保护基本要求》（GB/T 22239—2019）、《信息安全技术　网络安全等级保护测评要求》（GB/T 28448—2019）检查测评报告的内容。评审要不局限于单独系统，要从多个角度去分析，比如单位职能、单位信誉、人身安全等方面对本单位、对社会造成的影响以及影响范围。单位对系统的依赖关系、依赖程度、影响程度，比如数据泄露后导致的人生生命财产安全，产生严重的法律问

题等，此外还应注意如下问题：

（1）专家评审的时候，不是审查备案表和定级报告的瑕疵、文件的毛病，不是看系统的安全性，看系统是否缺少了什么安全防护设备。

（2）专家的主要职责是根据系统的重要程度，根据系统被破坏后产生的影响后果去确定系统的级别，这才是专家评审的意义。其实系统定级是一件比较难，也非常重要的工作。系统级别确定后，系统就要按照这个标准去建设，去防护。

（3）专家评审时，应该对系统的边界划分清楚。有些单位习惯把一些系统合并成为一个系统，专家应该审核这种合并的合理性。

（4）在评审表中应该考虑系统服务安全和系统业务安全，并认清对应的级别。

（5）在评审时，很多单位会把所有的系统都拿出来评审，对于认定为一级的系统也应该在专家评审意见中写明原因。不能只写二级以上的评审意见。

输入：确认的被测定级对象等级测评报告、测评结果分析内容。

输出：评审会议纪要、评审整改意见。

第七章 监督与检查

公安机关信息安全等级保护检查工作是指公安机关依据有关规定，会同主管部门对非涉密重要信息系统运营使用单位等级保护工作开展和落实情况进行检查，督促、检查其建设安全设施、落实安全措施、建立并落实安全管理制度、落实安全责任、落实责任部门和人员。备案单位、行业主管部门、公安机关要分别建立并落实监督检查机制，定期对《网络安全法》、网络安全等级保护制度各项要求的落实情况进行自查和监督检查。在这个过程中，公安机关已经形成了一套较完备的监督检查机制，并且已经执行多年，有关工作开展已经成为常态。

第一节　监督检查的意义

监督检查的工作是由等级保护管理部门进行，监督检查阶段需要输入包括但不限于安全等级测评报告、备案材料、自查报告等，等级保护管理部门、主管部门依据国家网络安全等级保护、行业监管要求等制定监督检查方案及表格；运营、使用单位根据网络安全保护等级保护监督检查、行业监管的规范或标准，准备相应的监督检查所需材料，等级保护管理部门对等级保护对象定级、规划设计、建设实施和运行管理等过程的监督检查要求，等级保护管理部门应按照国家、行业相关等级保护监督检查要求及标准，开展监督检查工作。最终由监管部门输出监督检查材料、监督检查结果报告等。

主管部门，运营、使用单位需要准备相应的监督检查材料，配合等级保护管理部门检查，确保等级保护对象符合安全保护相应等级的要求。首先，作为网络运营者接受公安机关监督检查过程中，自查阶段自然也与之前章节里提到的自查和持续改进息息相关，这些工作都是相辅相成的，不可割裂的。因为，自查和持续改进目标是基于存在的风险隐患最终实现风险可控，网络安全达到预期目的。这与公安机关监督检查最终要求一致，工作的目标也是一致的。这个阶段的工作是由主管部门，运营、使用单位，等级保护管理部门共同完成。

公安机关开展等级保护监督检查，其意义在于全面了解掌握各行业、各地区、各单位网络安全等级保护定级备案、等级测评、安全建设整改等工作部署和贯彻落实情况，总结开展网络安全等级保护工作的成功经验，查找分析工作中存在的突出问题，督促、指导各备案单位进一步落实网络安全等级保护制度的各项要求，建立健全等级保护监督检查工作的长效机制。检查核实信息系统运营使用、建设单位的等级保护工作开展和落实情况，重点督促、检查安全设施、安全措施、安全管理制度、安全责任、责任部门和人员。

第二节 定期自查与督导检查

一、定期自查

按照要求，计算机信息系统投入使用后，存在下列情形之一的，应当进行安全自查，同时委托安全测评机构进行安全测评：

（1）变更关键部件。

（2）安全测评时间满一年。

（3）发生危害计算机信系统安全的案件或安全事故。

（4）公安机关公共信息网络安全监察部门根据应急处置工作的需要认为应当进行安全测评。

（5）其他应当进行安全自查和安全测评的情形。

第三级网络要求每年进行一次自查。自查完成后，网络的安全状况未达到安全保护等级要求的，网络运营者需要进一步进行安全建设整改。“过等保”不仅是一次测评或备案，而是时刻落实等保政策，从技术措施、管理措施持之以恒地加强防护，这才是“过等保”，“过等保”终点不仅是获得测评认证，而是直到信息系统的废止。

整改不能简单地理解为是公安要求的，而是应该理解成是信息系统安全现状与等级保护相关要求存在差距要求的，是系统本身存在安全风险要求的，是网络安全要求的，需要主动持续性开展。另外，要求网络运营者积极配合公安机关的监督检查工作，如实提供有关资料及文件。当网络发生事件、案件时，备案单位还需要及时向受理备案的公安机关报告。

自查具体清单可见表7-1。

表7-1 网络安全自查表

序号	核查项	核查内容要求	核查结果	备注记录
1	物理环境安全	（1）机房场地是否设在建筑物的顶层或地下室以及用水设备的下层或隔壁，如不可避免是否加强防水和防潮措施		
2		（2）机房场地是否远离产生粉尘、油烟、有害气体以及生产或储存具有腐蚀性、易燃、易爆物品的场所，如不可避免是否采取必要的防护措施		
3		（3）机房出入口是否配置电子门禁系统，控制、鉴别和记录进入的人员，宜对核心交换机、关键业务应用服务器、重要数据库服务器及核心存储设备所在机房的重要区域出入口处配置第二道电子门禁系统，控制、鉴别和记录进入的人员		
4		（4）是否设置机房防盗报警系统或设置有专人值守的视频监控系统		
5		（5）是否设置机房专用空调自动调节机房温湿度，使机房温度控制在18～27 ℃范围内，相对湿度不大于60%		
6		（6）是否提供短期的备用电力供应，至少满足设备在断电情况下的正常运行要求，保障电源宜提供不少于120 min的故障处理时间，对于可用性要求较高的等级保护对象，如清分结算、联网售票系统等，是否确保备用电力供应持续满足系统正常运行要求		
7		（7）设置冗余或并行的电力电缆线路为计算机系统供电，对于可用性要求较高的等级保护对象，如清分结算、联网售票系统等，机房并行电力线路供电宜来自不同方向的变电站		

续表

序号	核查项	核查内容要求	核查结果	备注记录
8	网络结构安全	（1）是否提供通信线路、关键网络设备和关键计算设备的硬件冗余，保证系统的可用性，宜采用链路聚合技术、多链路或负载均衡等方式实现通信线路的冗余，采用双机热备、集群等方式实现关键网络设备和关键计算设备的硬件冗余		
9		（2）采用密码技术保证通信过程中数据的保密性，宜采用国家密码管理部门认可的密码技术实现		
10		（3）是否能够对非授权设备私自联到内部网络的行为进行检查或限制，采用IP/MAC地址绑定、关闭网络接入设备的闲置端口或部署网络准入工具等措施		
11		（4）是否能够对内部用户非授权联到外部网络的行为进行检查或限制，采用封闭、拆除或软件管控物理接口，或虚拟化技术实现的集中管控等措施限制外部网络连接行为，限制终端和服务器双网卡外联、USB共享网络等行为		
12		（5）是否限制无线网络的使用，保证无线网络通过受控的边界设备接入内部网络；如无法避免，应采用无线网络单独组网，通过无线网络控制器实现无线网络的管控措施		
13		（6）对源地址、目的地址、源端口、目的端口和协议等进行检查，以允许/拒绝数据包进出，包括但不限于以下服务：HTTP/HTTPS服务；远程连接SSH服务；文件传输FTP服务；邮件发送SMTP服务，邮件接收POP3服务；域名DNS服务；远程字典Redis服务；远程日志存储Syslog服务		
14		（7）是否对审计记录进行保护，至少每月进行一次备份，避免受到未预期的删除、修改或覆盖等，审计记录应实现集中审计且留存应不少于6个月，宜采用密码技术保证审计记录的完整性，时钟保持与时钟服务器同步		
15		（8）是否对远程访问的用户行为、访问互联网的用户行为等单独进行行为审计和数据分析		
16	系统及应用安全	（1）是否对登录的用户进行身份标识和鉴别，身份标识具有唯一性，身份鉴别信息是否具有复杂度要求并定期更换，具体要求如下：静态口令长度不少于8位，至少包含大写英文字母、小写英文字母、数字、特殊符号中3类；用户口令更换周期不大于3个月；用户首次登录时修改初始默认口令，每次修改口令时，不准许新设定的口令与旧口令相同		
17		（2）是否具有登录失败处理功能，应配置并启用结束会话、限制非法登录次数不超过5次和当登录连接超时自动退出等相关措施		
18		（3）当进行远程管理时，是否采取必要措施防止鉴别信息在网络传输过程中被窃听，宜采用HTTPS、SSH等协议实现，边界路由器、核心交换机等重要设备管理宜采用国家密码管理部门认可密码技术实现		
19		（4）是否重命名或删除默认账户，修改默认账户的默认口令		
20		（5）是否至少每6个月检查一次账户使用情况，及时删除或停用多余的、过期的账户，避免共享账号的存在		
21		（6）是否授予管理用户所需的最小权限，实现管理用户的权限分离，系统管理员、系统审计员权限独立且不交叉；至少每年检查一次账户使用情况，及时删除或停用多余的、过期的账户，如临时账户、测试账户、僵尸账户、默认口令账户、匿名账户，避免共享账户的存在		
22		（7）是否至少每6个月开展一次漏洞扫描和基线核查，及时发现和关闭不需要服务、默认共享和高危端口，重要保障时期前应至少开展一次漏洞扫描和基线核查		
23		（8）是否通过设定终端接入方式或网络地址范围等对通过网络进行管理的终端进行限制，宜采用带外管理或限定网络登录地址范围等方式实现		
24		（9）是否提供重要配置数据的本地数据备份与恢复功能		
25		（10）是否至少每6个月进行一次渗透测试等，及时发现可能存在的已知漏洞，并在经过充分测试评估后，及时修补漏洞，避免软件环境、框架和组件中存在可被利用的高危漏洞		

续表

序号	核查项	核查内容要求	核查结果	备注记录
26	安全管理中心	（1）是否建立一条安全的信息传输路径，对网络中的安全设备或安全组件进行管理，宜采用HTTPS、SSH等协议或带外管理等方式实现，边界防火墙等重要数据处理系统宜采用国家密码管理部门认可密码技术实现		
27		（2）是否对网络链路、安全设备、网络设备和服务器等的运行状况进行集中监测，可用性要求较高的等级保护对象宜采用具有采集、记录和显示网络链路及各类设备运行状况的系统或工具实现		
28		（3）是否对分散在各个设备上的审计数据进行收集汇总和集中分析，并保证审计记录的留存时间不应少于6个月，宜采用具有审计数据进行收集汇总和集中分析的系统或工具实现；是否能保证系统范围内的时间由唯一确定的时钟产生，宜采用可溯源于北斗系统的时间服务器实现		
29	安全管理及应急措施	（1）是否制定网络安全工作的总体方针和安全策略，阐明机构安全工作的总体目标、范围、原则和安全框架等		
30		（2）是否对安全管理活动中的各类管理内容建立安全管理制度，至少包括环境管理、资产管理、漏洞和风险管理、网络和系统安全管理、恶意代码防范管理、配置管理、密码管理、变更管理、备份与恢复管理、安全事件处置、应急预案管理和外包运维管理；是否对管理人员或操作人员执行的日常管理操作建立操作规程；形成由安全策略、管理制度、操作规程、记录表单等构成的全面的安全管理制度体系		
31		（3）成立指导和管理网络安全工作的委员会或领导小组，其最高领导由单位主管领导担任或授权		
32		（4）配备专职安全管理员，不应兼任，专职安全管理员宜具有网络安全专业认证资质，如网络安全行业认证、国家注册信息安全专业人员、信息安全工程师、信息安全从业保障人员等		
33		（5）是否至少每6个月进行一次常规安全检查，检查内容包括系统日常运行、系统漏洞和数据备份等情况		
34		（6）是否至少每年进行一次全面安全检查，检查内容包括现有安全技术措施的有效性、安全配置与安全策略的一致性、安全管理制度的执行情况等；并制定安全检查表格实施安全检查，汇总安全检查数据，形成安全检查报告，并对安全检查结果进行通报		
35		（7）是否与被录用人员签署保密协议，与安全管理员、系统管理员、网络管理员、数据管理员、安全审计员签署岗位责任协议，办理严格的调离手续，并承诺调离后的保密义务后方可离开		
36		（8）是否对各类人员进行安全意识教育和岗位技能培训，并告知相关的安全责任和惩戒措施，是否每年至少开展一次网络安全宣传教育培训		
37		（9）是否采购和使用合格的网络安全产品；是否采购和使用合格的密码产品与服务		
38		（10）是否在软件交付前检测其中可能存在的恶意代码		
39		（11）是否采取保护措施，防止源代码泄露或非授权访问；是否对应用开发过程中所引入的第三方的代码、控件、组件、库文件和应用产品等进行登记及版本管理		
40		（12）是否进行上线前的安全性测试，并出具安全测试报告，安全测试报告应包含密码应用安全性测试相关内容		
41		（13）是否指定专门的部门或人员负责机房安全，对机房出入进行管理，至少每3个月对机房供配电、空调、温湿度控制、消防等设施进行一次维护管理		
42		（14）是否采取漏洞扫描、风险评估、渗透测试或攻击性测试等措施识别安全漏洞和隐患，对发现的安全漏洞和隐患及时进行修补或评估可能的影响后进行修补		
43		（15）是否规定统一的应急预案框架，包括启动预案的条件、应急组织构成、应急资源保障、事后教育和培训等内容；是否制定重要事件的应急预案，包括应急处理流程、系统恢复流程等内容		

二、行业主管部门的督导检查

督导检查属于行业主管（监管）部门需要开展的工作，行业主管（监管）部门应组织制定本行业、本领域网络安全等级保护工作规划和标准规范，掌握网络基本情况、定级备案情况和安全保护状况；督促网络运营者开展网络定级备案、等级测评、风险评估、安全建设整改、安全自查等工作。

行业主管（监管）部门监督、检查、指导本行业、本领域网络运营者依据网络安全等级保护制度和相关标准要求，落实网络安全管理和技术保护措施，组织开展网络安全防范、网络安全事件应急处置、重大活动网络安全保护等工作。

行业主管部门的督导检查目的在于，根据等级保护管理部门对等级保护对象定级、规划设计、建设实施和运行管理等过程的监督检查要求，等级保护管理部门应按照国家、行业相关等级保护监督检查要求及标准，开展监督检查工作；一般参与单位为主管部门、运营使用单位及主管单位等级保护管理部门。以等级保护测评报告、备案材料及自查报告等资料为基础，等级保护管理部门、主管部门依据国家网络安全等级保护、行业监管要求等制定监督检查方案及表格；运营、使用单位根据网络安全保护等级保护监督检查、行业监管的规范或标准，准备相应的监督检查所需材料，并最终出具监督检查材料及监督检查结果报告。

第三节　公安机关的督导检查

一、检查的原则

公安机关遵照的是“谁受理备案，谁负责检查”的原则开展检查工作，规范赋予公安可以会同其他主管部门，也可以自行开展检查的权力等。在检查过程中，公安机关发现不符合信息安全等级保护有关管理规范和技术标准要求，通知其运营使用单位限期整改，并发送《信息系统安全等级保护限期整改通知书》等。公安机关对网络运营者依照国家法律法规规定和相关标准要求，落实网络安全等级保护制度，开展网络安全防范、网络安全事件应急处置、重大活动网络安全保卫等工作，实行监督管理；对第三级以上网络运营者（含关键信息基础设施运营者）按照网络安全等级保护制度落实网络基础设施安全、网络运行安全和数据安全保护责任义务，实行重点监督管理。

公安机关根据《公安机关信息安全等级保护检查工作规范（试行）》（公信安〔2008〕736号）开展检查工作，该规范的制定依据是《信息安全等级保护管理办法》，其目的和作用是为规范公安机关公共信息网络安全监察部门开展信息安全等级保护检查工作。公安机关主要是对非涉密重要信息系统运营使用单位等级保护工作开展和落实情况进行检查，督促、检查其建设安全设施、落实安全措施、建立并落实安全管理制度、落实安全责任、落实责任部门和人员，为公安开展等级保护检查工作提供了规范。

信息安全等级保护检查工作不是任何层级的公安都参与的一项工作，而是由市（地）级以上公安机关公共信息网络安全监察部门负责实施。每年对第三级信息系统的运营使用单位信息安全等级保护工作检查一次，每半年对第四级信息系统的运营使用单位信息安全等级保护工作检查一次。如今，第四级等级保护对象也是每年测评一次，那么相对应的检查可能也要与之匹配了。具体情况，以各地公安实际情况为准。

二、具体检查内容及项目

网络安全等级保护主要围绕下面10个内容进行全面检查。

（1）等级保护工作组织开展、实施情况。安全责任落实情况，信息系统安全岗位和安全管理人员设置情况。① 是否下发开展网络安全等级保护工作的文件，出台有关工作意见或方案，了解组织开展网络安全等级保护工作。② 是否建立或明确安全管理机构，落实网络安全责任，落实安全管理岗位和人员。③ 是否依据国家网络安全法律法规、标准规范等要求制定具体网络安全工作规划或实施方案。④ 是否制定本行业、本部门网络安全等级保护行业标准规范并组织实施。

（2）按照网络安全法律法规、标准规范的要求制定具体实施方案和落实情况。

（3）信息系统定级备案情况，信息系统变化及定级备案变动情况。① 是否存在未定级、备案信息系统情况以及定级信息系统有关情况，定级信息系统是否存在定级不准。② 现场查看备案的信息系统，核对备案材料，备案单位提交的备案材料是否与实际情况相符合。③ 是否补充提交《信息系统安全等级保护备案登记表》中有关备案材料。④ 信息系统所承载的业务、服务范围、安全需求等是否发生变化，以及信息系统安全保护等级是否变更。⑤ 新建信息系统是否在规划、设计阶段确定安全保护等级并备案。

（4）网络安全设施建设情况和网络安全整改情况。① 是否部署和组织开展网络安全建设整改工作。② 是否制定网络安全建设规划、信息系统安全建设整改方案。③ 是否按照国家标准或行业标准建设安全设施，落实安全措施。

（5）网络安全管理制度建设和落实情况。① 是否建立基本安全管理制度，包括机房安全管理、网络安全管理、系统运行维护管理、系统安全风险管理、资产和设备管理、数据及信息安全管理、用户管理、备份与恢复、密码管理等制度。② 是否建立安全责任制，系统管理员、网络管理员、安全管理员、安全审计员是否与本单位签订网络安全责任书。③ 是否建立安全审计管理制度、岗位和人员管理制度。④ 是否建立技术测评管理制度，网络安全产品采购、使用管理制度。⑤ 是否建立安全事件报告和处置管理制度，制定信息系统安全应急处置预案，定期组织开展应急处置演练。⑥ 是否建立教育培训制度，是否定期开展网络安全知识和技能培训。

（6）网络安全保护技术措施建设和落实情况。

（7）选择使用网络安全产品情况。① 是否按照《网络安全等级保护管理办法》要求的条件选择使用网络安全产品。② 是否要求产品研制、生产单位提供相关材料。包括营业执照，产品的版权或专利证书，提供的声明、证明材料，计算机信息系统安全专用产品销售许可证等。③ 采用国外网络安全产品的，是否经主管部门批准，并请有关单位对产品进行专门技术检测。

（8）聘请测评机构按规范要求开展技术测评工作情况，根据测评结果开展整改情况。① 是否按照《网络安全等级保护管理办法》的要求部署开展技术测评工作。对第三级信息系统每年开展一次技术测评，对第四级信息系统每半年开展一次技术测评。② 是否按照《网络安全等级保护管理办法》规定的条件选择技术测评机构。③ 是否要求技术测评机构提供相关材料。包括营业执照、声明、证明及资质材料等。④ 是否与测评机构签订保密协议。⑤ 是否要求测评机构制定技术检测方案。⑥ 是否对技术检测过程进行监督，采取了哪

些监督措施。⑦ 是否出具技术检测报告，检测报告是否规范、完整，检查结果是否客观、公正。⑧ 是否根据技术检测结果，对不符合安全标准要求的，进一步进行安全整改。

（9）自行定期开展自查情况。① 是否定期对信息系统安全状况、安全保护制度及安全技术措施的落实情况进行自查。第三级信息系统是否每年进行一次自查，第四级信息系统是否每半年进行一次自查。② 经自查，信息系统安全状况未达到安全保护等级要求的，运营、使用单位是否进一步进行安全建设整改。公安机关在对信息系统检查时，下发《网络安全等级保护监督检查通知书》和《网络安全等级保护监督检查记录》，就上述检查内容进行告知。

（10）开展网络安全知识和技能培训情况。

三、检查方式与要求

（1）公安机关开展检查工作，应当按照“严格依法，热情服务”的原则，遵守检查纪律，规范检查程序，主动、热情地为运营使用单位提供服务和指导。

（2）检查工作采取询问情况，查阅、核对材料，调看记录、资料，现场查验等方式进行。

（3）每年对第三级信息系统的运营使用单位网络安全等级保护工作检查一次，每半年对第四级信息系统的运营使用单位网络安全等级保护工作检查一次。公安机关按照“谁受理备案，谁负责检查”的原则开展检查工作。具体要求是：对跨省或者全国联网运行、跨市或者全省联网运行等跨地域的信息系统，由部、省、市级公安机关分别对所受理备案的信息系统进行检查。对辖区内独自运行的信息系统，由受理备案的公安机关独自进行检查。对跨省或者全国联网运行的信息系统进行检查时，需要会同其主管部门。因故无法会同的，公安机关可以自行开展检查。

（4）公安机关开展检查前，应当提前通知被检查单位，并发送《网络安全等级保护监督检查通知书》。

（5）检查时，检查民警不得少于两人，从事检查工作的民警应当经过省级以上公安机关组织的网络安全等级保护监督检查岗位培训。并应当向被检查单位负责人或其他有关人员出示工作证件。检查中填写《信息系统安全等级保护监督检查记录》。检查完毕后，《信息系统安全等级保护监督检查记录》应当交被检查单位主管人员阅后签字；对记录有异议或者拒绝签名的，监督、检查人员应当注明情况。《信息系统安全等级保护监督检查记录》应当存档备查。

（6）公安机关实施网络安全等级保护监督检查的法律文书和记录，应当统一存档备查。并对检查工作中涉及的国家秘密、工作秘密、商业秘密和个人隐私等应当予以保密。

（7）对备案单位重要信息系统发生的事件、案件及时进行调查和立案侦查，并指定单位开展应急处置工作，为备案单位提供有力支持。

（8）公安机关进行安全检查时不得收取任何费用。

四、整改工作要求

检查时，发现不符合网络安全等级保护有关管理规范和技术标准要求，具有下列情形之一的，应当通知其运营使用单位限期整改，并发送《信息系统安全等级保护限期整改通知书》。逾期不改正的，给予警告，并向其上级主管部门通报：

（1）未按照《网络安全等级保护管理办法》开展信息系统定级工作的。

（2）信息系统安全保护等级定级不准确的。

（3）未按《网络安全等级保护管理办法》规定备案的。

（4）备案材料与备案单位、备案系统不符合的。

（5）未按要求及时提交《信息系统安全等级保护备案登记表》的有关内容的。

（6）系统发生变化，安全保护等级未及时进行调整并重新备案的。

（7）未按《网络安全等级保护管理办法》规定落实安全管理制度、技术措施的。

（8）未按《网络安全等级保护管理办法》规定开展安全建设整改和安全技术测评的。

（9）未按《网络安全等级保护管理办法》规定选择使用网络安全产品和测评机构的。

（10）未定期开展自查的。

（11）违反《网络安全等级保护管理办法》其他规定的。

公安机关针对检查发现的问题，需要信息系统单位限期整改的，应当出具《整改通知》，自检查完毕之日起10个工作日内送达被检查单位。同时，信息系统运营使用单位整改完成后，应当将整改情况报公安机关，公安机关应当对整改情况进行检查。

五、事件调查工作

公安机关会根据有关规定处置网络安全事件，开展事件调查，认定事件责任，查处危害网络安全的违法犯罪活动。

公安机关在事件调查处置过程中，必要时会依法责令网络运营者采取阻断信息传输、暂停网络运行、备份相关数据等紧急措施。作为网络运营者应当为公安机关、有关部门开展事件调查和处置提供支持和协助，为公安机关、国家安全机关依法维护国家安全和侦查犯罪的活动提供技术支持和协助。

第四节　网信部门的督导检查

根据《网络安全法》第50条规定：国家网信部门和有关部门依法履行网络信息安全监督管理职责，发现法律、行政法规禁止发布或者传输的信息的，应当要求网络运营者停止传输，采取消除等处置措施，保存有关记录；对来源于中华人民共和国境外的上述信息，应当通知有关机构采取技术措施和其他必要措施阻断传播。

一般来说，区域内网信部门应定期开展网络安全工作检查，最大限度地发现和堵塞各类网络安全漏洞，确保区域内网络环境安全稳定。检查范围应包括区域内各级党政机关、企事业单位以及提供互联网上网服务场所等领域运营单位。重点检查内容包括网络安全责任制落实情况、网络安全日常管理情况、网络边界安全防护情况、无线网络安全防护情况、应用服务安全防护情况、服务器和终端安全防护情况、网络安全应急工作情况。

此外，随着近年国家对数据安全愈发重视，数据安全已成为保障网络强国建设、护航数字经济发展的安全基石。2022年2月15日起，国家互联网信息办公室等十三部门联合修订发布的《网络安全审查办法》开始施行，新修订内容针对数据处理活动，聚焦国家数据安全风险，明确运营者赴国外上市的网络安全审查要求，为构建完善国家网络安全审查机制，切实保障国家安全提供了有力保障。

办法要求，网络运营者开展核心数据、重要数据和大量个人信息的数据处理活动时，应加强国家安全意识，预判数据处理活动可能带来的国家安全风险，影响或者可能影响国家安全的及时向网络安全审查办公室报告甚至申报网络安全审查，主动防范可能造成的国家安全风险。

第五节　对测评机构监督与检查

根据国家网络安全等级保护工作协调小组办公室最新规定，撤销网络安全等级测评机构推荐证书，不再发布《全国网络安全等级测评机构推荐目录》，相关工作纳入国家认证体系。同时中关村信息安全测评联盟发布了关于启用《网络安全等级测评与检测评估机构服务认证证书》的公告，明确了经公安部第三研究所认证发放的《网络安全等级测评与检测评估机构服务认证证书》自2021年11月19日起即可使用。

其中国家认证体系即国家级的各类认证认可体系。国家认证认可监督管理委员会是国务院授权的履行行政管理职能，统一管理、监督和综合协调全国认证认可工作的主管机构，为国家市场监督管理总局管理。也就是说未来的等保测评机构的认证及管理工作将由国家认证认可监督管理委员会及国家市场监督管理总局来进行统一管理。

为保障网络安全等级测评和检测评估工作的顺利开展，经公安部第三研究所（国家认证认可委员会批准的认证机构）认证发放的《网络安全等级测评与检测评估机构服务认证证书》自2021年11月19日起即可使用，同步使用新的认证标志。

公安机关对网络安全等级保护测评机构、测评人员及其测评活动进行监督管理，发现有违反规定行为的，应责令整改；情形严重的，应将其从等级保护测评机构推荐名单中移除。公安机关依法对等级测评机构及其人员进行监督管理，发现有违反规定行为的，应责令整改；情形严重的，应将其从等级保护测评机构推荐名单中移除。公安机关应对从事网络建设、运维、安全监测、检测认证、风险评估等网络服务机构、服务人员及其服务活动进行监督管理，发现有违反管理规定行为的，应责令其整改，并对关键岗位的服务人员进行安全背景审查。

第八章 测评案例解析

网络安全等级保护有效地支撑了网络安全法，作为网络安全法的抓手，有效推动了网络安全工作的落地，提升了网络运营者的安全防护能力。本章主要从医疗行业、电力行业、电子政务行业、教育行业进行了案例解析，提出了解决方案，为网络安全等级保护工作的开展提供思路。

第一节　医疗行业测评案例解析

一、医院信息系统概述

（一）信息系统概述

信息化在现代化医院稳定高效运转过程中起着举足轻重的作用。医院各类复杂的信息系统要求网络必须能够满足数据、语音、图像等综合业务的传输要求，必须配置多种高性能设备和先进技术来保证系统的稳定高效运行。但是，医院的信息系统基本采取先建设使用、后安全修补的模式，建设过程缺乏整体安全规划，总体防护手段薄弱，信息安全管理制度不健全，系统操作管理不符合安全规范。针对医疗卫生行业信息安全现状，原卫生部于2011年12月分别发布《卫生部办公厅关于全面开展卫生行业信息安全等级保护工作的通知》（卫办综函〔2011〕1126号）和《卫生行业信息安全等级保护工作的指导意见》（卫办发〔2011〕85号），文件要求，全面开展信息安全等级保护工作，三级甲等医院核心业务信息系统不低于等级保护三级标准。

做好医院信息系统等保合规检查、整改工作，对医院信息系统提高安全防护级别，抵御各类恶意攻击，有效保障医院信息系统稳定高效运行至关重要。本节以我国某省会三甲综合性医院（以下简称医院）为背景，依照网络安全等级保护2.0时代的要求，详细阐述了医院重要信息系统等级保护解决方案。

（二）医院业务介绍

医院目前已实现全院各区域网络全覆盖，包括门诊楼、急诊楼、住院楼、检验楼，行政楼等。医院本部与东、西分院采用光纤互联，组成虚拟局域网。互联网出口通过多路ISP服务商接入互联网。医院内网采用“核心-汇聚-接入”三层交换架构完成数据的交换与转发。内网分别与卫健委、医保局、疾控中心、银行、人社局等专网互联进行数据交换。目前，医院的信息系统有HIS（医院信息管理系统）、互联网医院、EMR（病案管理系统，电子病历）、LIS（实验室信息管理系统）、RIS（放射科信息系统）、PACS（影像归档

和通信系统）、CIS（临床信息系统）、CRM（医院客户管理系统）、HRP（医院资源计划系统）、体检系统、监控系统、门户网站及办公自动化（OA）系统等。

医院信息系统作为支撑医院核心业务的系统，综合管理了医疗活动各阶段中产生的数据以及各部门的人流、物流、财流数据，涉及了采集、存储、处理、提取、传输、汇总等数据全生命周期，为医院的整体运行提供全面、自动化的管理及服务。当前医院预约就诊方式已经逐渐从传统线下医院转向"线上+线下"，互相交互、融合的方式，目前医院已开通互联网医院，开展了部分常见病、慢性病复诊等互联网医疗服务，成为疫情下医院对外就诊服务的重要补充。

（三）安全现状与风险

基于以上对医院业务的简要概况，现总结存在的各类潜在风险：

1. 大量个人敏感数据存在泄露风险

随着医疗信息化的普及，个人就诊信息逐渐以电子健康档案、电子病历和电子处方为载体。包括个人在就诊、体检、医学研究过程中涉及的肌体特征、健康状况、遗传基因、病史病历等个人信息，涉及公民隐私、医患关系、医院运作和发展等诸多因素。其中个人医疗健康信息的秘密处于隐私权的核心部位，而保障病人的隐私安全是医院和医护人员的职责，这些数据在传输过程中极易被窃取或监听。同时，基于电子健康档案和电子病历大量集中存储的情况，一旦系统被黑客控制，可能导致病人隐私外泄，数据恶意删除和恶意修改等严重后果。病人隐私信息外泄将会给公民的生活、工作以及精神方面带来很大的负面影响和损失，同时给平台所辖区域造成不良社会影响，严重损害医院的公共形象，甚至可能引发法律纠纷。

2. 医疗信息系统漏洞问题

医院中心机房部署有大量的网络设备、服务器、存储设备、主机等。其中不可避免地存在着可被攻击者利用的安全弱点和漏洞。主要表现在网络设备、安全设备、操作系统、数据库、中间件、应用程序等几个方面。正是这些弱点给蓄意或无意的攻击者以可乘之机，一旦系统的漏洞利用成功，势必影响到系统的稳定、可靠运行，更严重的会导致系统瘫痪和数据丢失。

3. 数据库安全审计问题

医疗行业信息化建设在带来各种便捷的同时也引入了新的安全隐患。随着病人信息和药品信息的数据化，加之内部安全管理制度不够完善，医疗机构内部运维人员可以借助自身职权，利用数据库操作窃取药品统方信息，修改药品库存数据，修改医保报销项目等，来牟取个人私利。医院中心机房的应用系统（HIS、LIS）以及电子病历数据库涉及医疗行业的各方面信息，内部人员的违规操作可能造成严重的社会影响和给医疗机构造成重大损失。因此，有必要通过有效手段对数据库的各种操作进行审计，准确记录各种操作的源头、目的、时间、结果等，及时发现各种业务上的违规操作并进行告警和记录，同时提供详细的审计记录，以便事后进行追查。

4. 平台系统安全配置问题

随着公共卫生、医疗服务、医疗监管、综合管理、新农合五大业务的应用系统不断发展，医疗信息系统应用不断增加，网络规模日益扩大，其管理、业务支撑系统的网络结构也变得越来越复杂，各项系统的使用和配置也变得十分复杂，维护和检查成为一项繁重的工作。

在医疗行业里，随着各类通信和IT设备采用通用操作系统、通用数据库，及各类设备间越来越多地使用IP协议进行通信，其配置安全问题更为凸出。在黑客攻击行为中，利用系统缺省、未修改的安全配置攻入系统已屡见不鲜。因此，加强对网元配置的安全防护成

为重点。其中，重要应用和服务器的数量及种类日益增多，一旦发生维护人员误操作，或者采用一成不变的初始系统设置而忽略了对于安全控制的要求，就可能会极大地影响系统的正常运转。另外，为了维持整个业务系统生命周期信息安全，必须从入网测试、工程验收和运行维护等阶段，设备全生命周期各个阶段加强和落实信息安全要求。

二、等保定级

根据国家等保规定，医院的核心信息系统：HIS（医院管理信息系统）、互联网医院、EMR（病案管理系统，电子病历）、LIS（实验室信息管理系统）、RIS（放射科信息系统）、PACS（影像归档和通信系统）、CIS（临床信息系统）定为三级。非核心信息系统，CRM（医院客户管理系统）、HRP（医院资源计划系统）、体检系统、监控系统、门户网站及内部协同办公系统等，定为二级。

三、解决方案

基于《信息安全技术　网络安全等级保护安全设计技术要求》（GB/T 25070—2019）的安全防护理念，构建“纵深防御+主动防御+持续监测”安全防护体系，即基于等级保护“一个中心，三重防护”的纵深防御体系，融合“网络安全，以人为本”的理念，构建自主评估、风险驱动、实时预警、动态防护、安全检测、及时响应于一体的主动防御闭环防护体系，同时对整个等级保护对象安全状况持续监测，及时感知安全态势。本章重点介绍安全技术方案。

（一）医院整体网络拓扑规划图（见图8-1）

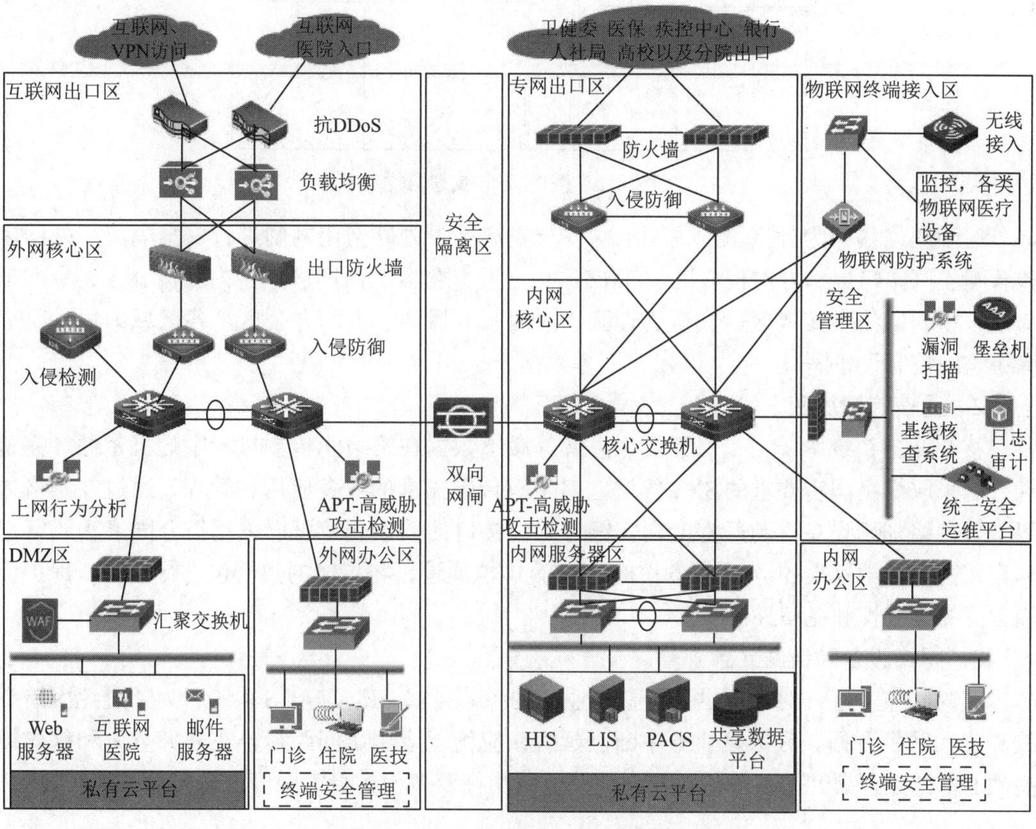

图 8-1　医院整体网络拓扑规划图

（二）安全物理环境

依据《信息安全技术　网络安全等级保护基本要求》中的“安全物理环境”要求，同时参照《信息安全技术　信息系统物理安全技术要求》（GB/T 21052—2007），对等级保护对象所涉及的主机房、辅助机房和异地备份机房等进行物理安全设计。配置相应的物理安全防护措施，包括设立电子门禁、静电消除器、建立电磁防护装置、并行电力电缆、区域之间设立隔离防火措施等。除相应的物理安全防护措施之外，还应建立相关的机房管理制度，包括相关人员进出机房的访问记录，机房的日常运维管理制度、规范等，并按照等级保护等相关要求进行规划完善，实现物理安全防护。

（三）安全通信网络

1. 安全域划分

针对医院实际建设需求，依据现有网络架构，核心业务系统功能特点，暴露的若干漏洞和安全隐患，可能面临的安全威胁等因素，对网络进行安全域划分，实现按需、多重防护理念。安全域划分如图8-2所示。

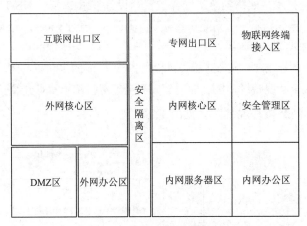

互联网出口区
外网核心区
DMZ区
外网办公区
安全隔离区
专网出口区
物联网终端接入区
内网核心区
安全管理区
内网服务器区
内网办公区

图8-2　医院安全域划分图

医院网络划分为外网区、内网区、安全隔离区。内外网用网闸进行安全隔离。外网区包含互联网出口区、外网核心区、DMZ区、外网办公区。内网区包含内网核心区、专网出口区、物联网终端接入区、安全管理区、内网服务器区、内网办公区。各区域间通过防火墙等访问控制设备隔离。

2. 通信传输加密

核心业务系统中，为了保证就诊患者等敏感数据在网络间传输过程中的机密性、完整性，需采取满足国密要求的SM2算法。对于有传输需求的业务应用和管理，通过在网络边界部署网络加密设备。与医疗专网，银行支付接口的数据交换可以采用符合国家密码管理局商用密码技术标准的VPN设备，构建VPN虚拟通道，将传输的数据包进行加密，保护传输数据的机密性和完整性。

3. 网络设备和链路冗余部署

在内网核心区，对于提供关键核心业务的系统，如HIS，PACS系统，为了避免因单点故障或大并发数据导致医疗业务中断、延时，应优化应用访问路径，在业务量大和优先级高的通信链路部署冗余热备份，实现链路负载均衡及备份，最大限度地保障业务连续性。

（四）安全区域边界

依据等级保护三级安全区域边界相关要求，需做好区域边界访问控制、区域边界防护、区域边界安全审计、区域边界入侵防范等安全设计要求。安全区域边界防护建设主要通过基于地址、协议、服务端口的访问控制策略。通过安全准入控制、终端安全管理、流量均衡控制、抗DDoS攻击、恶意代码防护、入侵监测/入侵防御、APT攻击检测防护、非法外联/违规接入网络、无线安全管理，以及安全审计管理等安全机制来实现区域边界的综合安全防护。

1．区域边界访问控制

网络区域边界通常是整个网络系统中较为容易受到攻击的位置，很多来自外部的攻击都是通过边界的薄弱环节攻击到网络内部的。各安全域边界主要采用防火墙实施边界安全访问控制，面向外网或专网的边界处还需配合入侵防护等设备，制定合理有效的安全防护策略，实现各安全设备间的良性互补联动，保障医院访问互联网，医院内网与卫健委、医保以及银行等专网之间的安全数据交互。在安全隔离区设置网闸，从物理上隔离、阻断外网对内网具有潜在攻击可能的一切网络连接，使外部攻击者无法直接入侵、攻击或破坏内网，保障内部主机的安全。

安全产品的选型需要根据各区域业务特点选择合适的防火墙产品，做到好钢用到刀刃上。同时还要考虑系统的异构性、可管理性等因素，异构性可以提高系统整体的抗攻击能力，防止由于某个产品的脆弱性造成系统整体的安全漏洞；可管理性通过安全管理中心实现系统全网设备的集中安全管理。

2．区域边界安全审计

区域边界的安全审计主要着重针对网络边界的进出访问进行系统审计。如针对非法外联、违规接入、外部恶意嗅探、DDoS攻击等等。网络边界审计通过对网络进行监测、报警、记录、审计，统计网络各种应用流量和用户IP流量，了解网络带宽和应用的使用，发现存在的问题，提高网络使用效率。通过丰富的审计数据和统计数据，及时发现异常应用，帮助管理者快速分析定位问题对象。

本方案中通过在核心交换机、云平台汇聚交换机上旁路部署网络审计系统和入侵检测系统，实现对网络内外的蠕虫病毒、欺骗等各类攻击进行实时检测、预警，对区域边界进行安全审计。

3．区域边界恶意代码防范

区域边界的恶意代码防范主要是针对网络数据包中的病毒、木马等恶意程序进行查杀，通过部署网络层的防病毒网关手段来实现，本方案使用携带防病毒功能的下一代防火墙系统来实现各区域边界的恶意代码防范。

4．上网行为管理

在外网核心区旁路部署上网行为管理系统，监控与审计网络数据，防止机密敏感数据外泄。合理设置上网权限，对文件上传、下载，以及邮件地址进行管控，有效管理带宽和流量，防止BT、P2P、视频软件等与工作无关应用耗费有效带宽，造成网络堵塞影响业务运行效率。

5．其他措施

在互联网出口区串联部署抗拒绝服务系统，使用基于行为异常的攻击检测和过滤机制，通过阈值、协议、端口、验证码等多种方式协同保障链路和业务的安全性，防御来自网络层或应用层的拒绝服务攻击行为，避免因链路拥塞、服务器资源耗尽造成业务无法正常运行访问。下行串联部署负载均衡系统，通过丰富的链路探测机制及负载均衡算法，有效解决跨运营商访问慢的问题，同时实现链路冗余备份，提升带宽利用率，确保医院对外服务的高可用性。在核心交换区部署未知威胁检测系统，抵御未知的安全威胁、0day漏洞利用等攻击行为。

（五）安全计算环境

依据等级保护要求第三级中设备和计算安全、应用和数据安全等相关安全控制项，结合安全计算环境对于用户身份鉴别、自主与标记访问控制、系统安全审计、恶意代码防护、安全接入连接、安全配置检查等技术设计要求，安全计算环境防护建设主要通过身份鉴别与权限管理、安全通信传输、主机安全加固、终端安全基线、入侵监测/入侵防御、漏洞扫描、恶意代码防护、Web应用攻击防护、网络管理监控、安全配置核查、安全审计，重要节点设备冗余备份，以及系统和应用自身安全控制等多种安全机制实现。

1. Web应用攻击防护

为保障互联网医院的预约挂号，信息查询等对外Web服务，在DMZ区部署Web应用防护系统，对进出Web服务器的HTTP流量进行实时检测、过滤，分析并及时阻止判定各类Web攻击，保证医院对外服务类系统的安全稳定运行。各类Web攻击包括应用层DDoS攻击、Web非授权访问、Web恶意代码、网页防篡改等。

2. 数据防泄漏

为完善医院各类数据的安全防护体系，实现数据全生命周期安全防护，计划在内网服务器区旁路部署数据防泄漏系统，实现跟踪审计数据库中各类敏感数据的识别、监控与控制。同时也对内网中基于内容传输（如邮件、FTP等）的敏感信息进行识别审计，发现数据泄露行为第一时间向安全管理中心告警。

3. 数据库防火墙

数据库防火墙部署于应用服务器和数据库之间。用户必须通过该系统才能对数据库进行访问管理。数据库防火墙所采用的主动防御技术能够主动实时监控、识别、告警、阻挡绕过企业网络边界（FireWall、IDS\IPS等）防护的外部数据攻击、来自内部的高权限用户（DBA、开发人员、第三方外包服务提供商）的数据窃取、破坏、损坏等，从数据库SQL语句精细化控制的技术层面，提供一种主动安全防御措施。并且，结合独立于数据库的安全访问控制规则，帮助用户应对来自内部和外部的数据安全威胁。

4. 终端统一安全管理

为保证医院各入网终端的安全，在内外网办公区部署终端统一安全管理系统，对入网终端进行上网实名认证、安全检查、行为审计、移动介质使用监控等安全管理，实现桌面安全管理，包括漏洞扫描、补丁分发、非法外联、流量审计、远程控制等功能。

5. 终端防病毒

在安全管理区部署终端防病毒系统，统一管理内外网办公区终端病毒软件的安、病毒库升级、病毒日志的管理工作，实现对终端病毒、恶意代码的及时查杀。

（六）安全管理中心

安全管理中心作为对网络安全等级保护对象的安全策略以及安全计算环境、安全区域边界和安全通信网络的安全机制，可实现全网统一管理、统一监控、统一审计、综合分析和协同防护。为了统一管理网络内的各类设备与相关安全事件，提高安全管理技术支撑能力，计划在安全管理区构建安全管理中心，内网核心区旁路部署统一安全运维平台、堡垒机、漏洞扫描系统、日志审计系统、基线核查系统。统一安全运维平台实现对全网安全事件、安全风险信息的统一收集、分析及预警。

1．堡垒机（运维审计）

运维审计系统监控和记录运维人员对网络内的服务器、网络设备、安全设备、数据库等设备的操作行为，以便集中报警、及时处理及审计定责。通过部署运维审计系统，可以实现单点登录、账户管理、身份认证、资源授权、访问控制、操作审计等功能。通过细粒度的安全管控策略，保证医院的服务器、网络设备、数据库、安全设备等安全可靠运行，降低人为安全风险，避免安全损失。堡垒机的审计数据应提供专有的存储系统，进行集中存储保留，保留期应在6个月以上。

2．漏洞扫描系统

在安全管理区部署漏洞扫描系统，对全网IT组件（主机操作系统、网络设备、安全设备、数据库、中间件、应用服务等）进行脆弱性发掘，并生成检查报告。结果可通过报表展示给用户，并可发送至统一安全运维平台，从而进行综合安全态势分析和展示。

3．日志审计系统

收集全网内其他各类IT组件，包括操作系统、应用系统等用户操作的审计日志，追踪程序执行过程与数据变化，快速定位问题根源，采集运行环境数据，集中存储，提供不少于180天的存储空间，通过数据备份服务器实时备份日志数据，满足等保要求。

4．基线核查系统

基线核查系统可以自动检查各项安全配置是否达到要求，避免配置上的疏漏而危害到系统的安全，节省传统手动单点安全配置检查的时间，避免传统手工检查方式所带来的失误风险，同时能够出具详细的检测报告，大大提高检查结果的准确性和合规性。核查内容包括主机安全检查（Windows、Linux）、数据库安全检查（Oracle、Redis、MySQL等）、中间件安全检查（Apache、Weblogic、Tomcat等）、网络与安全设备检查（堡垒机、防火墙、路由器等）。

第二节　电力行业测评案例解析

一、新能源电站电力监控系统概述

（一）电力监控系统概述

电力监控系统是用于监视和控制电力生产及供应过程的基于计算机及网络技术的业务系统及智能设备，以及作为基础支撑的通信及数据网络等。它是整个电力系统的神经网络和控制中枢，对于保障电力系统的安全稳定运行和电力可靠供应具有重要意义。

（二）电力监控系统介绍

依据国家能源局发布的《电力监控系统安全防护总体方案》（国能安全〔2015〕36号），电力监控系统安全防护的总体原则为“安全分区、网络专用、横向隔离、纵向认证”。

1．安全分区

将电力监控系统分为生产控制大区和信息管理大区。生产控制大区分为控制区（安全区Ⅰ）和非控制区（安全区Ⅱ）。信息管理大区分为生产管理区（安全区Ⅲ）和管理信息区（安全区Ⅳ）。不同安全区确定不同安全防护要求，其中安全区Ⅰ安全等级最高，安全区Ⅱ次之，其余依此类推。

2．网络专用

按照电力调度管理体系及数据网技术规范，采用虚拟专网技术，将电力调度数据网分割为逻辑上相对独立的实时子网和非实时子网，分别对应控制业务和非控制生产业务，保证实时业务的封闭性和高等级的网络服务质量。

3. 横向隔离

在生产控制大区和信息管理大区之间部署物理隔离装置，实现正向、反向隔离。生产控制大区内部部署带访问控制功能的隔离装载或防火墙实现逻辑隔离。电力监控系统与企业办公网通信均采用单向隔离装载进行强逻辑隔离。

4. 纵向认证

生产控制大区在不同企业之间的纵向进行数据远程通信时，采用认证加密，访问控制技术措施保证数据交互过程中的保密性和完整性。

各区域划分如图8-3所示。

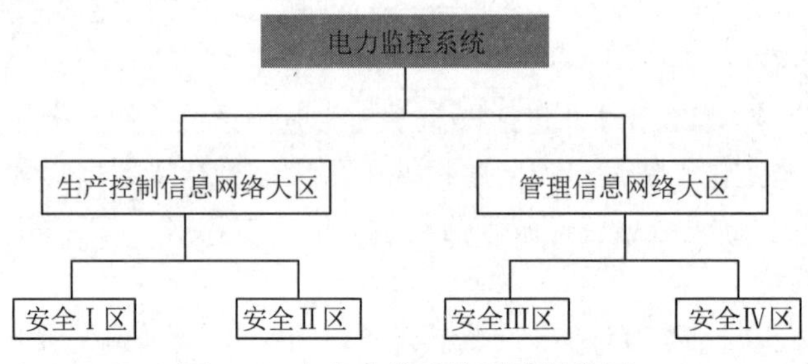

图 8-3　电力监控系统区域划分图

（1）安全Ⅰ区为实时控制区，凡是具有实时监控功能的系统或其中的监控功能部分均应属于安全Ⅰ区。

控制区中的业务系统或其功能模块（或子系统）的典型特征为：是电力生产的重要环节；能直接实现对电力一次系统的实时监控；可纵向使用电力调度数据网络或专用通道；是安全防护的重点与核心。

控制区的传统典型业务系统包括电力数据采集和监控系统、能量管理系统、广域相量测量系统、配网自动化系统、变电站自动化系统、发电厂自动监控系统等，其主要使用者为调度员和运行操作人员，数据传输实时性为毫秒级或秒级，其数据通信使用电力调度数据网的实时子网或专用通道进行传输。该区内还包括采用专用通道的控制系统，如继电保护、安全自动控制系统、低频（或低压）自动减负荷系统、负荷控制管理系统等，这类系统对数据传输的实时性要求为毫秒级或秒级，其中负荷控制管理系统为分钟级。

（2）安全Ⅱ区为非控制生产区，原则上不具备控制功能的生产业务和批发交易业务系统均属于该区。

非控制区中的业务系统或其功能模块的典型特征为：是电力生产的必要环节；在线运行但不具备控制功能；使用电力调度数据网络；与控制区中的业务系统或其功能模块联系紧密。

非控制区的传统典型业务系统包括调度员培训模拟系统、水库调度自动化系统、故障录波信息管理系统、电能量计量系统、实时和次日电力市场运营系统等，其主要使用者分别为电力调度员、水电调度员、继电保护人员及电力市场交易员等。在厂站端还包括电能量远方终端、故障录波装置及发电厂的报价系统等。非控制区的数据采集频度是分钟级或小时级，其数据通信使用电力调度数据网的非实时子网。此外，如果生产控制大区内个别业务系统或其功能模块（或子系统）需使用公用通信网络、无线通信网络以及处于非可控状态下的网络设备与终端等进行通信，其安全防护水平低于生产控制大区内其他系统时，应设立安全接入区，典型的业务系统或功能模块包括配电网自动化系统的前置采集模块（终端）、负荷控制管理系统、某些分布式电源控制系统等。

（3）安全Ⅲ区为生产管理区，该区的系统为进行生产管理的系统。

安全Ⅲ区典型系统：调度生产管理系统（DMIS）、功率预测系统、统计报表系统等。

（4）安全Ⅳ区为管理信息区，该区的系统为管理信息系统及办公自动化系统。

安全Ⅳ区典型系统：管理信息系统（MIS）、办公自动化系统（OA）、客户服务系统等。

（三）电力监控系统安全现状与风险

1．外部攻击风险

电力监控系统依据现有指导文件进行建设时往往忽略入侵行为检测与阻断、安全漏洞发现与升级、勒索病毒木马网络与主机的协同防御等网络安全基线的建设，因此电力监控系统现有的防护方案在应对黑客发展迅猛的入侵技术时显得捉襟见肘，尤其是面对有组织的高级持续性威胁（advanced persistent threat，APT），其特点主要包括：入侵手段多样化、0day漏洞信息差、病毒木马隐蔽性不断提高、针对单一系统持续化攻击。因此，电力监控系统亟需更全面、标准化可落地、适度超前的安全建设方案，以应对频发的网络攻击。

2．内部管理风险

由于电力系统分区控制特点导致的相对封闭性，部分运维人员容易缺乏网络安全意识，省略部分操作步骤和规程，比如采用常用的用户名、默认密码、密码长期未修改、登录失败控制等未严格执行密码管理机制等行为，部分安全检测系统流于形式，未充分利用各类安全功能，不及时升级各类特征库，等等，使得很多重要的电力监控系统在日常工作中缺乏有效的安全防护措施，容易被恶意攻击者有机可乘，破坏电力系统正常运行。

（四）电力监控系统的安全要求

国家各部委、能源安全局陆续发布了关于电力系统安全的若干规范，国家质量监督检验检疫总局发布了GB/T 38318—2019《电力监控系统网络安全评估指南》、GB/T 37138—2018《电力信息系统安全等级保护实施指南》、GB/T 36572—2018《电力监控系统网络安全防护导则》、GB/T 36047—2018《电力信息系统安全检查规范》、GB/T 32351—2015《电力信息安全水平评价指标》。国家发改委印发了《电力监控系统安全防护规定》（2014年第14号令）、《关于印发电力监控系统安全防护总体方案等安全防护方案和评估规范的通知》（国能安全〔2015〕36号）。国调中心印发了《国家电网公司电力监控系统等级保护及安全评估工作规范（试行）》（调网安〔2018〕10号）。

二、等保定级

电力监控系统包括变电站电力监控系统、水电站电力监控系统、光伏电站电力监控系统和风电场电力电控系统，各系统等保定级见表8-1。

表8-1　电力监控系统等保定级

序　号	系统名称	范　围	建议级别
1	变电站电力监控系统	220 kV及以上	第三级
2		220 kV以下	第二级
3	水电站电力监控系统	总装机1 000 MW及以上	第三级
4		总装机1 000 MW以下	第二级

续表

序　号	系统名称	范　围	建议级别
5	光伏电站电力监控系统	总装机容量 200 MW 及以上	第三级
6		总装机容量 200 MW 以下	第二级
7	风电场电力电控系统	总装机容量 200 MW 及以上	第三级
8		总装机容量 200 MW 以下	第二级

三、解决方案

2019年实施的等级保护2.0测评体系更加注重全方位的主动防御、动态防御、精准防控和整体防护，明确了工业控制系统的网络安全防护要求。

（一）电力监控系统网络拓扑规划图

电力监控系统网络拓扑规划图如图 8-4 所示。

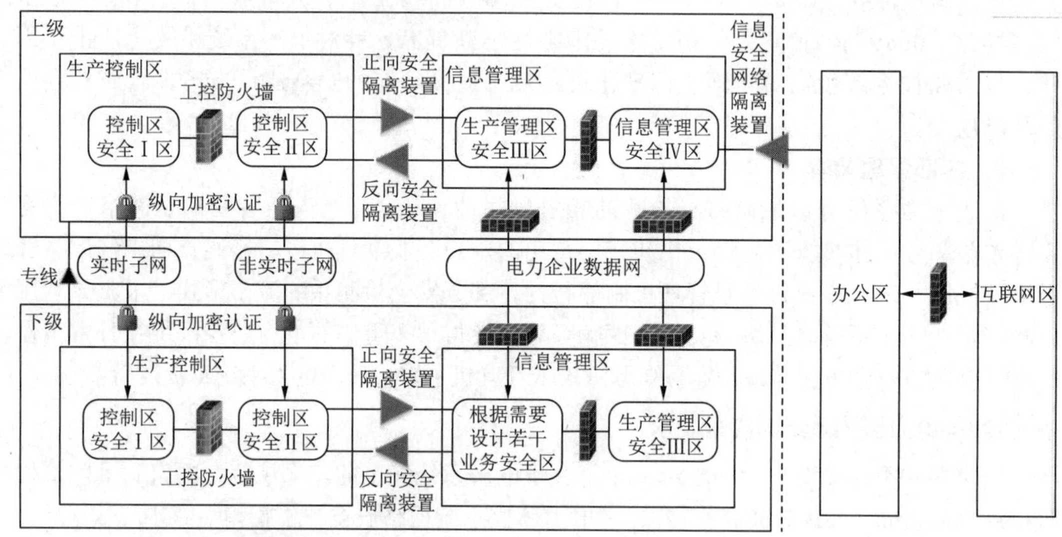

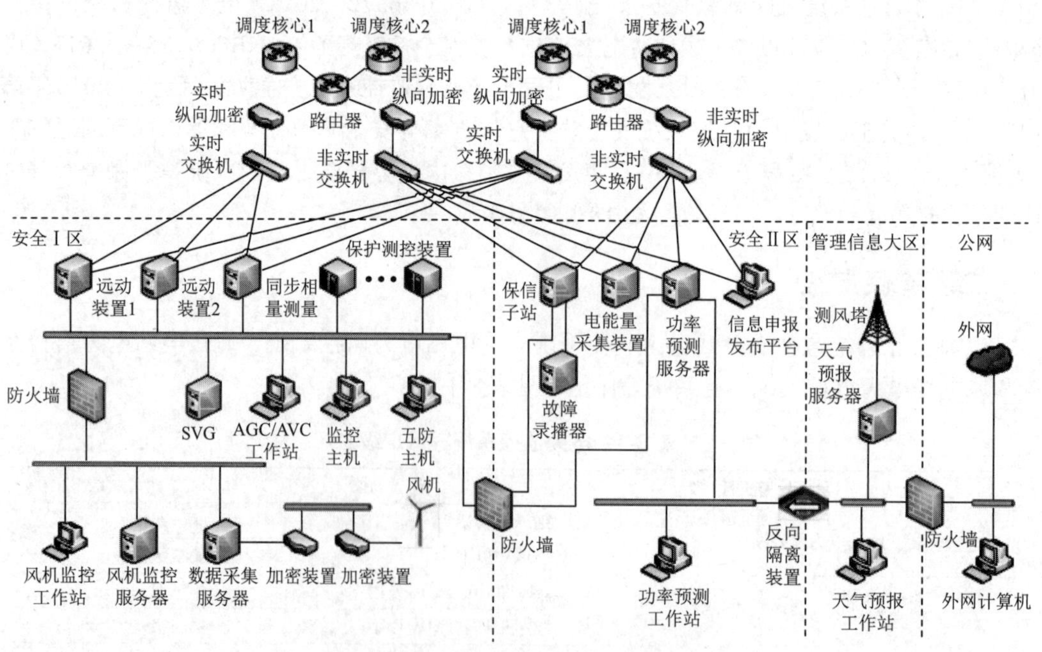

图 8-4　电力监控系统网络拓扑规划图

（二）安全物理环境

依据《信息安全技术　网络安全等级保护基本要求》（GB/T 22239-2019）中的“安全物理环境”要求，同时参照《信息安全技术　信息系统物理安全技术要求》（GB/T 21052—2007）。电力监控系统机房所处建筑应当采取有效防水、防潮、防火、防静电、防雷击、防盗窃、防破坏措施，应当配置电子门禁系统以加强物理访问控制，必要时应当安排专人值守，应当对关键区域实施电磁屏蔽。

（三）安全通信网络

1. 网络架构

系统的主要网络设备、安全设备的业务处理能力应满足业务需要，不会由于设备存在性能瓶颈而导致网络发生拥堵、阻断等情况。业务高峰期网络带宽占用率低于80%，可满足业务运行需要，接入网络和核心网络不存在瓶颈情况，保证网络各个部分的带宽满足业务高峰期需要。

根据电力监控系统分区，按照方便管理和控制的原则为各网络区域分配地址，避免将重要网段部署在边界处，重要网络区域与其他网络区域之间应采取可靠的技术隔离手段，避免非授权访问。生产控制大区内业务系统使用共用通信网络，无线通信网络以及其他安全不可控网络与终端进行通信的，应接入安全接入区。

不同安全分区的交换机或相对功能的网络设备，必须单独使用，严禁通过划分VLAN的方式将不同安全分区的设备接入同一交换机。

不同分区的设备必须连接到不同的网段，严禁主机设备通过双网卡等手段实现跨区连接。同一安全区内部不同业务系统进行数据交互时，应采用VLAN划分、访问控制等安全措施，控制交互的规模、额度和频度，禁用E-Mail、RLOGIN、FTP等公共服务，控制区内禁止通用的Web服务。不同分区的设备不宜安装在同一屏柜内，确需组装在同一屏柜的设备及网线必须要有明显规范的分区标识。

系统核心交换机、防火墙、纵向加密、正向隔离、服务器等关键设备均采用硬件冗余方式部署，通信线路冗余，可保证系统高可用。

2. 通信传输加密

工业控制系统中使用广域网传输的控制指令或相关数据采用纵向加密设备实现身份认证、访问控制和数据加密传输。纵向加密只有与对端建立合法的加密隧道才能通信，避免非授权访问。需要通过远程管理的各类网络设备，须采用加密防守，保证通信过程数据的保密性和完整性。服务器、交换机、路由器等网络设备均采用SSH方式进行远程管理，安全设备均采用HTTPS方式访问，可保证通信过程中数据的机密性与完整性。

（四）安全区域边界

1. 区域边界防护与访问控制

网络边界处及区域之间（比如工业控制系统与企业其他系统）部署访问控制设备，配置访问控制策略，仅允许指定端口和授权认证的设备进行跨越边界的网络通信，禁止E-Mail_Web、Telnet、Rlogin、FTP等通用网络服务穿越边界。防火墙、纵向加密、正向隔离等访问控制设备中设置合理的访问控制策略，访问控制规则之间的逻辑关系及前后排列顺序合理，删除多余或无效的访问控制策略。关闭路由器和交换机等相关设备的闲置端口，非授权设备禁止私自连到内部网络。限制无线网络的使用，如有此需求，应保证无线网络通过受控的边界设备接入内部网络。在边界防护机制失效时，应及时进行报警。

1）横向边界防护

（1）生产控制大区与管理信息大区的边界防护。生产控制大区与管理信息大区之间必须采取物理隔离措施，部署经国家指定部门检测认证的电力专用横向单向隔离装置。信息由生产控制大区传输到管理信息大区必须经过正向型隔离装置，信息由管理信息大区传输到生产控制大区必须经过反向型隔离装置。

（2）安全Ⅰ区与安全Ⅱ区之间的边界防护。生产控制大区分设安全Ⅰ区与Ⅱ区的，Ⅰ区与Ⅱ区之间的数据通信应采取逻辑隔离措施，边界上应部署硬件防火墙或功能相当的设备。防火墙相关功能、性能必须经过国家指定机构的认证和检测。

（3）安全Ⅲ区与安全Ⅳ区之间的边界防护。安全Ⅲ区与安全Ⅳ区之间的边界处必须部署硬件防火墙或功能相当的设备，防火墙的安全策略应采用白名单方式，禁止开启与业务无关的地址和服务端口。与生产管理无关的办公业务或生活网络应划分到安全Ⅳ区。

2）纵向边界防护

新能源场站生产控制大区在调度数据网入口的纵向边界，必须配备电力专用纵向加密认证装置，实现双向身份认证、访问控制和数据加密。纵向加密认证装置的隧道配置策略应细化至IP地址和服务端口，保证与主站的数据通信均为密通状态，并全面关闭不必要的服务和端口。场站侧纵向加密认证装置必须使用调控机构签发的调度数字证书，并接入调控机构网络安全管理平台。

新能源发电企业若采用汇聚站对区域内多个场站进行集中监视时，应通过专用网络组网并在场站纵向连接处部署电力专用纵向加密认证装置或加密认证网关。

新能源场站要制定运行管理制度，加强纵向加密认证装置的操作员卡（包括主卡及备卡）、Ukey 等身份认证工具的使用与管理，保证调试工作结束后及时收回并妥善保管相关卡证。

接入调度数据网的路由器、交换机必须采取有效的安全加固措施，关闭通用网络服务和网络边界的OSPF路由功能，避免使用默认路由，采用安全增强的 SNMP V2及以上版本的网管协议，密码强度应满足国家规定要求，开启访问控制列表等安全措施。

新能源企业远程监视中心（具备场站数据的采集、监视和收集功能，但不具备控制功能），原则上应遵循与远程集控中心相同的网络和安全防护要求。如若通过运营商专用网络或VPN通道进行数据传输，必须在场站生产控制大区出口处部署电力专用横向单向隔离装置（正向型），实现数据从生产控制大区向外部的安全单向传输，禁止数据从外部向生产控制大区传输、开展远程控制和运维业务。

严格控制新能源场站生产控制大区与设备厂商之间的网络连接。确需将设备运行数据发送给设备厂商的，需在明确数据使用范围的前提下，设立专用服务器，并经过电力专用正向型隔离装置实现数据从生产控制大区向外部的安全单向传输。禁止数据从外部向生产控制大区传输、开展远程控制和运维业务。

生产控制大区严禁任何具有无线通信功能设备的直接接入。站控系统与就地终端的连接使用无线通信网或者基于外部公用数据网的虚拟专用网路（VPN）等的，应当设立安全接入区。安全接入区与生产控制大区连接处应部署电力专用单向隔离装置，实现内外部的有效隔离。

2．入侵检测

生产控制大区统一部署一套网络入侵检测系统，合理设置检测规则，及时捕获网络异

常行为，分析潜在威胁，进行安全检测。

3．安全审计

在网络边界的重要网络节点进行安全审计，审计范围应覆盖到每个用户和重要安全事件。尤其在信息管理区，对远程访问的用户行为、访问互联网的用户行为单独进行行为审计和数据分析。审计记录信息包括日期和时间、用户、源目IP、端口、事件类型、事件描述、事件是否成功及其他与审计相关的信息。审计记录仅授权用户可进行查看，日志留存时间应大于6个月，可对审计记录进行保护。

4．区域边界恶意代码防范

应在关键网络节点处对恶意代码进行检测和清除，并维护恶意代码防护机制的升级和更新。针对电力监控系统相对封闭的特点，需制定较为完善的解决方案。

5．可信验证

可基于可信根对通信设备的系统引导程序、系统程序、重要配置参数和通信应用程序等进行可信验证，并在应用程序的关键执行环节进行动态可信验证，在检测到其可信性受到破坏后进行报警，并将验证结果形成审计记录送至安全管理中心。

（五）安全计算环境

1．身份鉴别

应对登录的用户进行身份标识和鉴别，身份标识具有唯一性，身份鉴别信息具有复杂度要求并定期更换。各类设备系统应具有登录失败处理功能，应配置并启用结束会话、限制非法登录次数和当登录连接超时自动退出等相关措施。例如：采用用户名+口令方式进行登录，身份标识唯一，口令长度要求8位以上，由大小写字母+数字+特殊字符组成，具备口令复杂度要求，且已设置口令定期更换时长90d。配置非法登录5次后锁定账户10 min，已配置登录连接超时自动退出时长为5 min。当进行远程管理时，应采取必要措施防止鉴别信息在网络传输过程中被窃听。应采用口令、密码技术、生物技术等两种或两种以上组合的鉴别技术对用户进行身份鉴别，且其中一种鉴别技术至少应使用密码技术来实现。

2．访问控制

网络设备、安全设备、操作系统、数据库均可对各自用户进行账户和权限分配，限制所有管理员账户的远程登录权限，不同账户具备不同的访问权限。未发现多余或过期的账户，管理员用户与账户之间一一对应，未发现共享账户的情况。设置了管理员、操作员、审计员等账户，不同账户具备不同的访问权限，且各账户权限均为工作所需最小权限。管理员依据具体业务划分情况对账户进行具体权限划分，不同账户具有不同访问权限。管理员依据具体业务需求配置用户对文件的访问规则，重要文件权限设置合理。

计算机系统访问控制包括能量管理系统、厂站端生产控制系统、电能量计量系统及电力市场运营系统等业务系统，应当逐步采用电力调度数字证书，对用户登录本地操作系统、访问系统资源等操作进行身份认证，根据身份与权限进行访问控制，并且对操作行为进行安全审计。

3．主机加固

生产控制大区主机操作系统应当进行安全加固。加固方式包括安全配置、安全补丁、采用专用软件强化操作系统访问控制能力，以及配置安全的应用程序。关键控制系统软件升级、补丁安装前要请专业技术机构进行安全评估和验证。

4．安全Web服务

非控制区接入交换机应当支持HTTPS的纵向安全Web服务，采用电力调度数字证书对

浏览器客户端访问进行身份认证及加密传输。

5. 安全审计

生产控制大区应当具备安全审计功能，网络设备、安全设备、服务器、数据库等需开启安全审计功能，对系统中所有重要的用户行为和重要安全事件进行审计，审计范围覆盖系统内所有用户。服务器已启用rsyslog和audit服务，可对系统重要事件进行记录，审计范围覆盖系统内所有用户。服务器审计记录包括message、audit等审计记录。日志审计记录包括日期、时间、用户、操作类型及结果等信息。审计日志仅授权用户可进行访问，审计本地保存，存储时间6个月以上。本地系统无法删除、修改或覆盖审计记录，审计进程无法被独立中断。可以对网络运行日志、操作系统运行日志、数据库重要操作日志、业务应用系统运行日志、安全设施运行日志等进行集中收集、自动分析，及时发现各种违规行为以及病毒和黑客的攻击行为。

6. 数据保密性与完整性

系统在通信过程中采用数字签名算法加密技术传输数据，保证重要数据在传输过程中的完整性。防火墙的配置数据中用户鉴别数据采用HASH算法加密存储，可以保证鉴别数据的完整性。系统在通信过程中采用SSL协议加密传输数据，可保证重要数据在传输过程中的保密性。防火墙的配置数据中用户鉴别数据采用HASH算法加密存储，可以保证鉴别数据的保密性。数据库口令和鉴别数据使用SHA-256密码算法加密传输，可防止鉴别信息在网络传输过程中被窃听。数据库在数据存储时对每个数据块头增加“数据水印”，实现数据存储过程中的完整性校验和保护。数据库采用SM4或RC4对业务数据加密存储。

7. 恶意代码防范

在生产控制大区和管理信息大区之间部署防病毒网关，在重要区域内部署防病毒系统，及时更新经测试验证过的特征码，查看查杀记录。禁止生产控制大区与管理信息大区共用一套防恶意代码管理服务器。实时了解网络安全状况，精准定位威胁并警告清理。采用各类专用设备，如专用调试计算机，专用U盘等。另外，制定关于人员、设备、流程的各项恶意代码防范管理措施，最大限度地降低恶意代码的危害。

8. 备用与容灾

电力企业应当定期对关键业务的数据与系统进行备份，建立历史归档数据的异地存放制度。关键主机设备、网络设备或关键部件应当进行相应的冗余配置。控制区的业务应当采用热备用方式。重要调度中心应当逐步实现实时数据、电力监控系统、实时调度业务三个层面的备用，形成分布式备用调度体系。

9. 剩余信息保护

登录时不自动保存和显示历史账号和口令，在用户退出后及时清空Cookie和会话Session，无法通过回退操作访问退出前界面，用户的鉴别信息所在的存储空间被释放或重新分配前能够得到完全清除。系统关闭后，客户端本地不存在敏感数据残留，敏感数据所在的存储空间被释放或重新分配前能够得到完全清除。

（六）安全管理中心

划分安全管理区，实现对安全设备及安全组件的统一管控。

1. 网络安全监测装置

安全Ⅰ区、安全Ⅱ区均应部署有网络安全监测装置，对接入行为进行实时监控、记录，系统安全防护满足电力行业“安全分区、横向隔离、纵向加密”防护策略要求。

2．漏洞扫描系统

对保护对象进行统一监视和控制，当安全事件发生时无法及时对威胁源进行阻断和干预部署网络安全监测装置，实现对网络链路、安全设备、网络设备和服务器等的运行状况进行集中监测。集中管控系统对安全策略、恶意代码、补丁升级等安全相关事项进行集中管理。

3．日志审计系统

各个设备均已开启安全审计功能，通过集中审计系统统一收集和存储各设备日志，并进行集中审计分析，审计记录留存时间为6个月以上。

（七）安全管理

1．安全分级责任

国家能源局及其派出机构负责电力监控系统安全防护的监管，组织制定电力监控系统安全防护技术规范并监督实施。国家能源局信息中心负责承担电力监控系统安全防护监管的技术支持。电力企业应当按照“谁主管谁负责，谁运营谁负责”的原则，建立电力监控系统安全管理制度，将电力监控系统安全防护及其信息报送纳入日常安全生产管理体系，各电力企业负责所辖范围内电力监控系统的安全管理。各相关单位应当设置电力生产监控系统的安全防护小组或专职人员。

2．相关人员的安全职责

电力企业应当明确电力监控系统安全防护管理部门，由主管安全生产的领导作为电力监控系统安全防护的主要责任人，并指定专人负责管理本单位所辖电力监控系统的公共安全设施，明确各业务系统专责人的安全管理责任。

电力调度机构应当指定专人负责管理本级调度数字证书系统。

3．工程实施的安全管理

电力监控系统相关设备及系统应当采用安全可靠的软硬件产品，开发单位、供应商应以合同条款或协议的方式保证所提供的设备及系统符合《电力监控系统安全防护规定》和本方案以及国家与行业信息系统安全等级保护的要求，并在设备及系统全生命周期内对其负责。

电力监控系统专用安全产品的开发单位、使用单位及供应商，应当按国家有关要求做好保密工作，禁止安全防护关键技术和设备的扩散。

应当加强重要电力监控系统及关键设备全生命周期的安全管理，系统上线前应当由具有测评资质的机构开展系统漏洞分析及控制功能源代码安全检测。

电力企业各单位的电力监控系统安全防护实施方案必须严格遵守《电力监控系统安全防护规定》以及本方案的有关规定，并经过本企业上级专业主管部门、信息安全主管部门以及相应电力调度机构的审核，方案实施完成后应当由上述机构验收。

4．设备和应用系统的接入管理

接入电力调度数据网络的节点、设备和应用系统，其接入技术方案和安全防护措施必须经直接负责的电力调度机构同意。

生产控制大区的各业务系统禁止以各种方式与互联网连接；限制开通拨号功能；关闭或拆除主机上不必要的光盘驱动、USB接口、串行口、无线、蓝牙等，严格控制在生产控制大区和管理信息大区之间交叉使用移动存储介质以及便携式计算机。确需保留的必须通过安全管理及技术措施实施严格监控。

接入电力监控系统生产控制大区中的安全产品，应当获得国家指定机构安全检测证明，用于厂站的设备还需有电力系统电磁兼容检测证明。

5. 设备选型及漏洞整改

电力监控系统在设备选型及配置时，应当禁止选用经国家相关管理部门检测认定并经国家能源局通报存在漏洞和风险的系统及设备；对于已经投入运行的系统及设备，应当按照国家能源局及其派出机构的要求及时进行整改，同时应当加强相关系统及设备的运行管理和安全防护。生产控制大区中除安全接入区外，应当禁止选用具有无线通信功能的设备。

6. 日常安全管理

电力企业应当建立电力监控系统安全管理制度，主要包括：门禁管理、人员管理、权限管理、访问控制管理、安全防护系统的维护管理、常规设备及各系统的维护管理、恶意代码的防护管理、审计管理、数据及系统的备份管理、用户口令密钥及数字证书的管理、培训管理等管理制度。

应当对关键安全设备、服务器的日志进行统一管理，及时发现安全管理体系中存在的安全隐患和异常访问行为。

应当特别加强内部人员的保密教育、录用离岗等的管理。包括对录用人员身份背景、专业资格和资质进行严格审查,关键岗位录用人员、接触内部敏感信息第三方人员应当签署保密协议；应当严格关键岗位人员离岗管理，取回各种身份证件、钥匙、徽章等以及机构提供的软硬件设备，承诺调离后保密义务后方可离开。

7. 联合防护和应急处理

建立健全电力监控系统安全的联合防护和应急机制。由国家能源局及其派出机构负责对电力监控系统安全防护的监管,电力调度机构负责统一指挥调度范围内的电力监控系统安全应急处理。各电力企业的电力监控系统必须制定应急处理预案并经过预演或模拟验证。

当电力生产控制大区出现安全事件，尤其是遭到黑客、恶意代码攻击和其他人为破坏时，应当立即向其上级电力调度机构以及当地国家能源局派出机构报告，同时按应急处理预案采取安全应急措施。相应电力调度机构应当立即组织采取紧急联合防护措施，以防止事件扩大。同时注意保护现场，以便进行调查取证和分析。事件发生单位及相应调度机构应当及时将事件情况向相关能源监管部门和信息安全主管部门报告。

第三节　电子政务行业测评案例解析

一、政务云平台概述

（一）政务云平台

政务云平台是数字政府的重要组成部分，为社会公众提供一体化的安全、高效、便捷、优质政务服务，对深化政府部门“放管服”改革、优化营商环境、加快政府数字化转型和治理能力现代化、推动我国经济高质量发展具有重要意义。

政务云平台通过对底层硬件资源的资源池化，提供计算资源池、存储资源池、网络资源池、安全资源池等统一的云计算服务，实现统一的资源调度、资源维护、网络配置、资源使用情况预警等。“政务云”平台在基础硬件与操作系统之间增加了虚拟化平台层，平台层对下层硬件节点进行虚拟化，并向上层租户提供与操作系统运行相关的接口及服务。相

比传统的IDC机房运营模式，云平台降低了各类硬件投入和机房运维管理成本。政务云平台充分运用云计算、大数据等先进理念和技术，按照“集约、共享、安全、按需”的原则，以“云、网合一联动”为构架，基本实现云计算综合服务、云资源调度和运维安全监管，支撑政务部门大型业务应用部署、海量数据存储等需求，初步形成面向政务部门的一体化服务能力，实现政府各部门基础设施共建共用、信息系统整体部署、数据资源汇聚共享、业务应用有效协同。

（二）政务云系统安全现状与风险

随着政务云承载的政务系统以及汇集的数据不断增多，云平台的安全性就愈发突显，甚至可能影响国家安全。云评估工作中发现的典型安全问题包括：

1．安全意识不强，运维规范有待提高

个别单位安全意识不强，对政务云安全工作重视不够，没有结合当地实际情况做好顶层设计，信息安全保密管理制度不健全，有的部门或单位虽建有安全制度但没有严格执行，安全保护策略滞后，这些问题都给政务云安全管理带来隐患。部分云平台内部仍然存在各种弱口令、通用口令，运维人员将各类运维账号密码明文存放在运维终端且在内部共享，未采取技术手段对运维终端安全状态进行检测及集中管控，运维人员可随意在运维终端上安装非运维软件，并可以直连互联网。运维变更不规范，运维人员可不经审批随意变更云平台安全配置，部分运维人员为了运维方便，私自开通远程运维通道连接内网，且运维操作不经过堡垒机等受控环境，上述情况均对云平台安全带来极大威胁。

2．网络面临攻击的风险

当前，针对政务部门的数据攻击方式和手段层出不穷，在各类型的网络安全事件中，云平台上的DDoS攻击次数、被植入后门的网站数量、被篡改的网站数量占比均超过50%。由于同组云服务器互联互通、相互调用，当某个服务器感染了计算机病毒或木马时，病毒或木马会在短时间内散布到其他终端和服务器中，政务云平台的数据集中化、电子政务办公系统的全面接入，可能使因安全问题带来的损失呈指数级增长，最终导致系统一旦受到恶意攻击，会有大量政务云服务器瘫痪，在一段时间内丧失提供政务云服务的能力。因此，“政务云”平台虽然依托独立的数据中心，大大提升了建设、维护效率，但由于政务关键数据的集中存放，提升了平台的安全性、可用性风险。

3．云平台复杂性导致的风险

云计算基础平台相比传统IT基础设施系统结构更加复杂，设备数量、种类众多，给云计算基础平台安全管理带来了很大的挑战：部分云计算基础平台核心软硬件设备中仍然存在大量操作系统漏洞、配置错误、策略失效等中、高风险安全漏洞；各类云管理平台、业务运营支撑系统中也经常暴露出信息泄露、越权访问、跨站脚本等安全漏洞；云平台远程运维模式和身份认证机制在工程实现中暴露出严重风险隐患。共享物理基础设施的不同租户之间因分离存储、内存、路由等机制失败而导致的虚机跳跃攻击、侧信道攻击等案例时有发生。通过网络钓鱼窃取用户凭据后进行云计算服务跟踪和本地攻击，最终导致大量数据泄露的案例日益增多。云计算服务密钥管理机制不完善，密码技术的合规性、正确性和有效性得不到保障，一直是云计算服务基础平台的安全隐忧。

4．数据安全风险。

部分数据交换过程中采用明文传输，未采取合理有效的加密机制。同一宿主机不同虚拟机之间的数据传输安全防护机制存在隐患。云服务数据迁移后的遗留数据未及时清除，

备份数据得不到合理处置，对开发、测试、生产环境开放接口管理不严格。云计算服务中过度收集用户个人信息，违规使用个人信息，都会引发数据泄露风险。

二、等保定级

政务云平台承载着本地区重要政务信息系统的运行，按照等级保护2.0标准体系的安全防护等级要求，政务云提供的计算、存储和网络等基础资源一般需要按照等保第三级要求进行建设和保护。

三、解决方案

（一）政务云平台网络拓扑结构图

政务云平台网络拓扑结构图如图8-5所示。

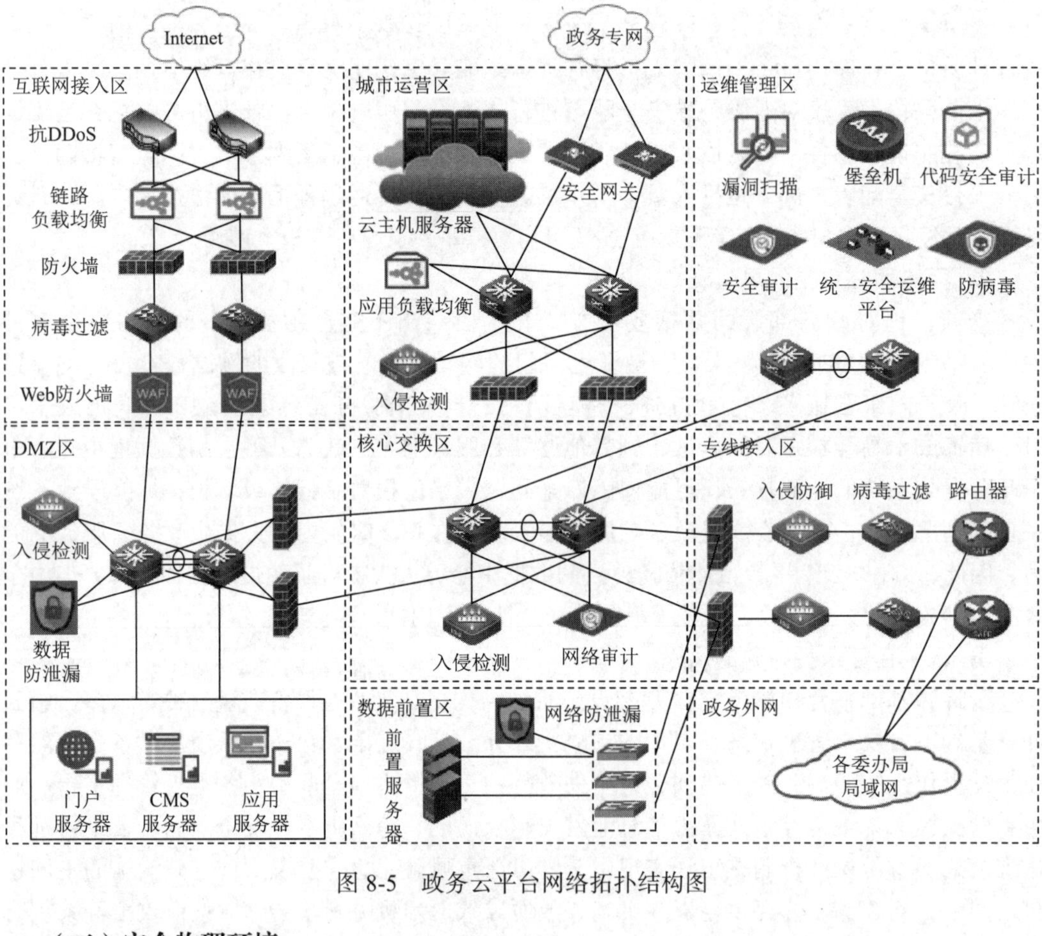

图8-5　政务云平台网络拓扑结构图

（二）安全物理环境

依据《信息安全技术　网络安全等级保护基本要求》（GB/T 22239—2019）中的“安全物理环境”要求，同时参照《信息安全技术　信息系统物理安全技术要求》（GB/T 21052—2007）。对电力监控系统所在机房配置相应的物理安全防护措施，包括物理位置选择、物理访问控制、防盗窃和防破坏、防雷击、防火、防水和防潮、温湿度控制、防静电、电磁防护、电力供应等技术方面进行相应的物理安全防护措施，还应建立相关的机房管理制度，包括相关人员进出机房的访问记录，机房的日常运维管理制度、规范等，并按照等级保护等相关要求进行规划完善，实现物理安全防护。

（三）安全通信网络

1．网络架构

云平台上运行的不同业务系统虚拟网络应实现隔离，云平台为云服务客户划分VXLAN并配置VPC，使用VXLAN协议对每个VPC网络进行隔离。云平台应提供开放接口或服务，允许系统操作员接入第三方安全产品或在云平台选择第三方安全服务。

在被测系统的业务高峰期时间段（8:00～17:00），边界防火墙、核心交换机等主要的网络设备和安全设备的CPU和内存使用率均不超过70%，业务处理能力需满足高峰期需求，防止设备因处理能力不足导致宕机。

在网络节点设备处部署共用分流器，配置流量监管策略。网络中的关键设备之间的接口带宽为万兆，接入交换机到终端的接口为千兆，不应存在网络带宽瓶颈。保证互联网和专线两条接入线路以及核心交换机带宽在业务高峰期时间段内的使用率不超过70%，满足业务高峰期时的需求。

网络拓扑应与实际运行环境一致，云服务器采取安全组进行隔离，避免重要区域位于边界。关键网络设备、安全设备，如核心交换机、南北向防火墙、关键链路、汇聚交换机等设备硬件冗余，在某通信线路或设备发生故障时网络不会中断，能够保障系统的高可用性。

2．通信传输加密

系统在通信过程中采用 SSL（HTTPS）协议传输数据，建议采用国密算法，保证重要数据在传输过程中的保密性和完整性。

（四）安全区域边界

1．边界防护

在云平台网络边界处部署边界防火墙，设置符合云平台等保防护等级的访问控制策略。网络拓扑图和实际的网络链路一致，详细明确网络边界，相关的通信端口须配置访问控制策略。不存在其他未受控端口进行跨越边界的网络通信。所有的跨边界访问均通过边界访问控制设备的受控接口进行通信，不存在能够进行跨越边界网络通信的未受控端口。

2．访问控制

在云平台网络边界处及不同等级的网络区域边界部署边界防火墙并设置访问控制规则。根据云平台业务需求为各类用户数据流进行访问控制，访问控制策略达到端口级，同时对进出网络的流量数据内容进行控制。针对应用层设定相应的访问控制策略，采用会话认证机制为进出数据流提供明确的允许/拒绝访问的能力。按各类用户的权限设定访问控制策略，明确各类用户能否访问到的资源和内容。云平台内部采用VPC进行隔离，VPC之间通过云防火墙实现东西向流量的隔离。专线接入线路的访问控制通过边界防火墙进行控制，且访问策略配置合理，合并相互包容的策略，最后一条禁止允许所有策略。

3．入侵防范

在边界处部署入侵防御系统，通过对骨干网络端口的监听及时发现网络攻击的特征和入侵信息，包括主流木马病毒、勒索软件、挖矿病毒、DDoS攻击，在检测到攻击行为时通过与防火墙联动或向管理员报警等方式采取必要的防护措施。开启对已知恶意的网络行为进行拦截，网站后门查杀，容器K8s威胁检测等策略并保持版本实时更新，实现对网络

入侵行为进行防范、阻断及告警，检测记录包括攻击类型、攻击时间、攻击流量等内容。

在互联网边界关键网络节点处部署探针，配置相应安全策略，且安全策略有效，通过流量收集发送至态势感知设备。规则库版本及威胁情报库应更新至最新版本，可对从外部发起的网络攻击行为进行检测限制。

4. 安全审计

云平台边界部署网络审计系统对网络系统中的路由器、交换机等网络设备运行状况进行日志记录，对相关管理员及用户访问网络设备的行为进行记录，形成审计记录。审计记录信息包括日期、时间、用户、事件类型、事件是否成功及其他与审计相关的信息。审计记录仅授权用户可进行查看，日志留存时间应大于6个月，对审计记录进行保护。能够提供完整的审计回放和权限控制服务，支持以切断操作会话的方式阻断违规操作等异常行为。

5. 恶意代码和垃圾邮件防范

在互联网边界和专线接入边界处部署防病毒网关和防垃圾邮件网关，对恶意代码和垃圾邮件进行检测与清除，维护病毒、垃圾邮件网关特征库版本升级与更新，可对恶意代码、恶意网络行为进行拦截、检测清除，如防病毒检测主流木马病毒、勒索软件、挖矿病毒等。

（五）安全计算环境

1. 身份鉴别

云平台需为各单位用户和系统管理员提供数字证书验证方式。对登录的所有用户进行身份标识和鉴别，身份标识具有唯一性，身份鉴别信息具有复杂度要求并定期更换。各类设备、系统应具有登录失败处理功能，应配置并启用结束会话、限制非法登录次数和当登录连接超时自动退出等相关措施。应使用HTTPS进行远程管理，加密算法使用国密算法，用户鉴别信息以密文方式进行传输。应采用口令、密码技术、生物技术等两种或两种以上组合的鉴别技术对用户进行身份鉴别，且其中一种鉴别技术至少应使用密码技术来实现。

2. 访问控制

针对不同的云客户设置不同的访问控制策略，并保证策略可随虚拟机的迁移而迁移。应为所有网络设备、安全设备、操作系统、应用系统、数据库的用户分配账户和权限，停用或删除多余、过期的账户，管理员用户与账户之间一一对应。不应存在共享账户，且各账户权限均为工作所需最小权限。超级管理员依据具体业务划分情况对账户进行具体权限划分，不同账户具有不同访问权限。设置系统管理员、安全管理员、审计管理员账户，不同管理用户之间具有相互制约的关系，例如管理员不能审计、审计员不能管理、安全员不能审计和管理等。

3. 安全审计

网络设备、安全设备、服务器、数据库等需开启安全审计功能，对系统中所有重要的用户行为和重要安全事件进行审计，审计范围覆盖系统内所有用户。例如，服务器启用rsyslog和audit服务，可对系统重要事件进行记录，审计范围覆盖系统内所有用户。服务器审计记录包括message、audit等审计记录。日志审计记录包括事件名称、事件类型、事件级别、接收时间、资产名称、资产IP、资产类型、来源IP、目的IP等信息。审计日志仅授权用户可进行访问，存储时间6个月以上。本地系统无法删除、修改或覆盖审计记录，审计进程无法被独立中断。

4. 入侵防范

在主要边界处部署入侵检测、漏洞扫描等系统，在各类服务器、主机上部署主机监控与审计系统。网络和安全设备关闭Telnet、HTTP等不需要的端口。设备配置访问控制列表来限制管理员的登录地址，仅允许堡垒机与跳板服务器等地址进行登录。若发现漏洞，在经过充分的测试和评估后及时修补。服务器不存在不必要的默认共享，关闭不必要的端口，仅开启业务所需端口，禁用不必要的服务。能够针对虚拟机之间资源隔离失效、非授权新建虚拟机，以及恶意代码的蔓延进行检测并告警。应用系统应具备软件容错能力，以及对输入数据的长度、格式等进行检查和验证的功能。采用限制特定关键字的输入等防护措施，防止SQL注入、XSS跨站脚本、上传漏洞等。

5．数据机密性与完整性

采用云端数据加密、认证、云密码机等实现重要数据的保密性和完整性，云服务客户可自行实现数据的加解密。通信过程中采用数字签名算法和加密技术【SSL（HTTPS）协议传输数据，使用国密加密算法】传输数据，保证重要数据在传输过程中的完整性。防火墙配置数据中用户鉴别数据采用HASH算法加密存储，保证鉴别数据的完整性。系统在通信过程中采用SSL协议加密传输数据，保证重要数据在传输过程中的保密性。防火墙的配置数据中用户鉴别数据采用HASH算法加密存储，保证鉴别数据的保密性。数据库口令和鉴别数据使用SHA-256密码算法加密传输，防止鉴别信息在网络传输过程中被窃听。数据库在数据存储时采用对每个数据块头增加“数据水印”的方式，实现数据存储过程中的完整性校验和保护。数据库采用SM4或RC4对业务数据加密存储。

6．恶意代码防范

设备、服务器及终端中部署恶意代码模块，病毒库自动实时更新可对网络中的攻击行为进行检测，在发生严重入侵和病毒事件时提供邮件报警。应采用免受恶意代码攻击的技术措施或主动免疫可信验证机制及时识别入侵和病毒行为，并将其有效阻断。

7．数据备份恢复

具备镜像和快照保护功能，要能对虚拟机的快照和镜像做完整性校验，采用密码技术手段防止虚拟机镜像、快照被非法访问。对各类重要服务器的重要数据提供本地数据备份与恢复功能，比如周一至周六增量备份，周日全量备份，备份数据保存7天以上，存在快照回滚记录和恢复切换日志。提供异地实时备份功能，利用通信网络将重要数据实时备份至备份场地，提供重要数据处理系统的热冗余，保证系统的高可用性。系统所有数据月全量备份至备份服务器中，且每月使用备份文件进行备份恢复测试，具备数据备份恢复测试记录。应用系统服务器采用双机方式部署，可实现热冗余，保证系统高可用性。

8．剩余信息保护

登录时不自动保存和显示历史账号和口令，在用户退出后及时清空Cookie和会话Session，无法通过回退操作访问退出前界面，用户的鉴别信息所在的存储空间被释放或重新分配前能够得到完全清除。系统关闭后，客户端本地不存在敏感数据残留，敏感数据所在的存储空间被释放或重新分配前能够得到完全清除。

（六）安全管理中心

部署云安全管理平台，统一采集云资源池中的租户安全信息和安全设备的监控信息，并进行集中存储、处置、分析，实现对云资源池安全信息的统一监控和运维管理。按照等保2.0标准基本要求，安全管理中心有三个主要管理职能，分别是系统管理、安全管理和安全审计。

1．系统管理

系统管理员通过堡垒机对系统的资源和运行进行配置、控制和管理，包括用户身份、资源配置、系统加载和启动、系统运行的异常处理、数据和设备的备份与恢复等。系统管理要求管理员能够正确制定相关安全策略并进行管理，需要收集各类云安全组件的审计数据进行集中分析，以此为基础为管理员提供管理策略的制定依据，同时也以这些数据为基础让管理员不断地优化自己的管理策略。

2．安全管理

要实现安全管理的要求，首先应在网络边界、重要网络节点处进行防控，要能对重要的用户行为和重要安全事件进行监控，能根据云服务商和云服务客户的职责划分，收集各自控制部分的行为数据，还需采取相应的网络边界防控手段。比如，针对网络访问采用传统防火墙技术进行防范，针对应用系统的访问采用Web应用防火墙技术进行防范等，这些均为等保2.0测评中推荐的边界防控手段。

3．安全审计

安全审计要求能根据提前设定的安全策略对云平台管理员、客户等各类角色的各类操作行为进行审计。各类安全设备应充分考虑系统管理、安全管理和安全审计的要求，应具备相应的功能模块，如三员设置、日志审计等，在此基础上采用网络安全态势感知技术，对各类安全设备的日志信息进行有效分析，对现有安全风险进行趋势分析。

第四节　教育行业测评案例解析

一、校园一卡通系统概述

（一）校园一卡通

随着校园网络信息化建设的发展，一卡通很快在校园内普及，校园一卡通不仅能够用于高校的日常消费，同时也适用于高校的机房管理、图书管理等方面，既方便了消费者的生活，减轻了校园服务人员的压力，同时也有利于高校的数据化管理，推进校园信息化建设。

（二）校园一卡通系统

校园一卡通是将智能卡物联网技术和计算机网络的数字化理念融合于校园管理，进行的统一身份认证、人事、学工等MIS应用系统的应用解决方案。通过共同的身份认证机制，实现数据管理的集成与共享，使校园一卡通系统成为校园信息化建设有机的组成部分。通过这样的有机结合，可以避免重复投入，加快建设进度，为系统间的资源共享打下基础。

校园一卡通系统是智慧校园的重要组成部分，有综合消费类、身份识别类、金融服务类、公共信息服务类等功能。系统与银行系统、学校原有的系统和学校管理信息系统有良好的衔接，并为学校潜在管理信息系统预留合适的接口，在项目完成后随时为学校增加其他管理系统接口提供必要的协助。

一卡通系统集成图书馆、医院、食堂、超市、校园巴士、体育场馆、会议室签到、教学楼考勤、宿舍门禁以及水电空调等校园业务，全校所有师生员工每人持一张校园卡就可取代以前的各种证件（包括学生证、工作证、借书证、医疗证、出入证等）全部或部分功能，最终实现“一卡在手，走遍校园”，同时带动学校各单位、各部门信息化、规范化管理的进程。此种管理模式代替了传统的消费管理模式，使学校管理变得高效、方便与安全。

校园一卡通系统主要涵盖数据交换平台、卡务中心平台、财务清算系统、消费子系统、身份识别类子系统、第三方接口组合、自助服务平台等主要功能。具体功能包括：数据收发（对食堂、超市、浴室、洗衣房等的消费数据实时处理）；卡务中心（含发卡、销户、挂失、解挂等业务功能）；结算中心（负责销售报表和管理报表的生成与审计）；管理中心（负责教务系统、图书系统、医疗系统、圈存系统各主机与服务器的对接、设备授权和系统升级）；数据处理服务（运行于服务器端，完成数据监控、采集和存储）；多媒体自助圈存服务（含自助查询、充值、报名与综合缴费等业务功能）；自动唤醒服务（当系统进程掉线时自动重启程序）。

一卡通系统是数字化校园建设的重要组成部分，是为校园信息化提供信息采集的基础工程之一，具有学校管理决策支持系统的部分功能。

（三）校园一卡通系统安全现状与风险

随着校园一卡通系统集成了越来越多的日常应用，其在智慧校园中的地位及重要程度与日俱增，为了进一步完善一卡通系统的安全稳定运行，对一卡通系统当前面临的各类安全风险进行分析。

1. 数据安全风险

"一卡通"卡片存储了持卡人信息，如姓名、性别、证件号、有效期、照片等个人隐私信息，系统后台也存储了钱包账户信息、应用信息、密钥信息等业务数据。校园卡系统作为智慧校园融合多场景、多应用的综合性基础服务系统，汇聚了校园生活各种活动的时间、地点、事件行为数据。一卡通数据的共享方式、加密机制、数据传输、存储备份机制等都会导致数据安全问题的产生。在同第三方系统进行业务对接时，系统核心数据和服务信息等会暴露给第三方，容易导致安全问题的发生。另外，卡片保护措施有漏洞，造成校园内恶性透支事件频发。因此，"一卡通"系统的核心数据安全风险系数极高。

2. 物理安全风险

一卡通系统的线路布设、各类设备的安放等比较随意，管理模式粗放。由于网络端口遍布校园各处，不法分子可接入到一卡通网络，存在散播病毒、冒充网关的安全风险。通过放置在各宿舍楼的水电控汇聚交换机中的任意一台，均可接入一卡通网络，在高校一卡通应用系统的管理中侧重于中心机房的服务器管理，而忽视宿舍楼栋交换机的管理，由此可能给类似撞库攻击接入机会。此外，一卡通的食堂POS机、浴室刷卡器等前端设备长期处于高温高湿环境，容易线路老化导致通信异常。一卡通线路的铺设常非一次完成，施工管理欠规范，经常由于校园临时施工、维修等因素，挖断光缆，致使一卡通业务无法使用。

3. 内网安全风险

三网融合打破一卡通专网的限制，专网与校园网、校园网与移动网、移动网与专网之间的网络边界易造成非法访问和计算机病毒的传播。相关数据显示，因内部网络遭到侵犯而引起的网络安全攻击事件率达到70%。尤其是内部工作人员将网络结构泄密给竞争者，抑或是内部工作人员故意破坏或损毁系统程序，抑或是安全管理员将用户名及口令泄露出去等，这些都会给网络的安全性带来极大的隐患。再次，内部网络与外部网络互联会带来一些安全隐患。在一卡通系统的向下兼容的计算环境内，存在低版本的操作系统、数据库和中间件，这些低版本系统的漏洞甚至已无法修复，而这些漏洞却是非法入侵的突破口。

二、等保定级

根据《教育行业信息系统安全等级保护定级工作指南》，校园一卡通系统属于综合服务类，完成饭卡、学生证、工作证、医疗卡、上机卡、考勤卡、门禁卡等应用项目的统一认证管理服务等。建议保护等级按照学校类型定级进行建设和保护，见表8-2。

表8-2　校园一卡通系统定级表

信息系统	Ⅰ类学校	Ⅱ类学校	Ⅲ类学校
校园一卡通系统	第三级	第二级	第二级

三、解决方案

（一）一卡通系统网络拓扑结构图

一卡通系统网络拓扑结构图如图8-6所示。

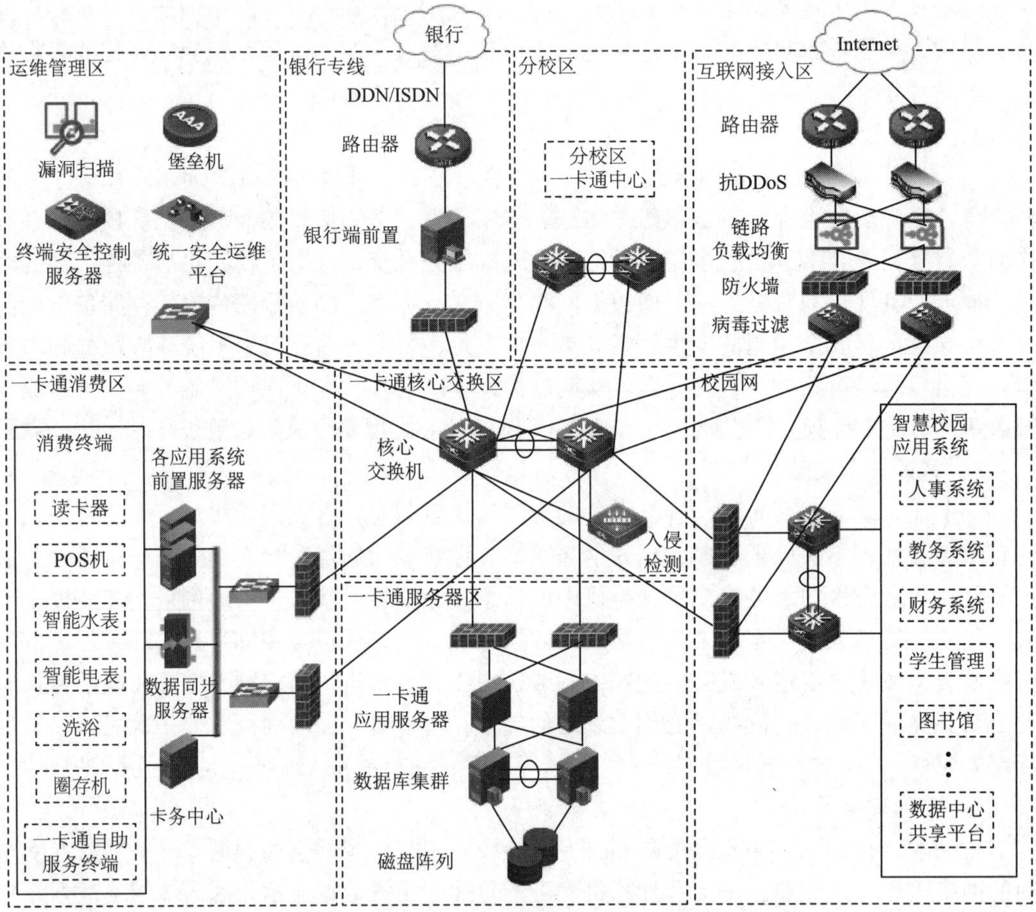

图8-6　一卡通系统网络拓扑结构图

（二）安全物理环境

依据《信息安全技术　网络安全等级保护基本要求》中的“安全物理环境”要求，同时参照《信息安全技术　信息系统物理安全技术要求》（GB/T 21052—2007），对一卡通系统所在机房配置相应的物理安全防护措施，如电子门禁、消防系统、监控系统、精密空

调、UPS、发电机等。在此基础上，独立设置一卡通计算设备的物理区域，保护一卡通系统的各类设备以防人为破坏。按照等级保护等相关要求进行规划完善，实现物理安全防护。

（三）安全通信网络

1. 网络架构

为保证校园一卡通系统的安全，防止非法用户通过校园网入侵，应独立构建相对封闭的校园一卡通网络，不与互联网直接连接，即建设“校园一卡通专网”，实现校园网和“校园一卡通专网”的逻辑隔离。系统内部为各个应用子系统划分VLAN，互相之间不能直接访问，与校园网和银行网连接均采用防火墙逻辑隔离。在一卡通系统中学生刷卡高峰时段（主要为早中晚学生就餐时段和周末全天），各类核心、汇聚、接入交换机等网络设备和应用服务器的CPU和内存使用率均不超过70%，网络带宽在业务高峰期时间段内的使用率不超过70%，满足业务高峰期时的需求，防止设备宕机。网络拓扑应与实际运行环境一致。实施网络链路、核心网络设备的冗余设计，关键网络设备、安全设备（如路由器、核心交换机、防火墙、关键链路、汇聚交换机、接入交换机等）提供硬件冗余，核心和汇聚之间采用双链路连接，一旦数据传输的活动链路失效以后可以自动切换到另一条链路，保障一卡通各项业务应用的连续性。校区之间分别部署万兆核心交换机，两个校区的核心设备之间采用两条1G链路，构成校园一卡通网络的骨干交换平台，其中一条链路出现问题时，另一条链路会立刻自动启用，同时在两个校区间放置两台路由器，在两台路由器间通过ISDN链路链接，当校区间链接的两条光纤链路都中断时，还可以通过ISDN链路传输数据。

2. 通信传输加密

校园一卡通系统由卡片、终端设备、网络、软件四部分组成，卡片中存有持卡人的信息及各种数据，在终端刷卡，将产生的认证或交易信息通过网络传输到后台服务器进行处理，整个过程中产生的各种数据必须进行加密处理，确保重要数据在传输过程中的保密性和完整性。

（四）安全区域边界

1. 边界防护与访问控制

合理划分三网融合（专网、校园网、移动网）的网络区域，一卡通专网与校园网、银行网、第三方接口对接处均需要部署防火墙进行逻辑隔离。详细明确网络边界，相关的通信端口须配置合适的访问控制策略。所有的跨边界访问均通过边界访问控制设备的受控接口进行通信，不存在能够进行跨越边界网络通信的未受控端口。根据一卡通业务需求对各类用户数据流进行访问控制，访问控制策略达到端口级，同时对进出网络的流量数据内容进行控制。按各类用户的权限设定访问控制策略，明确各类用户能否访问到的资源和内容。

2. 入侵防范

在一卡通内网出口部署入侵防御系统，检测内网攻击行为，包括主流木马病毒、勒索软件、挖矿病毒、DDoS攻击，在检测到攻击行为时通过与防火墙联动或向管理员报警等方式采取必要的防护措施。开启对已知恶意的网络行为进行拦截、网站后门查杀等策略并保持版本实时更新，实现对网络入侵行为进行防范、阻断及告警，检测记录包括攻击类型、攻击时间、攻击流量等内容。在内网出口关键网络节点处部署探针，配置相应安全策略，且安全策略有效，通过流量收集发送至态势感知设备。规则库版本及威胁情报库应更新至最新版本，可对从外部发起的网络攻击行为进行检测限制。

3．恶意代码和垃圾邮件防范

在内网出口部署防病毒网关和防垃圾邮件网关，对恶意代码和垃圾邮件进行检测与清除，维护病毒、垃圾邮件网关特征库版本升级与更新，可对恶意代码、恶意网络行为进行拦截、检测清除。如防病毒检测主流木马病毒、勒索软件、挖矿病毒等。

（五）安全计算环境

1．身份鉴别

对一卡通系统中的网络设备、安全设备、终端设备、操作系统、应用系统、数据库的所有用户进行身份标识和鉴别，身份标识具有唯一性，身份鉴别信息具有复杂度要求并定期更换。各类设备、系统应具有登录失败处理功能，应配置并启用结束会话、限制非法登录次数和当登录连接超时自动退出等相关措施。应使用HTTPS协议进行远程管理，加密算法使用国密算法，用户鉴别信息以密文方式进行传输。一卡通各种身份鉴别认证场景采用口令、密码技术、人脸识别、指纹等两种或两种以上组合的鉴别技术对用户进行身份鉴别，且其中一种鉴别技术至少应使用密码技术来实现。

2．访问控制

应为所有网络设备、安全设备、终端设备、操作系统、应用系统、数据库的用户分配账户和权限，停用或删除多余、过期的账户，管理员用户与账户之间一一对应。不应存在共享账户，且各账户权限均为工作所需最小权限。超级管理员依据具体业务划分情况对账户进行具体权限划分，不同账户具有不同访问权限。设置系统管理员、安全管理员、审计管理员账户，不同管理用户之间具有相互制约的关系，例如管理员不能审计、审计员不能管理、安全员不能审计和管理等。主机的安装和访问基于最小权限和最少安装原则。

3．安全审计

网络设备、安全设备、服务器、数据库等需开启安全审计功能，对系统中所有重要的用户行为和重要安全事件进行审计，审计范围覆盖系统内所有用户。安全审计策略主要从网络安全审计、一卡通业务审计、一卡通数据库审计三个方面进行。主要用于监视并记录各类操作，侦查存在的问题和潜在的风险及威胁，实时地综合分析网络中发生的内部及外部安全事件。开启主机和应用系统的审计功能记录用户操作。例如，服务器启用rsyslog和audit服务，可对系统重要事件进行记录，审计范围覆盖系统内所有用户。服务器审计记录包括message、audit等审计记录。日志审计记录包括事件名称、事件类型、事件级别、接收时间、资产名称、资产IP、资产类型、来源IP、目的IP等信息。审计日志仅授权用户可进行访问，存储时间6个月以上。本地系统无法删除、修改或覆盖审计记录，审计进程无法被独立中断。

4．入侵防范

对来自黑客的诸如DDoS等攻击，在内网边界部署智能防火墙，入侵检测设备。对核心、汇聚和接入交换机进行安全防护，防范内网的病毒传播如ARP欺骗等。网络和安全设备关闭Telnet、HTTP等不需要的端口。若发现漏洞，在经过充分的测试和评估后及时修补。服务器不存在不必要的默认共享，已关闭不必要的端口，仅开启业务所需端口，已禁用不必要的服务。应用系统应具备软件容错能力，以及对输入数据的长度、格式等进行检查和验证的功能。采用限制特定关键字的输入等防护措施，防止SQL注入、XSS跨站脚本、上传漏洞等。定期升级病毒软件和支撑软件从而避免非法入侵和病毒传播。

5. 数据保密性与完整性

数据访问控制结合身份认证和网络认证，并基于加密算法加密通信数据以防数据窃取。保证重要数据在传输过程中的完整性。一卡通系统与银行专线两端部署 IPSec VPN 设备，组建加密专线，确保“一卡通”系统通信安全。

6. 恶意代码防范和垃圾邮件

设备、服务器及终端中部署恶意代码模块，病毒库自动实时更新可对网络中的攻击行为进行检测，在发生严重入侵和病毒事件时提供邮件报警。应采用免受恶意代码攻击的技术措施或主动免疫可信验证机制，及时识别入侵和病毒行为，并将其有效阻断。

7. 数据备份恢复

数据备份采用本地和异地双备份的模式，实时备份重要数据并定期验证备份数据有效性，确保一卡通数据安全。对数据进行审计，统计每日情况，形成报表。及时检查圈存和掌银的错账情况并及时处理。对各类重要服务器的重要数据提供本地数据备份与恢复功能，比如周一至周六增量备份，周日全量备份，备份数据保存7天以上，存在快照回滚记录和恢复切换日志。提供异地实时备份功能，利用通信网络将重要数据实时备份至备份场地，提供重要数据处理系统的热冗余，保证系统的高可用性。系统所有数据月全量备份至备份服务器中，且每月使用备份文件进行备份恢复测试，具备数据备份恢复测试记录。应用系统服务器采用双机方式部署，可实现热冗余，保证系统高可用性。

8. 剩余信息保护

对一卡通各类终端设备的运行情况采取监控措施，防止终端设备残留的用户隐私信息被恶意分子盗取。登录时不自动保存和显示历史账号和口令，在用户退出后及时清空Cookie和会话Session，无法通过回退操作访问退出前界面，用户的鉴别信息所在的存储空间被释放或重新分配前能够得到完全清除。系统关闭后，客户端本地不存在敏感数据残留，敏感数据所在的存储空间被释放或重新分配前能够得到完全清除。

9. 个人信息保护

仅采集和保存一卡通系统必需的个人信息，严禁过度收集师生个人信息。禁止未授权访问和非法使用用户个人信息。一卡通系统数据在涉及与其他业务系统对接时，应严格控制数据共享范围，保护师生个人隐私信息。在与学校大数据平台对接时，可进行必要的数据脱敏处理。

（六）安全管理中心

按照等保2.0标准基本要求，部署安全管理平台，实现对一卡通系统的安全监控与管理。

1. 终端安全管理

校园一卡通使用终端是面向全校师生的交互终端，涉及教师和学生的相关个人信息，在读取，传输过程中很容易感染病毒，影响整个系统的运行。在运维管理区部署终端安全控制服务器，实现对整个内网的监控，确保各个使用终端的安全，检查内网的补丁更新以及病毒查杀。对一卡通系统内种类、数量众多的刷卡终端设备进行管理，使用前必须授权，防止非法终端产品进入网络。终端设备使用黑、白名单技术，对卡进行合法性验证，限制使用非法卡片。终端设备具有完整的密钥管理体现，保障消费过程的安全性。POS消费终端是数量最多的终端，要时刻确保数据的正确性，必须提高终端的安全性和稳定性。

2．安全管理

为实现安全管理的要求，在运维管理区部署堡垒机，服务器、网络设备、安全设备均通过堡垒机对设备进行远程管理。部署日志审计服务器，对网络设备流量日志、系统业务日志进行收集，安全设备的用户行为和安全事件审计记录等日志均应统一发送到日志服务器，对设备的审计记录进行统一保护，避免受到未预期的删除或修改、覆盖。部署漏洞扫描系统，对一卡通系统内所有网络，主机，数据库的安全脆弱性进行检测，并与防火墙、入侵检测系统互相配合，有效提高网络的安全性。部署网络运维管理平台，对服务器、网络设备、安全设备等的运行状况进行集中监测，保证系统的安全运营，提供灵活的通知机制以让系统管理员快速定位，解决存在的各种问题。

附录 A 网络安全等级保护定级报告模板示例

××××系统网络安全等级保护定级报告（第三级）

一、××××系统描述

（一）××××系统由×××××单位建设，于××××年×月正式上线运行。目前该系统由×××××单位负责维护与运行服务保障，×××××单位对该系统具有网络安全保护责任，为该系统定级的责任单位。

（二）××××系统是由计算机及其相关配套的设备、设施构成，按照一定的应用目标和规则满足×××信息和××××等信息的各种需求。系统网络拓扑图如下：

该系统使用×台服务器，双机集群模式，安装有××××操作系统,用于××××系统的运行，配备防火墙（包含IPS、AV、VPN、上网行为等模块），实现边界防护，对恶意访问及漏洞攻击进行遏制，同时部署有日志审计系统用于日志集中收集与分析。

（三）××××系统简述：功能模块，服务范围，服务对象。

二、××××系统安全保护等级确定

定级方法参见国家标准《信息安全技术　网络安全等级保护定级指南》（GB/T 22240—2020）、×××行业信息安全等级保护工作的指导意见确定该信息系统为三级信息系统，具体如下：

（一）业务信息安全保护等级的确定。

1. 业务信息描述

业务信息描述包括但不限于主要业务功能及数据/信息等。

2. 业务信息受到破坏时所侵害客体的确定

该业务信息遭到破坏后，所侵害的客体是：①社会秩序、公共利益；②公民、法人和其他组织的合法权益。

3. 信息受到破坏后对侵害客体的侵害程度的确定

××××系统业务信息受到破坏后，一旦系统的业务信息遭到篡改、破坏、泄露或者非法获取、非法利用等，将会影响系统所承载信息的完整性、保密性或可用性，对公民、法人和其他组织的……管理工作造成严重影响，甚至产生较高的财产损失，出现较严重的法律问题，形成较大范围的社会不良影响，进而对其他组织和个人造成较高的损害，同时导致社会秩序出现较大范围的混乱，公共利益造成严重的损失。

侵害程度确定为：对公民、法人和其他组织的合法权益造成特别严重损害，对社会秩

序、公共利益造成严重损害。

4. 业务信息安全等级的确定

根据《定级指南》表2知，业务信息安全保护等级为第三级。

业务信息安全被破坏时所侵害的客体	对相应客体的侵害程度		
	一般损害	严重损害	特别严重损害
公民、法人和其他组织的合法权益	第一级	第二级	第二级
社会秩序、公共利益	第二级	第三级	第四级
国家安全	第三级	第四级	第五级

（二）系统服务安全保护等级的确定。

1. 系统服务描述

××××系统服务描述，提供……服务，系统的服务范围为……公开服务范围，系统服务对象是……的相关工作人员。

2. 系统服务受到破坏时所侵害客体的确定

当系统服务遭到破坏后，所侵害的客体是：①公民、法人和其他组织的合法权益；②社会秩序、公共利益。

3. 系统服务受到破坏后对侵害客体的侵害程度的确定

当系统服务受到破坏后，整个系统运行受到严重影响，对……工作的开展产生阻碍，业务能力显著下降且影响主要功能执行，导致较大范围的社会不良影响，对其他组织和个人造成较高的损害，同时社会秩序出现较大范围的混乱，公共利益造成严重的损失。

侵害程度确定为：对公民、法人和其他组织的合法权益造成特别严重损害，对社会秩序、公共利益造成严重损害。

4. 系统服务安全等级的确定

根据《定级指南》表3知，系统服务安全保护等级为第三级。

系统服务安全被破坏时所侵害的客体	对相应客体的侵害程度		
	一般损害	严重损害	特别严重损害
公民、法人和其他组织的合法权益	第一级	第二级	第二级
社会秩序、公共利益	第二级	第三级	第四级
国家安全	第三级	第四级	第五级

（三）安全保护等级的确定。

定级对象的初步安全保护等级由业务信息安全保护等级和系统服务安全保护等级的较高者决定。

最终确定×××××单位××××系统安全保护等级为第三级。

信息系统名称	安全保护等级	业务信息安全等级	系统服务安全等级
××××系统	第三级	第三级	第三级

××××系统网络安全等级保护定级报告（第二级）

一、××××系统描述

（一）××××系统由×××××单位建设，于××××年××月正式上线运行。目前该系统由×××××单位负责维护与运行服务保障，×××××单位对该系统具有网络安全保护责任，为该系统定级的责任单位。

（二）××××系统是由计算机及其相关配套的设备、设施构成，按照一定的应用目标和规则满足×××信息和××××等信息的各种需求。系统网络拓扑图如下：

（本模板图示略）

该系统使用2台服务器，双机集群模式，安装有Windows Server 2008操作系统，用于××××系统的运行，配备防火墙（包含IPS、AV、VPN、上网行为等模块），实现边界防护，对恶意访问及漏洞攻击进行遏制，同时部署有日志审计系统用于日志集中收集与分析。

（三）××××系统简述：功能模块，服务范围，服务对象。

二、××××系统安全保护等级确定

定级方法参见国家标准《信息安全技术　网络安全等级保护定级指南》（GB/T 22240—2020）、×××行业信息安全等级保护工作的指导意见确定该信息系统为二级信息系统，具体如下：

（一）业务信息安全保护等级的确定。

1. 业务信息描述

业务信息描述包括但不限于主要业务功能及数据/信息等。

2. 业务信息受到破坏时所侵害客体的确定

该业务信息遭到破坏后，所侵害的客体是：①社会秩序、公共利益；②公民、法人和其他组织的合法权益。

3. 信息受到破坏后对侵害客体的侵害程度的确定

××××系统业务信息受到破坏后，一旦系统的业务信息遭到篡改、破坏、泄露或者非法获取、非法利用等，将会影响系统所承载信息的完整性、保密性或可用性，对公民、法人和其他组织的……管理工作造成局部影响，出现较轻的法律问题，产生较低的财产损失，形成有限的社会不良影响，进而对其他组织和个人造成较低的损害，同时导致社会秩序出现小范围的混乱，对公共利益造成较低的损失。

侵害程度确定为：对公民、法人和其他组织的合法权益造成特别严重的损害，对社会秩序、公共利益造成严重损害。

4. 业务信息安全等级的确定

根据《定级指南》表2知，业务信息安全保护等级为第二级。

业务信息安全被破坏时所侵害的客体	对相应客体的侵害程度		
	一般损害	严重损害	特别严重损害
公民、法人和其他组织的合法权益	第一级	第二级	第二级
社会秩序、公共利益	第二级	第三级	第四级
国家安全	第三级	第四级	第五级

（二）系统服务安全保护等级的确定。

1. 系统服务描述

××××系统服务描述，提供……服务，系统的服务范围为……公开服务范围，系统服务对象是……的相关工作人员。

2. 系统服务受到破坏时所侵害客体的确定

当系统服务遭到破坏后，所侵害的客体是：①公民、法人和其他组织的合法权益；②社会秩序、公共利益。

3. 系统服务受到破坏后对侵害客体的侵害程度的确定

当系统服务受到破坏后，整个系统运行受到局部影响，对……工作的开展产生阻碍，业务能力有所下降且影响主要功能执行，导到有限的社会不良影响，对其他组织和个人造成较低的损害，同时社会秩序出现小范围的混乱，对公共利益造成较低的损失。

侵害程度确定为：对公民、法人和其他组织的合法权益造成特别严重的损害，对社会秩序、公共利益造成严重损害。

4. 系统服务安全等级的确定

根据《定级指南》表3知，系统服务安全保护等级为第二级。

系统服务安全被破坏时所侵害的客体	对相应客体的侵害程度		
	一般损害	严重损害	特别严重损害
公民、法人和其他组织的合法权益	第一级	第二级	第二级
社会秩序、公共利益	第二级	第三级	第四级
国家安全	第三级	第四级	第五级

（三）安全保护等级的确定。

定级对象的初步安全保护等级由业务信息安全保护等级和系统服务安全保护等级的较高者决定。

最终确定×××××单位××××系统安全保护等级为第二级。

信息系统名称	安全保护等级	业务信息安全等级	系统服务安全等级
×××× 系统	第二级	第二级	第二级

附录B

网络安全等级保护定级专家评审意见模板

×××××单位“××××系统”网络安全等级保护定级评审意见（第三级）

202×年×月×日，×××××单位邀请有关专家组成专家组，对“××××系统”（以下简称系统）的网络安全保护等级进行了评审。专家组听取了×××××单位“××××系统”网络安全等级保护定级报告，审阅了相关资料，依据《信息安全技术 网络安全等级保护定级指南》(GB/T 22240—2020)（以下简称《定级指南》）及相关标准，经质询和讨论，形成评审意见如下：

一、提供的定级资料完整、规范，符合评审要求。

二、业务信息安全保护等级。

××××系统主要承载的信息为……。一旦系统的业务信息遭到篡改、破坏、泄露或者非法获取、非法利用等，将会影响系统所承载信息的完整性、保密性或可用性，会对公民、法人和其他组织的……工作造成严重影响，甚至产生较高的财产损失，较严重的法律问题，较大范围的社会不良影响，导致社会秩序出现较大范围的混乱，公共利益造成严重的损失。因此，业务信息受到破坏后对公民、法人和其他组织的合法权益造成特别严重损害，对社会秩序和公共利益造成严重损害。依据《定级指南》表2规定，业务信息安全保护等级确定为第三级。

三、系统服务安全保护等级。

××××系统……，系统的服务范围为××××系统公开服务范围，系统服务对象是……的相关工作人员。如果系统在运行过程中系统服务受到破坏，整个系统运行受到严重影响，对……工作的开展产生阻碍，业务能力显著下降且影响主要功能执行，社会秩序出现较大范围的混乱，公共利益造成严重的损失。破坏严重时，会给公民、法人、其他组织造成人身安全、财产损失、经济法律纠纷等。因此，系统服务受到破坏后对公民、法人和其他组织的合法权益造成特别严重损害，对社会秩序和公共利益造成严重损害。依据《定级指南》表3规定，系统服务安全保护等级确定为第三级。

综上所述，根据“定级对象的初步安全保护等级由业务信息安全等级和系统服务安全等级的较高者决定”的原则，专家组认为“××××系统”的网络安全保护等级应定为第三级。

专家组组长：

专家组成员：

202×年×月×日

×××××单位“××××系统”网络安全等级保护定级评审意见（第二级）

202×年×月×日，×××××单位邀请有关专家组成专家组，对“××××系统”（以下简称系统）的网络安全保护等级进行了评审。专家组听取了×××××单位“××××系统”网络安全等级保护定级报告，审阅了相关资料，依据《信息安全技术 网络安全等级保护定级指南》(GB/T 22240—2020)（以下简称《定级指南》）及相关标准，经质询和讨论，形成评审意见如下：

一、提供的定级资料完整、规范，符合评审要求。

二、业务信息安全保护等级。

××××系统主要承载的信息为……。一旦系统的业务信息遭到篡改、破坏、泄露或者非法获取、非法利用等，将会影响系统所承载信息的完整性、保密性或可用性，对公民、法人和其他组织的……管理工作造成局部影响，产生较轻的法律问题、较低的财产损失、有限的社会不良影响，导致社会秩序出现小范围的混乱，公共利益造成较低的损失。因此，业务信息受到破坏后对公民、法人和其他组织的合法权益造成严重损害，对社会秩序和公共利益造成一般损害。依据《定级指南》表2规定，该系统的业务信息安全保护等级为第二级。

三、系统服务安全保护等级。

××××系统……，系统的服务范围为××××系统公开服务范围，系统服务对象是……的相关工作人员。如果系统在运行过程中系统服务受到破坏，整个系统运行受到局部影响，对……工作的开展产生阻碍，业务能力有所下降且影响主要功能执行，致社会秩序出现小范围的混乱，公共利益造成较低的损失。因此，系统服务受到破坏后对公民、法人和其他组织的合法权益造成严重损害，对社会秩序、公共利益造成一般损害。依据《定级指南》表3规定，该系统的系统服务安全保护等级为第二级。

综上所述，根据“定级对象的初步安全保护等级由业务信息安全等级和系统服务安全等级的较高者决定”的原则，专家组认为“××××系统”的网络安全保护等级应定为第二级。

专家组组长：

专家组成员：

202×年×月×日

附录 C

网络安全等级测评指标表格索引[1]

分类	表格	页码
安全物理环境测评	表 6-17 安全物理环境（通用要求）测评指标	86
安全通信网络测评	表 6-18 安全通信网络（通用要求）测评指标	88
安全区域边界测评	表 6-19 安全区域边界（通用要求）测评指标	90
安全计算环境测评	表 6-20 安全计算机环境（通用要求）：服务器 Windows 测评指标	94
	表 6-21 安全计算机环境（通用要求）：服务器 Linux 测评指标	100
	表 6-22 安全计算机环境（通用要求）：服务器 Unix 测评指标	106
	表 6-23 安全计算机环境（通用要求）：数据库 Oracle 测评指标	112
	表 6-24 安全计算机环境（通用要求）：数据库 MSSQL 测评指标	118
	表 6-25 安全计算机环境（通用要求）：数据库 MySQL 测评指标	123
	表 6-26 安全计算机环境（通用要求）：中间件 -WebLogic 测评指标	129
	表 6-27 安全计算机环境（通用要求）：中间件 -Tomc 测评指标	133
	表 6-28 安全计算机环境（通用要求）：中间件 - IIS 测评指标	137
	表 6-29 安全计算机环境（通用要求）：应用系统 -B/S 架构测评指标	140
	表 6-30 安全计算机环境（通用要求）：应用系统 -C/S 架构测评指标	145
	表 6-31 安全计算机环境（通用要求）：终端测评指标	150
	表 6-32 安全计算机环境（通用要求）：网络安全设备测评指标	154
安全管理中心测评	表 6-33 安全管理中心（通用要求）测评指标	159
安全管理制度测评	表 6-34 安全管理制度（通用要求）测评指标	161
安全管理机构测评	表 6-35 安全管理机构（通用要求）测评指标	162
安全人员管理测评	表 6-36 安全人员管理（通用要求）测评指标	164
安全建设管理测评	表 6-37 安全建设管理（通用要求）测评指标	166
安全运维管理测评	表 6-38 安全运维管理（通用要求）测评指标	170
云计算安全扩展要求测评	表 6-39 云计算安全扩展要求测评指标	177
移动互联安全扩展要求测评	表 6-40 移动互联安全扩展要求测评指标	184
物联网安全扩展要求测评	表 6-41 物联网安全扩展要求测评指标	186
工业控制安全扩展要求测评	表 6-42 工业控制安全扩展要求测评指标	189

1 为便于读者查询网络安全等级保护第三级安全通用要求测评指标，本附录整理了书中第六章相关测评对象测评内容与实施的表格索引。

参 考 文 献

[1]陈文忠.信息安全标准与法律法规[M].2版.武汉：武汉大学出版社，2011.

[2]马燕曹.信息安全法规与标准[M].北京：机械工业出版社，2004.

[3]周世杰.信息安全标准与法律法规[M].北京：科学出版社，2012.